编委会名单

主　编　丁蔓琪（浙江工业大学之江学院）

副主编　朱笔峰（浙江树人学院）

主　审　陈　思（浙江工业大学之江学院）

参　编　陈　思（浙江工业大学之江学院）

　　　　费志宏（浙江树人学院）

　　　　蒋正容（浙江树人学院）

　　　　孟静亭（中国计量大学）

浙江省普通高校"十三五"新形态教材

浙江工业大学重点教材建设项目资助

建筑设计基础

FUNDAMENTALS OF ARCHITECTURAL DESIGN

丁蔓琪◎主编

ZHEJIANG UNIVERSITY PRESS

浙江大学出版社

·杭州·

图书在版编目（CIP）数据

建筑设计基础 / 丁蔓琪主编. — 杭州：浙江大学
出版社，2023.5（2025.1重印）
ISBN 978-7-308-23204-3

Ⅰ. ①建… Ⅱ. ①丁… Ⅲ. ①建筑设计 Ⅳ. ①TU2

中国版本图书馆CIP数据核字（2022）第198654号

建筑设计基础
JIANZHU SHEJI JICHU

丁蔓琪　主　编
朱笔峰　副主编

责任编辑	王　波
责任校对	吴昌雷
封面设计	雷建军
出版发行	浙江大学出版社
	（杭州市天目山路148号　邮政编码310007）
	（网址：http：//www.zjupress.com）
排　　版	杭州晨特广告有限公司
印　　刷	杭州杭新印务有限公司
开　　本	787mm×1092mm　1/16
印　　张	13
字　　数	285千
版 印 次	2023年5月第1版　2025年1月第2次印刷
书　　号	ISBN 978-7-308-23204-3
定　　价	39.00元

浙江大学出版社市场运营中心联系方式：0571-88925591；http：//zjdxcbs.tmall.com

前　言

　　"建筑设计初步"是建筑学专业本科一年级的一门重要核心基础课程。课程的主要任务是帮助学生接触和了解建筑学这门学科,通过教学环节完成建筑设计相关知识的初步积累,进行设计能力的初步训练,为后续建筑设计课程的学习打好基础。

　　本教材是"建筑设计初步"课程的配套教材,涵盖建筑学专业理论、基本专业技能以及建筑设计方法与能力培养等内容。教材分为理论知识与优秀作业两大部分,每一章的理论知识各有相配套的任务模块,实现理论与实践同步推进。理论知识部分由5章组成。第1章从建筑的产生与发展规律出发,介绍建筑的构成要素与属性,着重对中西方建筑的发展演变进行梳理与阐述。第2章对形态构成的一般原理进行总结,结合大量建筑实例,对建筑形态的组合与构成的方法进行归纳,通过形式美的基本规律,建立建筑形态构成的美学评价标准。第3章从建筑空间概念出发,结合建筑实例,对建筑功能、尺度、组织关系进行详细分析与阐述,强化学习者对建筑空间的认知。通过对建筑空间处理手法的总结,使学习者具备建筑设计的基本理论素养。第4章讲述空间生成的技术条件,从结构、材料、构造三个方面,详细介绍其对建筑设计的制约和影响。第5章讲述建筑设计表达的一般方法,主要包括建筑工程制图、效果图表达,以及建筑模型设计与制作方法。优秀作业部分对应各章任务模块的训练题目,具体包括钢笔徒手线条练习、钢笔画技法、平面构成、建筑形态构成、空间形态抽象与提取、单一空间测绘、单一空间设计、序列空间设计、空间设计与建构、建筑方案图抄绘等多项训练,可以为低年级建筑学专业的学习与训练提供参考。

　　本教材的编著工作由朱笔峰(浙江树人学院)、陈思(浙江工业大学之江学院)、费志宏(浙江树人学院)、蒋正容(浙江树人学院)、孟静亭(中国计量大学)五位老师,以及罗凯籍、沈韵、季博扬、韩德龄、王涛、朱李祎等同学协助完成(具体见编写成员分工表),在此表示诚挚感谢。

编写成员分工表

章节内容		编写人员	插图绘制人员
第一章	建筑概论	丁蔓琪	季博扬、丁蔓琪
第二章	建筑形态构成原理	陈思、丁蔓琪	韩德龄、夏悦容、丁蔓琪
第三章	建筑空间	丁蔓琪、朱笔峰	罗凯籍、季博扬、王涛、郑灿灿、廖宣彤、郑一涵
第四章	建筑技术	丁蔓琪、朱笔峰、孟静亭	夏立炜、沈韵、姚震楠、闻天熠
第五章	建筑表达	费志宏、蒋正容	朱李祎、辛玉佩、张博涵、俞希涵、张姗姗、马召宏、唐正心
附录	优秀作业	朱笔峰、丁蔓琪	

编者

课程概况

本教材为浙江工业大学之江学院建筑学专业"建筑设计初步A"课程的配套教材,是结合该课程多年教学改革形成的教学成果与经验总结。课程依托卓越工程师培养计划,以及"新工科"专业建设目标,实施了如下教学改革。

一、线上线下混合式教学模式

课程面向本科一年级开设,学生不具备专业知识储备,对抽象空间概念理解困难,教师面授的传统教学方式,弱化了理论与实践的关联度,不利于对学生进行全面空间思维能力培养,无法完成适应高层次培养目标所需要的专业铺垫任务。

因此,本课程引入"线上线下混合式"教学模式,依托"中国大学MOOC(慕课)"网络教学平台建设直观可视化的数字教学资源。

课程网址:http://www.icourse163.org/collegeAdmin/termManage/1462092443.htm#/tp/sg。

二、确立递进式教学内容框架

本课程采用以建筑学基本概念和知识为基础、图纸绘制表达为条件、空间思维训练为重点的教学框架,三方面互相穿插融合,形成5个教学单元,各单元之间形成层级和递进关系,形成由浅入深、由概念到具体、由认知到设计、由单项能力训练到综合能力提升的教学思路,旨在建构学生全面的专业知识体系,以及强化学生空间思维能力的培养。

教学内容以两条主线展开,即以基础性表现训练、系统性理论知识为主要内容的"横向教学主线",以及围绕"空间构成"系列课程的"纵向教学主线"。建构出相互交叉的教学体系来推进教学过程的实施。

1. 建立以"空间构成"系列课程的纵向教学主线,加强设计思维能力的培养。

"空间构成"教学主线分为三个阶段:空间感知、空间认知、空间设计。空间感知阶段为初级阶段,在对建筑学基本概念学习的基础上,通过实际空间感官体验,对空间实体进行浅层了解,建立丰富的感性认知;空间认知阶段通过空间案例分析与解读、空间尺度测绘,结合人体工程学与行为学知识要点,建立完整的空间概念;空间设计阶段是较为综合的训练,在前两个训练的基础上,让学生自行设计、建构、表达空间。

2. 建立"宽口径厚基础"的横向教学主线,夯实专业基础能力。

以各章任务模块为原点,辅以建筑制图、钢笔表现技能训练、模型设计与制作等相关专业知识技能与概念,实现"宽口径厚基础"的知识、技能体系架构。

三、以"成果导向教育"(OBE)理论组织教学

各章任务模块以课程目标为导向,反向进行教学设计。这体现在两个层面:(1)教学全过程的目标化设计,以全面空间思维能力培养为目标,对各阶段教学目标进行反向设定。

（2）在不同教学环节中以学习产出为指向，将"学习产出"与知识点相关联，知识点任务化，通过设置不同的训练任务，使学生整合知识结构，形成概念，掌握方法，完成能力培养与训练。

四、课程教案

"建筑设计初步 A"课程教案

（2021/2022 学年第一学期）

建筑 2101、建筑 2102 班

周数	授课日期与学时数	每课内容摘要	线上测试与线下任务模块	育人元素	教具资源
第1周	9.15/16（4课时）	建筑学概论（线上教学）①建筑基本知识②钢笔徒手、尺规线条	任务模块一（线下教学）①钢笔徒手线条练习②钢笔线条组合作业	通过中国优秀建筑作品，激发学生民族自豪感，理解建筑师职业道德规范，建立正确职业价值观	慕课学习平台、优秀作业展示
	【教学重点】初步建立建筑学专业概念、掌握尺规与徒手线条绘制要领 【教学内容与方法】理论教学、课堂示范、作业练习 ①案例教学融入知识点，结合线上学习与测试，形成建筑学专业基本认知； ②学生明确任务目标，教师通过教学示范，指导学生完成线条徒手练习作业； ③教师进行作业点评与总结。				
第2~4周	9.22/23（4课时），9.29/30（4课时），10.6/7（4课时）	建筑形态构成（线上教学）①形的基本要素与关系②空间造型基本方法③形态构成美学法则	任务模块二（线下教学）①简单几何体组合②形态的提取与抽象③浮雕与立面构成设计	在空间形态设计环节培养学生创新意识，提高审美鉴赏能力与素质，培养美学原理在实践中的灵活应用能力	慕课学习平台、优秀作业展示
	【教学重点】掌握平面构成与立体构成、造型的基本方法 【教学内容与方法】理论教学、方案解析、作业练习 ① 通过抽象与提取，将复杂建筑形态转化为简单几何形态，分析形态之间关系的组合手法，理解建筑形态构成基本原理； ②学生明确任务目标，教师分析与引导，指导学生完成平面构成与立体构成作业练习； ③ 教师进行作业点评与总结。				

周数	授课日期 与学时数	每课内容摘要	线上测试与 线下任务模块	育人元素	教具资源
第5~8周	10.13/14(4课时)， 10.20/21(4课时)， 10.27/28(4课时)， 11.3/4(4课时)	空间与尺度1 (线上教学) ①建筑空间与尺度的概念 ②建筑空间的量与质 ③人的行为与空间尺度 ④空间限定与界面处理	任务模块三(线下教学) ①单一空间尺度测绘(课外) ②学习小屋空间尺度设计 (设计草图、草模) ③学习小屋空间尺度设计 (深化图纸、模型)	培养学生创作思维，激发学生设计创新意识，在设计实践中，将空间功能与人的使用需求结合，培养学生人本设计思想与职业目标	慕课学习平台、多媒体、设计案例与优秀作业展示

【教学重点】理解建筑空间功能与尺度的关系，掌握单一空间设计方法

【教学内容与方法】理论教学、案例分析、空间实测、方案设计

① 通过线上线下空间尺度问题的学习，建立单一空间尺度认知基础；

② 通过教室、宿舍等空间尺度测绘，建立人的行为、家具设备与空间功能相互之间的尺度关系；

③ 学生明确任务目标，通过小组合作方式，进行学习小屋空间设计，师生通过互动讨论与探究，完成学习小屋单一空间设计方案；

④ 学生互评、自评，教师点评与总结。

周数	授课日期 与学时数	每课内容摘要	线上测试与 线下任务模块	育人元素	教具资源
第9~10周	11.10/11(4课时)， 11.17/18(4课时)	空间与尺度2 (线上教学) ①空间组织 ②空间围合与穿插 ③空间导向与序列	任务模块四(线下教学) ①序列空间案例调研(课外) ②展厅空间设计 (设计草图、草模) ③展厅空间设计 (深化图纸、模型)	培养学生创作思维，激发学生设计创新意识，在设计实践中，将空间功能与人的使用需求结合，培养学生人本设计思想与职业目标	慕课学习平台、多媒体、设计案例、优秀作业展示

【教学重点】理解空间构成方法与空间处理手法，掌握序列空间设计方法

【教学内容与方法】理论教学、案例调研、方案设计

① 通过线上线下多空间组合内容的学习，体会序列空间设计的原则和方法；

② 学生明确任务目标，在对案例调研、分析的基础上，完成展厅空间设计；

③ 学生互评、自评，教师点评与总结。

周数	授课日期 与学时数	每课内容摘要	线上测试与 线下任务模块	育人元素	教具资源
第11~14周	11.24/25(4课时)， 12.1/2(4课时)， 12.8/9(4课时)， 12.15/16(4课时)	空间与建构(线上教学) ①空间与结构 ②空间与材料 ③空间与构造	任务模块五(线下教学) ①研究材料的性能特点 ②休憩空间设计深化 (确定方案、正模) ③休憩空间实体建构	建筑设计是协调空间、结构、材料各专业协同合作的过程，培养从不同专业角度思考、解决问题，培养团队合作意识	慕课学习平台、多媒体、设计案例与优秀作业展示

续表

周数	授课日期 与学时数	每课内容摘要	线上测试与 线下任务模块	育人元素	教具资源
		【教学重点】①理解空间与材料、结构以及构造之间关系； ②学习以特定材料与合理结构形式，实现既定功能空间建构。 **【教学内容与方法】**理论教学、案例分析、实体建构 ①通过线上线下建筑技术问题的学习，建立空间材料、结构与构造之间的关系； ②理解结构、构造、材料分别对建筑空间生成的影响因素与形成的条件支持； ③学生明确任务目标，以小组合作的形式完成休憩空间方案设计与建构，教师在各环节给予指导，学生完成休憩空间建构任务。			
第15~16周	12.22/23（4课时）， 12.29/30（4课时）	设计与表达（线上教学） ①建筑表达概述 ②工程制图表达 ③效果图表达 ④建筑模型技法	任务模块六（线下教学） ①学习小屋方案图绘制与模型制作 ②展厅方案图绘制与模型制作	通过制图标准讲授，使学生形成"没有规矩，不成方圆"意识，培养学生尊重标准，认真负责的职业品格和行为习惯	慕课学习平台、多媒体、优秀作业展示
		【教学重点】①掌握建筑制图基本规范，建立建筑平立剖面关系； ②熟悉建筑轴测图的制图做法； ③熟练运用尺规作图和纸板模型表达设计方案。 **【教学内容与方法】**理论教学、作图演示、制图练习 ①完成学习小屋空间设计平、立、剖面图与轴测图的尺规墨线制图； ②完成展厅空间设计平、立、剖面图与轴测图的尺规墨线制图； ③完成学习小屋与展厅空间设计纸板模型制作； ④学生互评、自评，教师点评与总结。			

CONTENTS 目录

第1章　建筑概论

1.1　初识建筑

初识建筑

人类的一切活动,包括"衣、食、住、行"等,都离不开建筑。无论是现代都市中的钢筋混凝土摩天楼,还是远古时期荒原中的泥土遮蔽物,都可称为建筑。无论是璀璨如珍宝的欧洲教堂、恢宏大气的中国古代宫殿,还是尼罗河边的伟岸金字塔群、亲切淳朴的各地民居,以及一些纪念碑、桥梁、水坝等的艺术造型部分……古往今来,我们称之为建筑的场所和实体形式多样,变化万千,它们对我们的思想和生活产生了巨大而深远的影响。那么,建筑究竟是什么? 我们可以从建筑的产生与发展中寻找答案。

1.1.1　建筑的产生与发展

"上古之世,人民少而禽兽众,人民不胜禽兽虫蛇。有圣人作,构木为巢以避群害。"(《韩非子·五蠹》)这是关于建筑起源问题的相关记载。从有史料记载的"穴居"和"巢居",到近代砖石建筑、木构架建筑,再到现代的高楼大厦,建筑的发展受多方面因素影响,主要为生产力发展水平、生产关系的变化以及自然条件的差异三方面。

1.生产力发展水平

建筑的产生,是以一定的社会生产力水平为条件的,它提供了必要的物质技术和手段。由于生产力水平低下,远古时期的建筑只能以简单易得的建筑材料,如石、木、泥土等建筑房屋。随着生产力的发展,砖瓦、火山灰质混凝土等材料的发明,使复杂的结构形式及施工技术得以出现,建筑形式更加精美多样。工业革命后,钢筋混凝土、玻璃、金属等材料的发展,使得高层、大跨度结构体系应运而生,建筑施工技术水平大幅提高,建筑形式发生日新月异的变化。因此,社会生产力的发展,成为建筑发展的动力和重要物质基础。

2.生产关系的变化

建筑产生的目的,是满足人类社会的活动需求。建筑的形式反映了各个历史时期的社会活动特点,包括政治制度、社会组织方式、社会意识形态以及生活习俗等。在阶级社会中,统治阶级的思想意识居于主导地位,从而决定着建筑的发展。如,在我国古代建筑中的龙凤纹样,象征着皇族和权力。欧洲文艺复兴时期以复兴古希腊和古罗马时期的建筑形式,来达到反对中世纪教会封建统治的目的。生产关系的变革,在各历史时期的建筑上都留下鲜明烙印。

3.自然条件的差异

建筑以不断适应自然环境为生存基础。各地区的气候和自然条件,对建筑的发展产生深远影响。如:炎热潮湿的气候下的轻盈通透的干阑式建筑、严寒干燥气候区的厚重封闭的建筑、多雨气候区的陡峭的屋顶……这些特征体现了建筑顺应自然、改造自然的结果。

1.1.2 建筑的属性

从建筑的产生与发展的过程可知,从古到今,建筑以一定的物质技术手段和建造材料为条件,创造了一种人为的物质环境,供人们从事各种活动。建筑一经形成,人为的环境就产生了。它不但提供给人们一个有遮掩的内部空间,同时,也带来了不同于原来的外部空间。

纵观古今中外,建筑与社会生活方式、生产方式、科学技术水平以及文化艺术特征都有着密切联系。因此,建筑具有以下三个属性。

1.技术性

建筑是一项耗费大量人力、物力和技术的复杂工作,实现的周期长,工序复杂。为满足既定的使用目的,建筑实体需要以建筑材料,通过施工技术来得以实现。一项完整的建筑工程还需要结构、给排水、暖通空调、强弱电等专业工种的技术配合。因此,建筑具有技术性。

2.艺术性

建筑一经落成,即向人们展示出独特的内外空间形象。人们可以直观地感受到它的造型风格、环境氛围、材料色彩、装饰细节等,这些都丰富着人们的感官和内心体验。因此,人们在追求建筑实用性的同时,也会对建筑造型和内外形象寄予审美期望。建筑不同于音乐、绘画等艺术形式,它是以大量物质、技术为基础的一种"凝固的艺术",成为人类艺术宝库中一个独特的组成部分。

3.社会性

建筑以社会生产力发展为基础,受社会生产关系、社会意识形态以及民族地区文化特征因素影响,因此,建筑具有明显的社会性。建筑的社会性表现在它能反映建筑所处历史时期、特定国家或地区的生产关系以及生产力发展水平,反映使用人群的意识文化形态以及建筑当地的文化特征。

我们从建筑的产生与发展的历史脉络中,认识了建筑,了解了建筑的发展受到社会生产力发展水平、生产关系的变化以及自然条件的差异三个主要因素的影响,并分析得知:建筑具有技术性、艺术性以及社会性三重属性。

1.2 建筑的构成要素

建筑的构成要素

建筑随社会发展而变化,以一定的物质技术条件,满足人们的使用及精神需求。那么,构成建筑的主要因素是什么呢? 我国的老子曾在《道德经》中指出:"凿户牖以为室,当其无,有室之用",强调建筑的实用性。公元前1世纪,古罗马建筑师维特鲁威曾提出"实用、经济、美观"构成建筑的三要素。目前我国建筑师的主要任务是全面贯彻"适用、安全、经济、美观"的建筑方针。因此,建筑的构成要素可以总结为建筑功能、建筑物质技术条件以及建筑形象三个方面。

1.2.1　建筑功能

建筑功能是建筑三要素中最重要的一个因素。人们在建造房屋时总是为了满足具体的目的和使用需求,这在建筑上称作功能,即建筑功能指建筑的用途和使用要求。由于各类建筑的用途不同,因此便产生了不同种类和性质的建筑。例如,教学楼用来满足教学活动的需要,而工业厂房则必须满足生产的要求。建筑功能往往会对建筑的结构材料、平面空间构成、空间尺度、建筑形象产生直接影响。

建筑在人们的使用过程中,需要满足以下三方面的要求。

1.满足人体活动尺度要求

人在不同的建筑空间里活动,人的静态与动态尺度与建筑空间尺度有着密切的关系,为了创造出人们活动的理想空间,设计者需要熟知人体活动的一些基本尺度。

2.满足人的生理和心理要求

建筑的使用者都希望拥有一个较为舒适的空间,"舒适"包含了生理和心理两个方面的要求。为了满足人的生理要求,设计者在设计时需要考虑多方面的因素,采用多种手段来满足建筑物的朝向、保温、隔热、隔声、采光、照明等方面的要求,以保证人们正常而又舒适的生活条件。

3.满足人的使用要求

以火车站建筑为例,旅客需要完成买票、行李托运、候车、检票等行为,最后乘车出发。因此,火车站建筑设计需要设置售票厅、行李托运处、候车厅、检票口、月台等功能空间。在整个设计中,还应避免车流、人流、货流的交叉,以免造成混乱。火车站建筑设计首先应满足这些使用要求,并组织好各功能的相互关系。

1.2.2　建筑技术

建筑技术是实现建筑空间的必要手段,主要包括建筑结构、建筑材料、建筑施工三个方面,这三者彼此联系、缺一不可。

1.建筑结构

结构是建筑的支撑骨架,为建筑内外提供了空间,并承载了建筑物的所有外部荷载以及自身荷载。建筑结构的坚固程度将直接影响到建筑的安全和寿命,建筑结构随着受力体系的不同而分为不同的结构体系。常见的结构体系有梁板结构、框架结构、悬挑结构、网架结构、剪力墙结构、筒中筒结构等。结构体系的发展实现了建筑空间尺度向更大、更高的方向发展。

2.建筑材料

建筑材料的力学性能往往与建筑结构的形式息息相关。建筑结构的发展离不开建筑材料的发展。如:砖石材料的出现使拱券结构得以发展,钢和水泥的出现促进高层和大跨度结构体系的发展,塑胶材料的出现促使膜结构、充气结构的发展。这些建筑材料的出现不断促使人们创造出更加多样的建筑空间形式。

3.建筑施工

建筑物通过施工,才能从设计变为现实。建筑施工包括施工技术和施工组织。早期的建筑施工处于手工业和半手工业状态，多为以小型砌块的手工砌筑方式。随后，建筑施工逐渐实现机械化、工厂化、装配化，大大提高了施工效率。随着科学技术的发展，大板建筑、滑模建筑和箱形建筑技术出现，给建筑业的繁荣提供了强有力的保证，也大大促进了建筑设计的创新与发展。

1.2.3　建筑形象

建筑具有科学和艺术的双重特性。和其他造型艺术一样，建筑形象审美涉及文化传统、民族风格、社会思想意识等方面因素，并不是一个单纯的美观问题。作为初学者，我们应从建筑美学的基本规律出发，把握好以下一些基本原则。

1. 比例

比例指建筑物的大小、高矮、长短、宽窄、厚薄等关系，以及建筑物各部件与建筑物整体之间的关系。建筑物整体与局部、局部与局部之间应保持和谐的比例关系，才能保证基本的美感。

2. 尺度

尺度指建筑物与人体之间，或者人们常见的某些建筑构件如栏杆、门、窗、柱等与人体在度量上的一种制约关系。建筑物一般应反映出它与人体之间正常使用所形成的常规大小，即它的实际大小应与它给人的印象大小相符合，以获得正常的尺度感。

3. 均衡

均衡指建筑物在某个方向上的平衡和稳定关系。具有重量感的建筑体量在组合时，一旦失去均衡，就会给人不稳定的感觉。均衡可以用对称与非对称的手法来获得，对称性均衡给人庄重严肃的效果，非对称均衡则给人轻松活泼的感受。

4. 稳定

稳定指建筑物上下关系在造型上产生的艺术效果。当建筑物重心不超出其底面积时，较容易获得稳定感。上小下大的造型稳定感强烈，常用于塑造庄严稳重的气氛。随着技术和审美的发展，也产生了上大下小的新的稳定感。

5. 对比

通过一定的比较，找出差异而进行对比，这是建筑造型处理中常用的手法。例如：从形状、方向、凹凸、虚实等方面寻找差异，从而形成良好的体量感。

6. 韵律

建筑体量或建筑的结构配件以一定的规律排列和重复，从而产生出一定的韵律节奏感。建筑造型处理中常运用这种节奏韵律的效果达到美感。

综上所述，建筑既是一项具有实际用途的物质产品，又是人类生活中一项重要的精神产品。建筑的三要素即建筑功能、建筑技术、建筑形象，三者是辩证统一的，它们互为条件，缺一不可。

1.3 中西方建筑概览

1.3.1 华夏建筑瑰宝

1.更迭与演进

(1)原始社会

从历史上看,我国古代建筑经历了原始社会、奴隶社会、封建社会三个阶段。在原始社会里,我们的祖先从穴居、巢居开始,逐步地掌握了一些营建房屋的技术,并利用天然材料,如木材、石材等,创造了原始的木架建筑,形成了最早的房屋,如图1-1至图1-3所示。

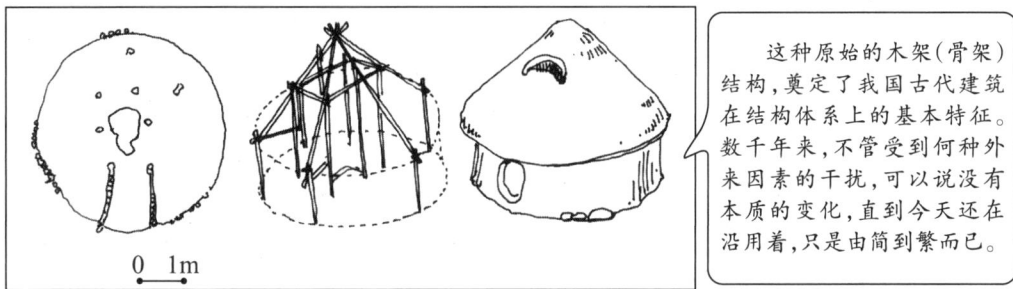

这种原始的木架(骨架)结构,奠定了我国古代建筑在结构体系上的基本特征。数千年来,不管受到何种外来因素的干扰,可以说没有本质的变化,直到今天还在沿用着,只是由简到繁而已。

图1-1 仰韶文化的半穴居圆形房子

新石器时期的居住建筑,半穴居(约1m浅坑)。在地面掘出方形或圆形浅坑,坑内一般用两至四根立柱承托屋架,其结合用绑扎法。屋顶覆以树枝及茅草(有的表面再涂泥),下部直达地面。入口为附有门槛之斜坡门道,门道上建两坡屋顶,一般于室内中央稍前置火塘。

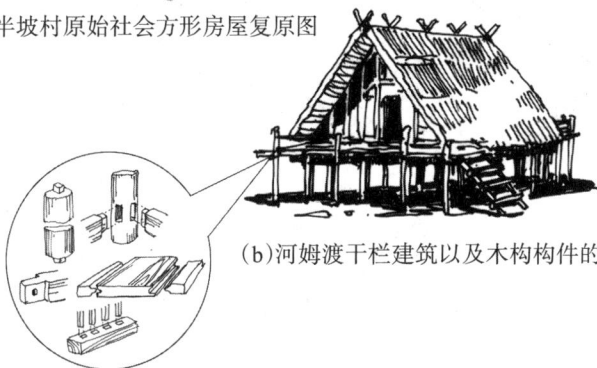

(a)半坡村原始社会方形房屋复原图

(b)河姆渡干栏建筑以及木构构件的用法

图1-2 新石器时期居住建筑

（2）商

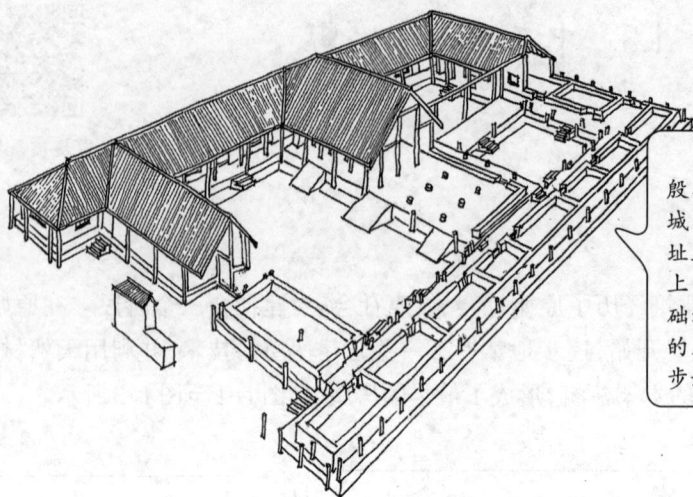

> 在河南安阳发掘出来的殷墟遗址，是商代后期的都城，距今有四千多年历史。遗址上有大量夯土的房屋台基，上面还排列着整齐的卵石柱础和木柱的遗迹。我国传统的木构架形式在那时已经初步形成。

图1-3　河南安阳殷墟遗址复原想象图

（3）秦汉时期

从各类出土文物可以看出，我国古代建筑的许多主要特征都已经在此时期形成，如：已出现完整的廊院和楼阁；建筑可分为屋顶、屋身和台基三部分；结构做法如梁柱交接处的斗拱和平座、栏杆的形式都表现得很清楚，如图1-4所示。

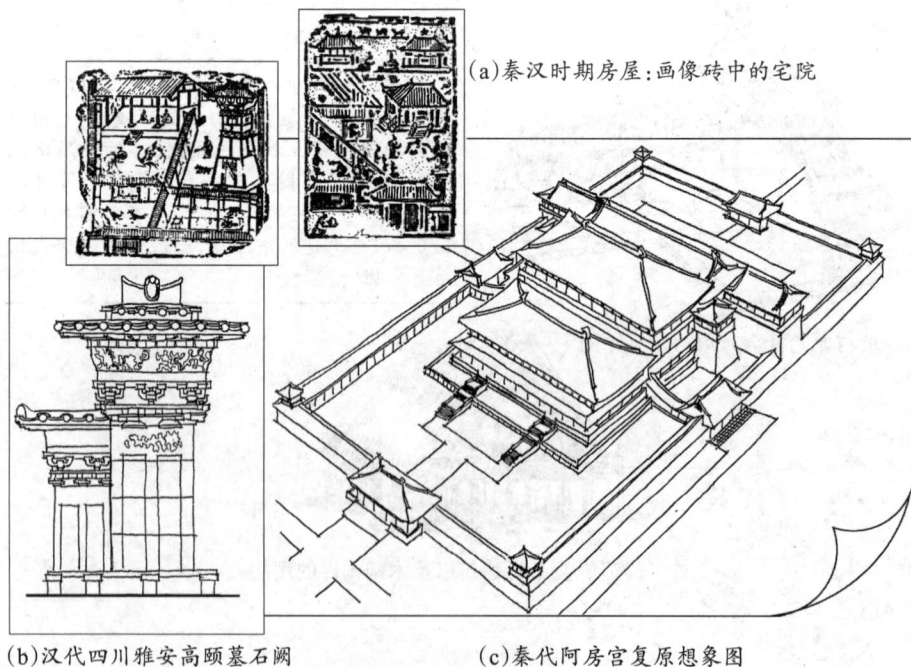

（a）秦汉时期房屋：画像砖中的宅院

（b）汉代四川雅安高颐墓石阙

（c）秦代阿房宫复原想象图

图1-4　秦汉时期建筑

（4）魏晋南北朝时期

佛教的传入,使我国的石窟、佛塔、壁画等得到了巨大的发展,这一时期的建筑呈现出一种异域风格,如图1-5所示。

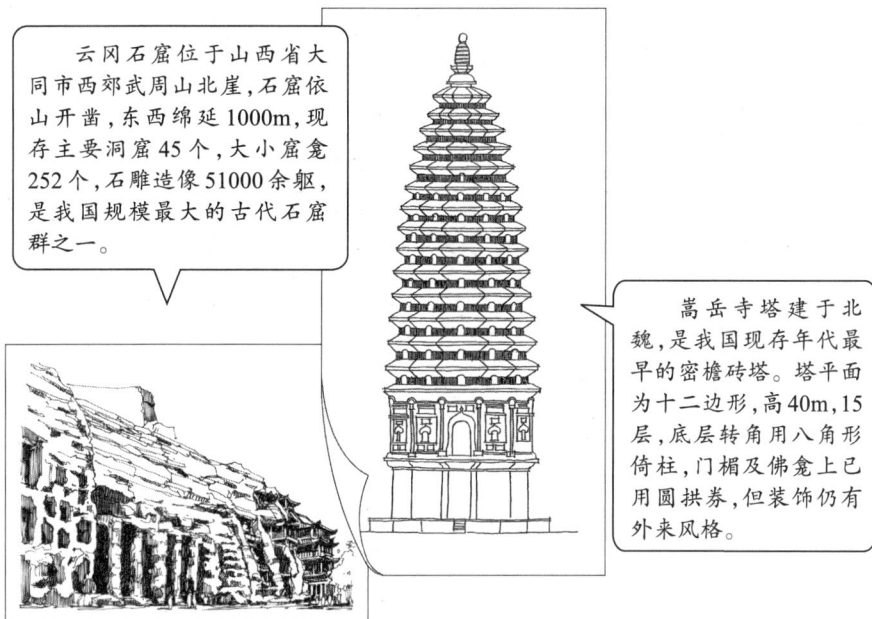

云冈石窟位于山西省大同市西郊武周山北崖,石窟依山开凿,东西绵延1000m,现存主要洞窟45个,大小窟龛252个,石雕造像51000余躯,是我国规模最大的古代石窟群之一。

嵩岳寺塔建于北魏,是我国现存年代最早的密檐砖塔。塔平面为十二边形,高40m,15层,底层转角用八角形倚柱,门楣及佛龛上已用圆拱券,但装饰仍有外来风格。

图1-5 魏晋南北朝时期的建筑

（5）隋唐时期

唐代是中国封建社会盛期,建筑技术和艺术取得空前成就。其建筑类型以都城、宫殿、佛教建筑、陵墓和园林为主,建筑恢宏大气,具有独创精神,是我国古代建筑发展的成熟时期,如图1-6所示。

河北赵县安济桥(公元605—617年),隋朝工匠李春所建,工程技术和建筑艺术水平都很高,迄今已1400多年,还基本完好。

山西五台山佛光寺大殿,是我国保存最早、最完整的木构架之一。它的造型端庄浑厚,反映出唐代木构架的形象特征。

图1-6 隋唐时期的建筑

（6）北宋时期

北宋时期商品经济高速发展。这时期总结了隋唐以来的建筑成就,制定了设计模数和工料定额制度,建筑艺术日益程式化,更着意于对细部和装饰的追求,如图1-7所示。

该时期由李诫编著的《营造法式》是我国现存时代最早、内容最丰富的建筑学著作。

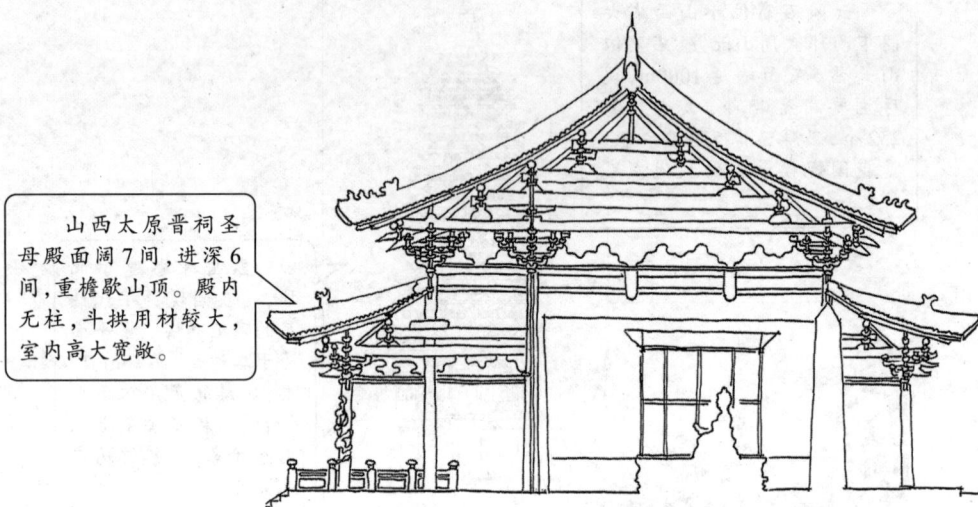

山西太原晋祠圣母殿面阔7间,进深6间,重檐歇山顶。殿内无柱,斗拱用材较大,室内高大宽敞。

图1-7　宋晋祠圣母殿

（7）辽、金、元时期

这一时期的建筑技术和艺术受到唐末至五代时期建筑的影响,因此在建筑上保持了许多唐代的风格,如图1-8所示。

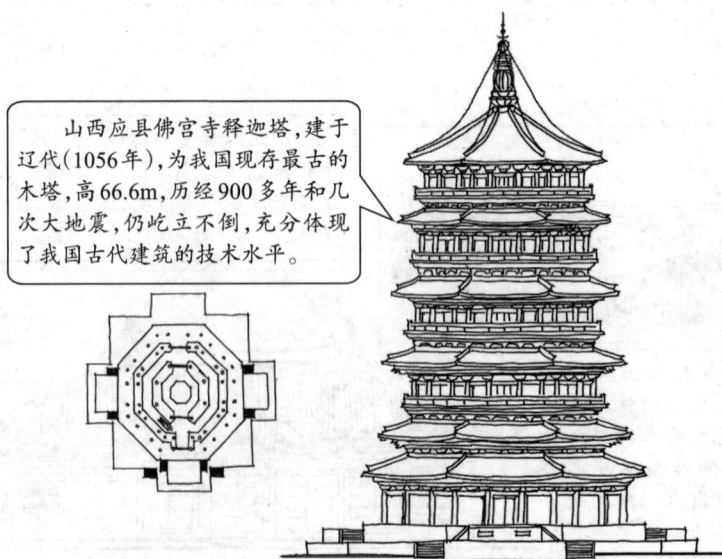

山西应县佛宫寺释迦塔,建于辽代(1056年),为我国现存最古的木塔,高66.6m,历经900多年和几次大地震,仍屹立不倒,充分体现了我国古代建筑的技术水平。

图1-8　辽代佛宫寺释迦塔

（8）明清时期

明清时期又一次出现了我国古代建筑水平的高峰，民间建筑和少数民族建筑成就显著，大大充实了传统建筑文化的内容。这一时期的建筑不少被很好地保存了下来，如图1-9所示。

天坛，建于明朝永乐十八年（1420年），是中国古代明、清两朝历代皇帝祭天之地。这个建筑综合体占地272万平方米，有两重垣墙，形成内外坛，主要建筑有祈年殿、皇穹宇、圜丘。

图1-9 天坛祈年殿

近百年来，由于我国社会制度发生了根本的变化，封建制度解体，新的功能使用要求和新的建筑材料、技术，促使建筑传统形式发生深刻的变化，但是古代建筑中的优秀设计原则、完美的建筑艺术形象，在今后的建筑发展中仍将得到继承和发扬，如图1-10所示。

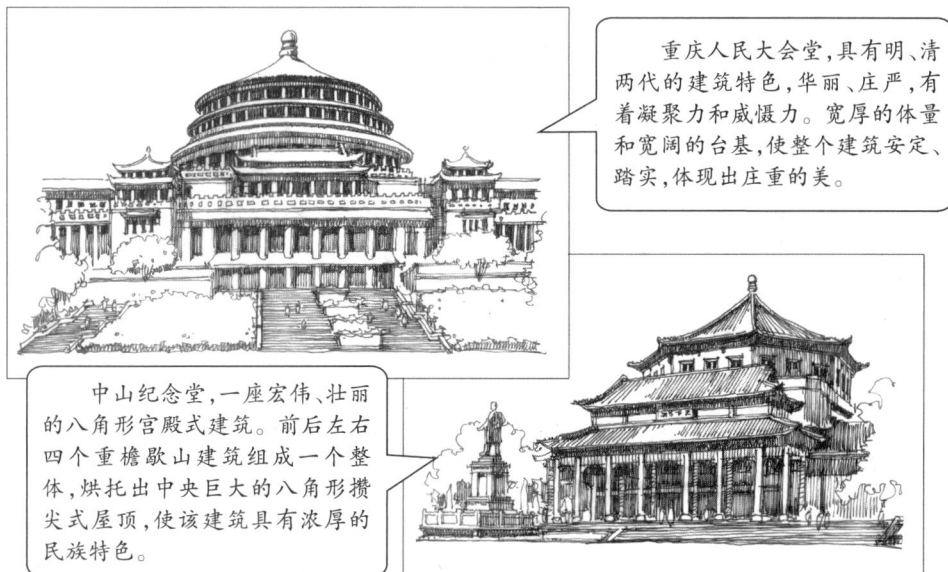

重庆人民大会堂，具有明、清两代的建筑特色，华丽、庄严，有着凝聚力和威慑力。宽厚的体量和宽阔的台基，使整个建筑安定、踏实，体现出庄重的美。

中山纪念堂，一座宏伟、壮丽的八角形宫殿式建筑。前后左右四个重檐歇山建筑组成一个整体，烘托出中央巨大的八角形攒尖式屋顶，使该建筑具有浓厚的民族特色。

图1-10 中国近代建筑

2.建筑的地域性

我国是一个地域辽阔的统一的多民族国家,从南到北,从东到西,地质、地貌、气候、水文条件变化很大,各民族的历史背景、文化传统、生活习惯各有不同,形成许多各具特色的建筑风格,如图1-11至图1-15所示。

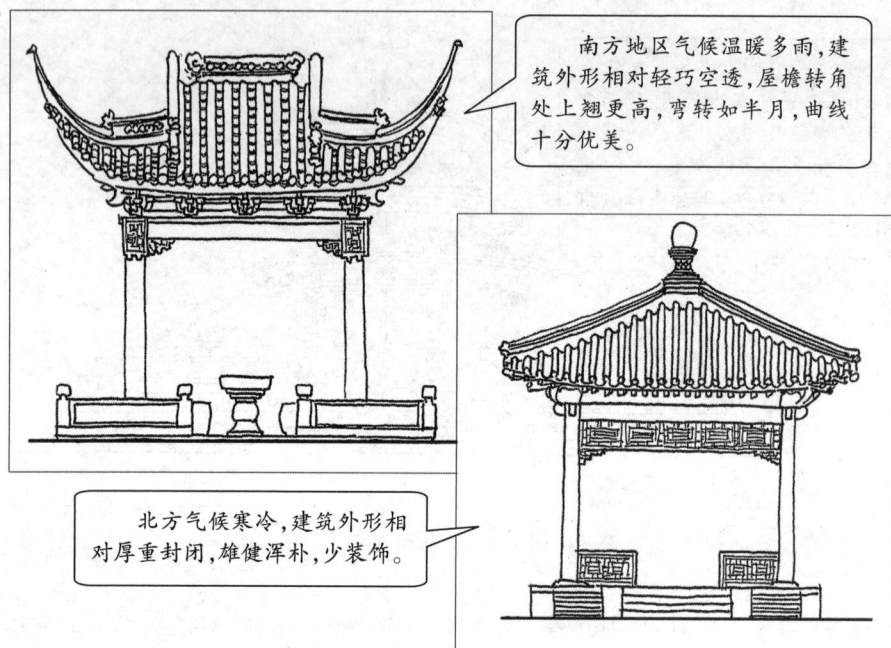

> 南方地区气候温暖多雨,建筑外形相对轻巧空透,屋檐转角处上翘更高,弯转如半月,曲线十分优美。

> 北方气候寒冷,建筑外形相对厚重封闭,雄健浑朴,少装饰。

图1-11 中国南北建筑的特点

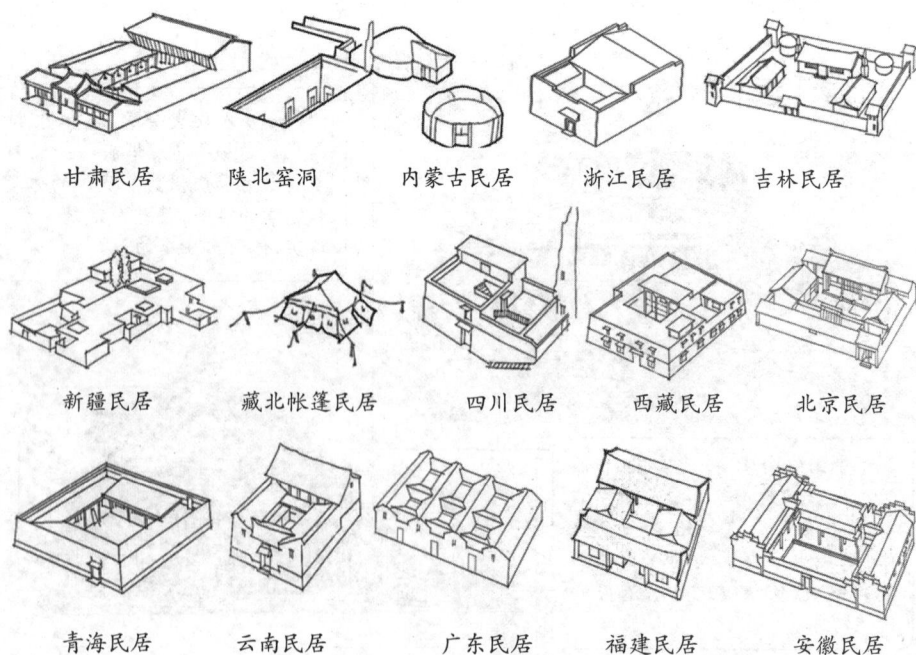

甘肃民居   陕北窑洞   内蒙古民居   浙江民居   吉林民居

新疆民居   藏北帐篷民居   四川民居   西藏民居   北京民居

青海民居   云南民居   广东民居   福建民居   安徽民居

图1-12 各民族各地区的住宅外形

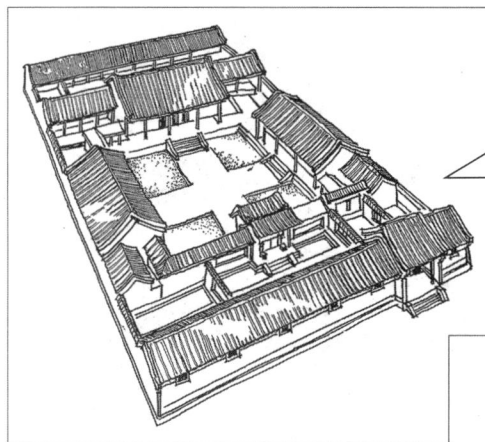

北京四合院是封闭式的住宅，对外只有一个街门，关起门来自成天地，具有很强的私密性，非常适合独家居住。院内，四面房屋各自独立，并都向院落方向开门，彼此之间有游廊连接。院落宽阔，可种植。

云南"一颗印"是云南昆明地区普遍采用的一种住屋形式。它由正房、耳房（厢房）和入口门墙围合成正方如印的外观，俗称"一颗印"。

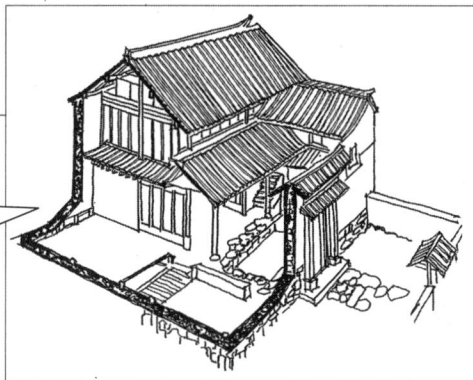

图1-13　北京四合院及云南"一颗印"

傣族竹楼是一种干栏式住宅。由于气候炎热多雨，屋顶陡坡，底层架空，利用当地盛产的竹子建造房屋。房子多单幢，四周空地，各家自成院落。

吊脚楼是桂北、湘西、鄂西、黔东南地区的一种传统民居。吊脚楼多依山就势而建，依山的吊脚楼，在平地上用木柱撑起分上下两层，节约土地，造价较廉；上层通风、干燥、防潮，是居室；下层关牲口或用来堆放杂物。

图1-14　云南竹楼及桂北吊脚楼

在福建南部地区，有一种用夯土墙作为承重结构，平面为方形、圆形、多边形等的合院式的土楼住屋。其特点是每栋体量都很大，能容纳百余户，高达三四层，底层为厨房，二层为谷仓，三四层为卧房。整个土楼外部封闭而内部开敞。

图1-15　福建客家土楼

3.中国古代建筑特征

(1)建筑外部形体特征

中国古代建筑从外形上分为屋顶、屋身和台基三大部分，各部分有着自己显著的特征，且不同于其他世界和地区的建筑。这种独特的建筑外形，是建筑的结构、功能以及艺术三者完美结合的产物，如图1-16、图1-17所示。

屋顶部分特点最显著，由于在建筑外形上占的比例较大，形式多样，在世界上绝无仅有。中国古代建筑的屋顶运用木结构特点，创造出不同的屋顶形式及各种屋面曲线。

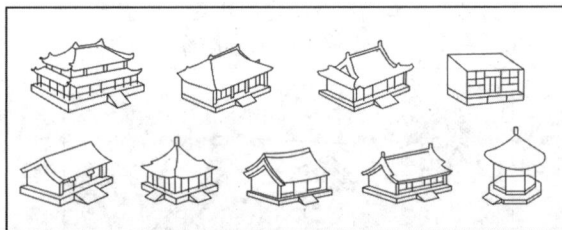

屋身部分柱间完全灵活处理，屋身正面做墙壁少，多为花格木门窗。

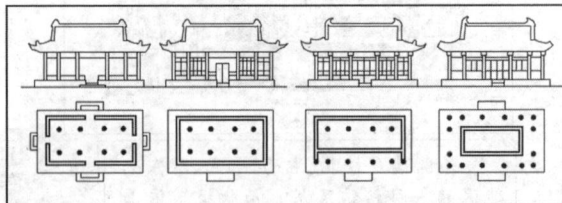

重要建筑上的台阶多为雕刻丰富的白石须弥座，配以栏杆、台阶，有时可以做到两三层，更显得建筑物雄伟、壮观。

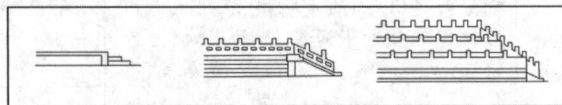

图1-16　中国古代建筑的屋顶、屋身与台基

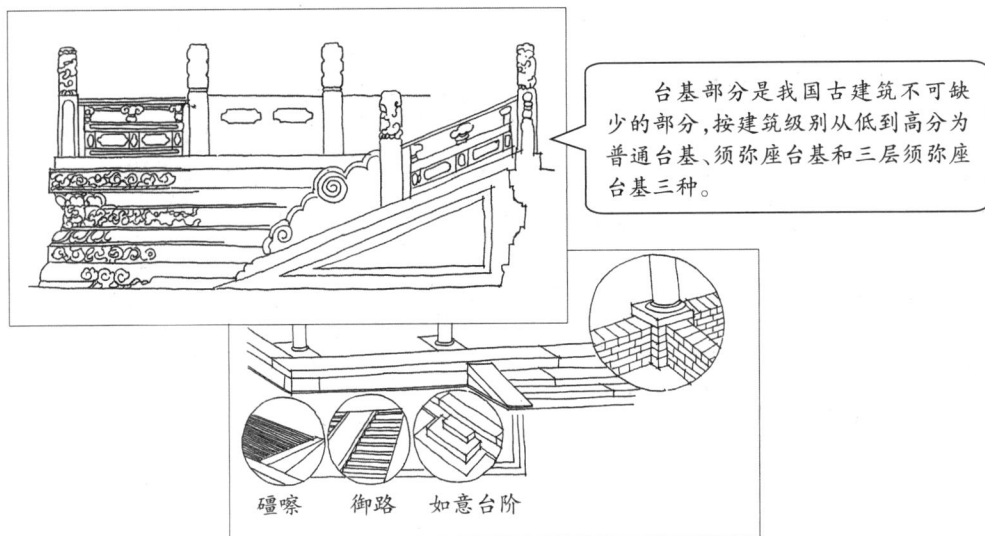

台基部分是我国古建筑不可缺少的部分,按建筑级别从低到高分为普通台基、须弥座台基和三层须弥座台基三种。

礓磜　御路　如意台阶

图1-17 中国古代建筑的台阶基座

(2)中国古代建筑结构的特征

中国古代建筑主要采用木构架结构,木构架是屋顶和屋身部分的骨架,它的基本做法是以立柱和横梁组成构架,四根柱子组成一间,一栋房子由多个间组成,如图1-18、图1-19所示。

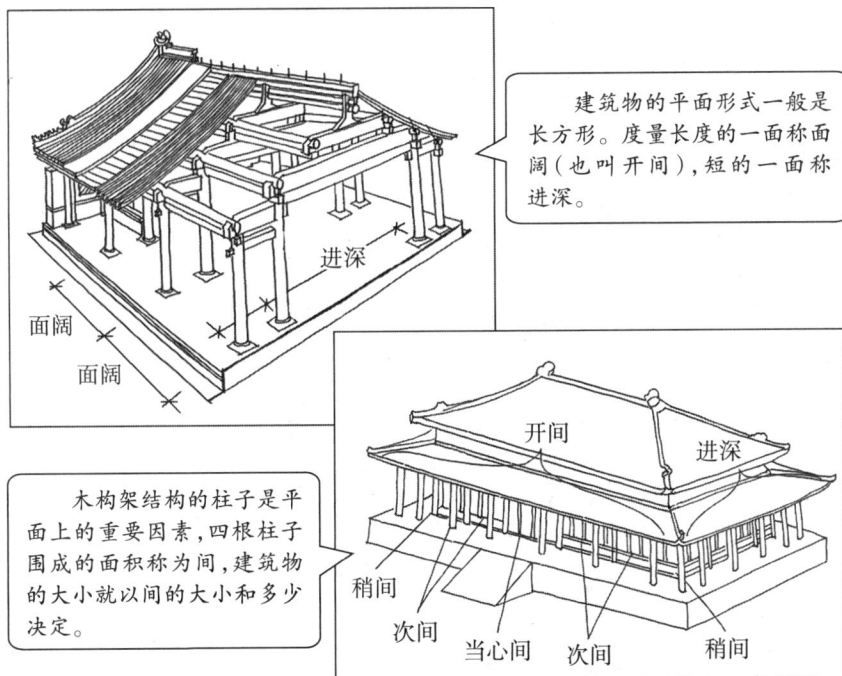

建筑物的平面形式一般是长方形。度量长度的一面称面阔(也叫开间),短的一面称进深。

进深

面阔

面阔

木构架结构的柱子是平面上的重要因素,四根柱子围成的面积称为间,建筑物的大小就以间的大小和多少决定。

开间　进深

稍间

次间

当心间　次间　稍间

图1-18 中国古代建筑的面阔及进深

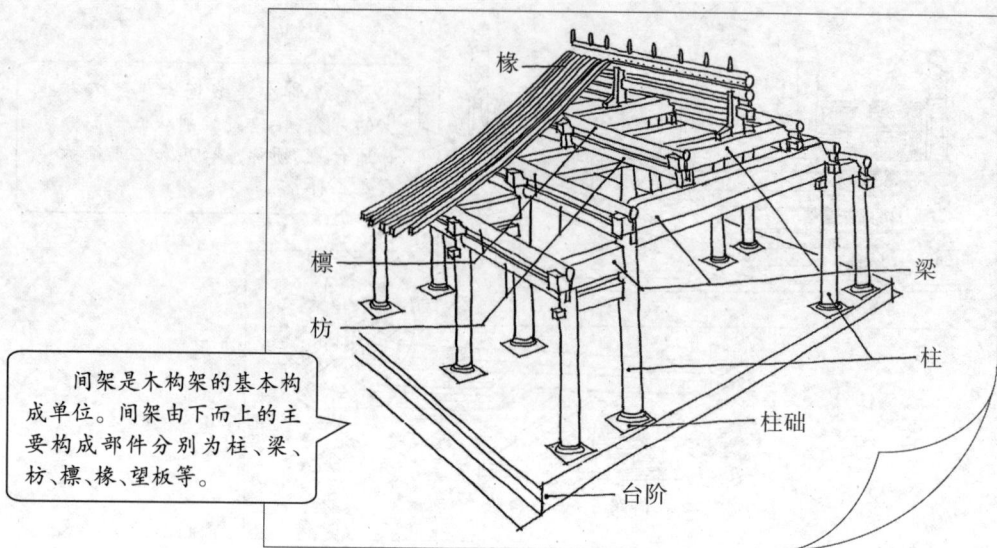

间架是木构架的基本构成单位。间架由下而上的主要构成部件分别为柱、梁、枋、檩、椽、望板等。

图1-19 中国古代建筑的间架结构

斗拱是中国古代较大的建筑上柱子与屋顶之间的过渡部分,其功用是支承上部挑出的屋檐,将其重量直接或间接地传到柱子上,如图1-20所示。

一组完整的斗拱构件叫作一攒,一般斗拱由五种主要的分构件组成,分别为斗、昂、翘、升、拱。

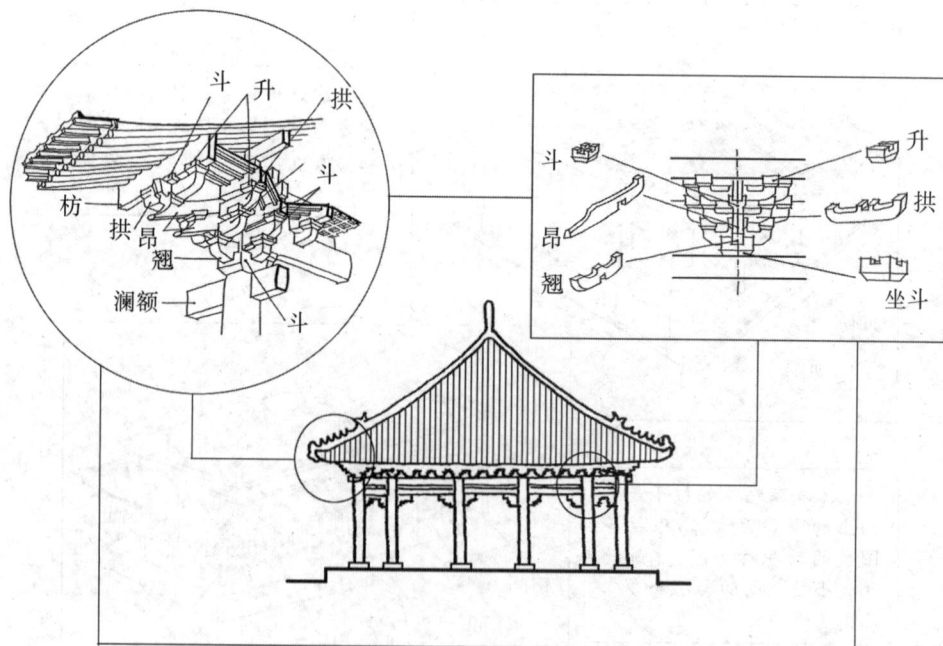

图1-20 中国古代建筑的斗拱

1.3.2　凝固的西方艺术

古希腊、古罗马时期,人们创造了以石质的梁柱和拱券作为基本构件的建筑形式。特别是以规则严谨的柱式为主要特色的建筑形式,后来经历了漫长的历史时期,一直延续到20世纪初期,成为世界上一种具有历史传统的建筑体系。这就是通常所说的西方古典建筑。

1.更迭与演进

(1)古希腊建筑(公元前11—前1世纪)

古希腊是欧洲文明的发源地,古希腊的建筑艺术取得了重大的成就。古希腊人建造了神庙、剧场、竞技场等各种建筑物,在许多城邦中出现了规模壮观的公共活动广场和造型优美的建筑群组。图1-21所示为雅典卫城复原图。

雅典卫城是希腊的宗教圣地,建造在雅典的一个小山丘上。它包括卫城山门、胜利神庙、伊瑞克提翁神庙(公元前421—前406年)和帕提农神庙(公元前447—前431年)等。

图1-21　雅典卫城

(2)古罗马建筑(公元前8世纪—后4世纪)

古罗马取得了辉煌的建筑成就,建筑形式有浴场、神庙、斗兽场、剧院等,还有象征战争胜利的凯旋门和记功柱,并发明了天然混凝土和拱券结构的建造技术。古罗马建筑师维特鲁威编写的《建筑十书》,是西方古代对建筑学进行的最全面、系统论述的著作。图1-22中所示分别为罗马万神庙(右上、下)和角斗场(左下)。

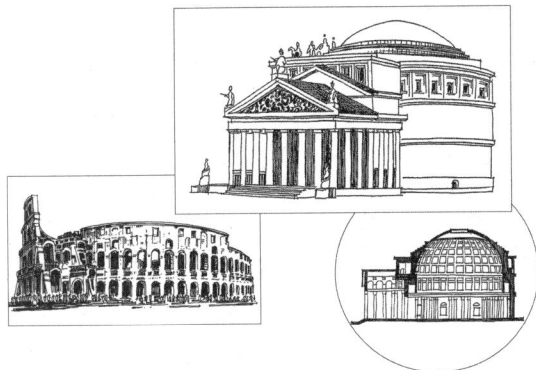

图1-22　罗马时期的建筑

（3）哥特式建筑(公元9—15世纪)

哥特式建筑是在欧洲封建城市经济中占主导地位的建筑。这一时期的建筑以教堂为主,还有反映城市经济特点的城市广场、市政厅、商业工会等。图1-23所示为巴黎圣母院西立面(右),及侧墙特有的"飞扶壁"构造(左)。

哥特式建筑风格完全脱离了古罗马的影响,而以尖券、尖形肋骨拱顶、坡度很大的两坡屋面和教堂中的钟楼、飞扶壁、束柱花棂窗等为其特点。

图1-23 巴黎圣母院

（4）文艺复兴时期的建筑(公元15—17世纪)

文艺复兴时期的建筑风格在反封建、倡理性的人文主义思想指导下,提倡复兴古罗马的建筑风格,古典柱式再度成为建筑造型的构图主题。同时,为了追求所谓合乎理性的稳定感,半圆形券、厚实墙、圆形穹隆、水平向的厚檐等元素被广泛地运用,如图1-24、图1-25所示。

图1-24 佛罗伦萨主教堂穹顶及文艺复兴建筑立面构图

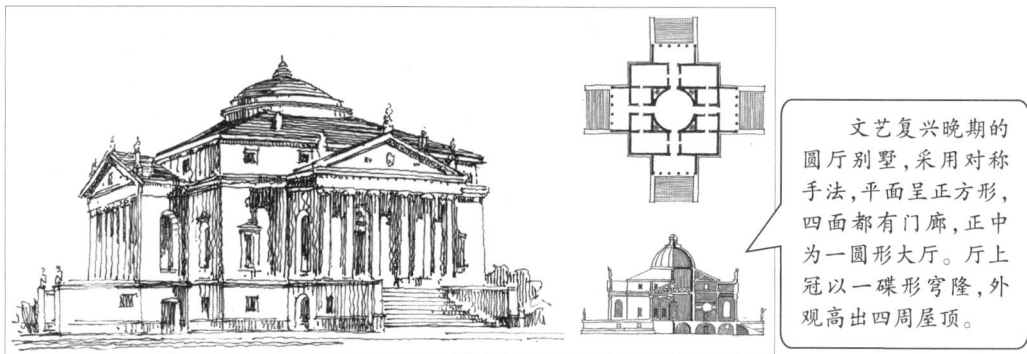

图1-25 圆厅别墅

文艺复兴晚期的圆厅别墅,采用对称手法,平面呈正方形,四面都有门廊,正中为一圆形大厅。厅上冠以一碟形穹隆,外观高出四周屋顶。

(5)希腊复兴和罗马复兴时期的建筑(公元18—19世纪)

受到当时启蒙运动思想的影响,18世纪欧美各国不仅在文化上,而且在建筑上先后兴起过希腊复兴和罗马复兴的浪潮。罗马复兴:如美国国会大厦,如图1-26(左下)所示。希腊复兴:如柏林宫廷剧院,如图1-26(右上)所示。

图1-26 古典复兴时期的建筑

2.古典柱式

柱是西方古典建筑最基本的组成部分,也是西方古典建筑艺术造型的主要特点。古希腊时期有三种柱式:多立克柱式(Doric order)、爱奥尼柱式(Ionic order)、科林斯柱式(Corinthian order),如图1-27所示。古罗马时期在此基础上又增加了两种柱式:塔斯干柱式(Tuscan order)、混合柱式(Composite order)。

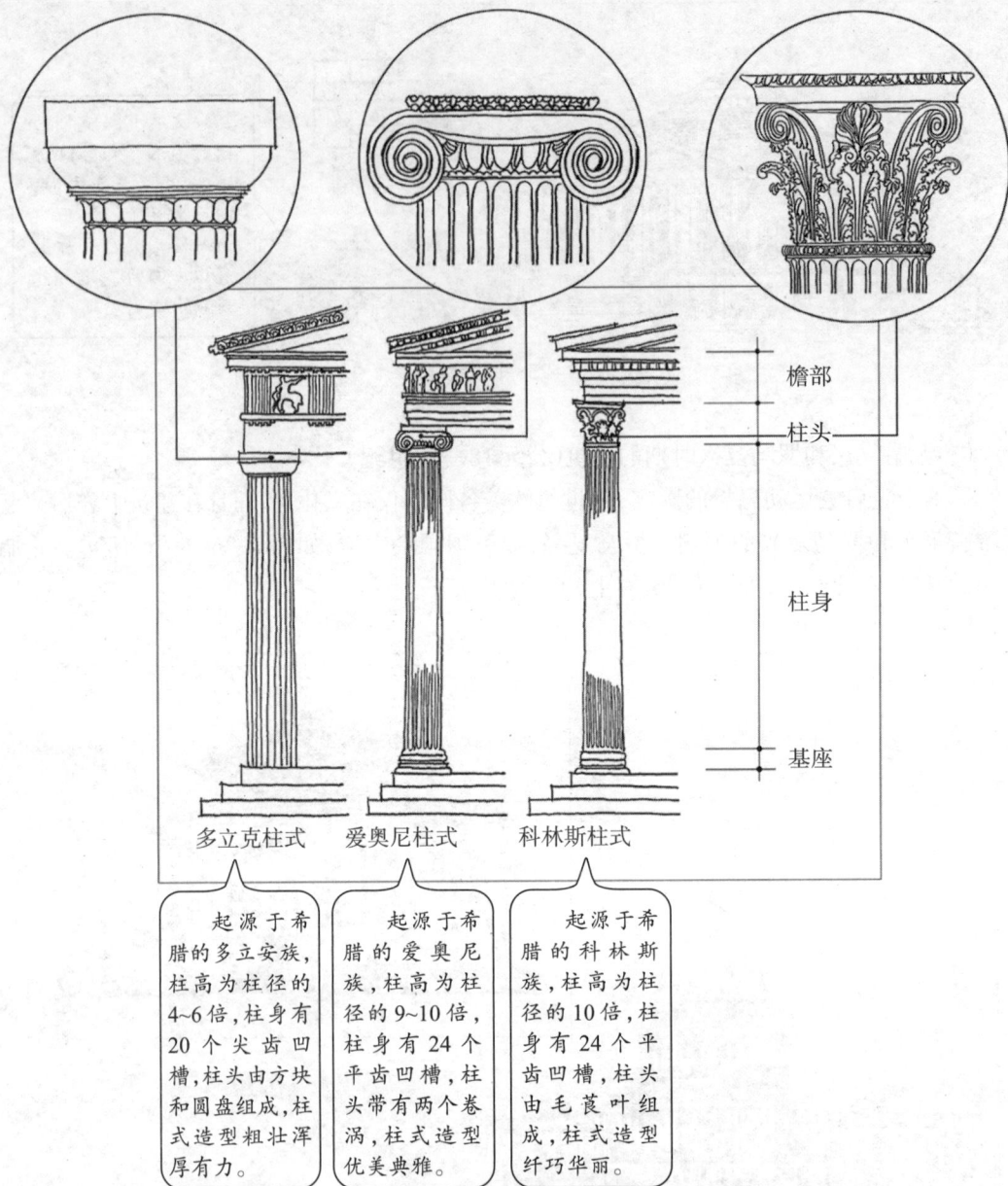

多立克柱式　爱奥尼柱式　科林斯柱式

起源于希腊的多立安族，柱高为柱径的4~6倍，柱身有20个尖齿凹槽，柱头由方块和圆盘组成，柱式造型粗壮浑厚有力。

起源于希腊的爱奥尼族，柱高为柱径的9~10倍，柱身有24个平齿凹槽，柱头带有两个卷涡，柱式造型优美典雅。

起源于希腊的科林斯族，柱高为柱径的10倍，柱身有24个平齿凹槽，柱头由毛莨叶组成，柱式造型纤巧华丽。

图1-27　古希腊三柱式

　　柱式一般由檐部、柱子、基础三部分组成，有时无基座。檐部、柱子、基础各自又由细部组成，大多由构造或结构的要求发展演变而来。檐口、檐壁、柱等重点部位常有各种雕刻装饰，柱式各部分之间交接处也常常有各种线脚。如图1-28至图1-35所示。

柱式之间从大到小都有一定的比例关系。由于建筑物的大小不同，柱式的绝对尺寸也不同，为了保持各部分之间的相对比例关系，一般采用柱下部的半径作为量度单位，称作"母度"（module）。

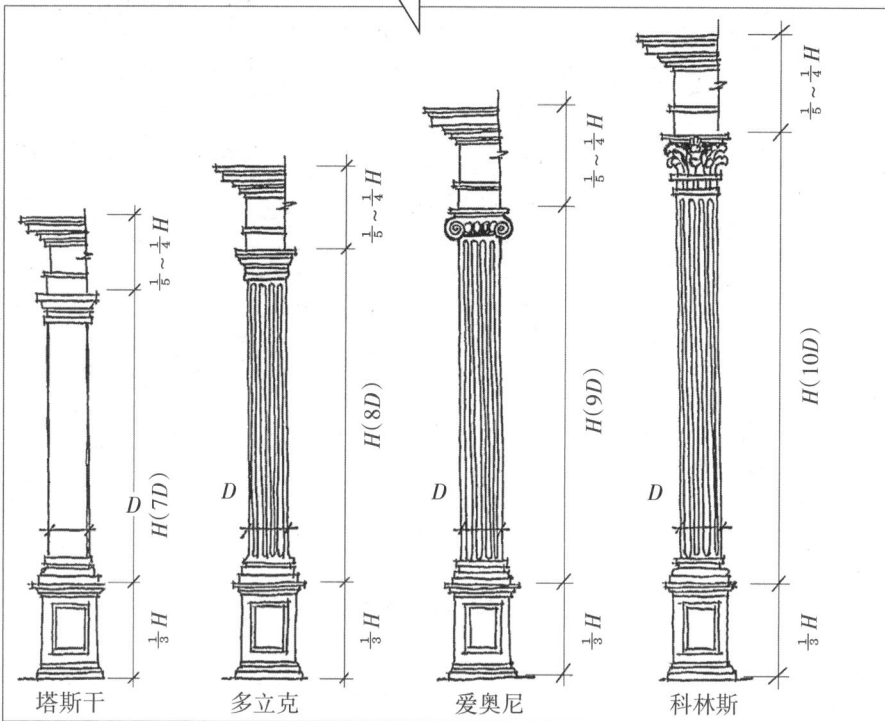

塔斯干　　多立克　　爱奥尼　　科林斯

图1-28　柱式的度量单位"母度"

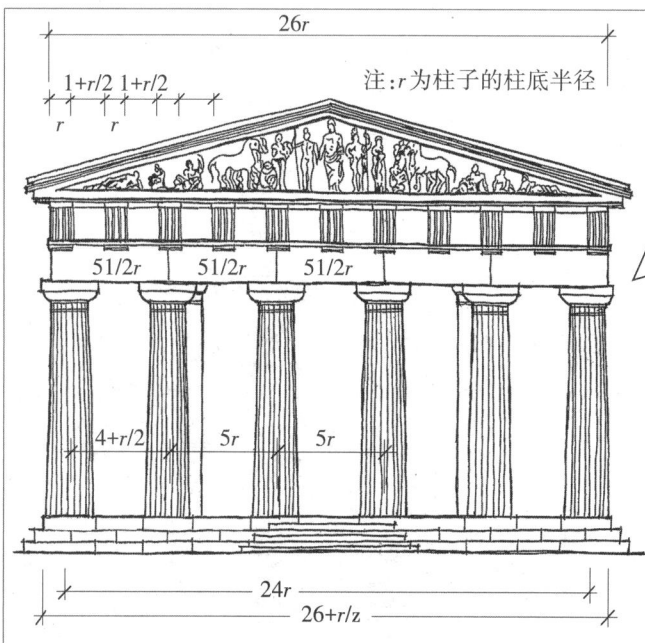

注：r为柱子的柱底半径

比例是在一切建筑中取得均衡的方法。这种方法是：从细部到整体都服从于一定的基本量度单位，即与身材漂亮的人体相似的正确的肢体配称比例。既然大自然按照比例使肢体与整个外形配称来构成人体，那么，古人们似乎就有根据来规定建筑的各个局部对于整体外貌应当保持的正确的以数量规定的关系。

——《建筑十书》

图1-29　西方古典建筑中的比例

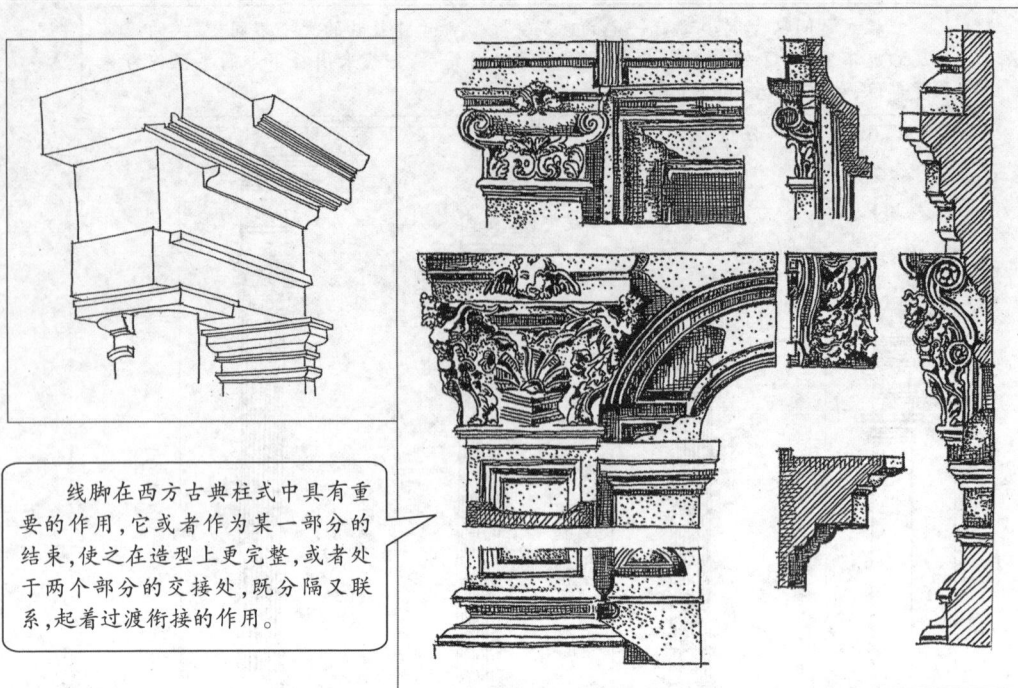

线脚在西方古典柱式中具有重要的作用，它或者作为某一部分的结束，使之在造型上更完整，或者处于两个部分的交接处，既分隔又联系，起着过渡衔接的作用。

图1-30　西方古典建筑的线脚

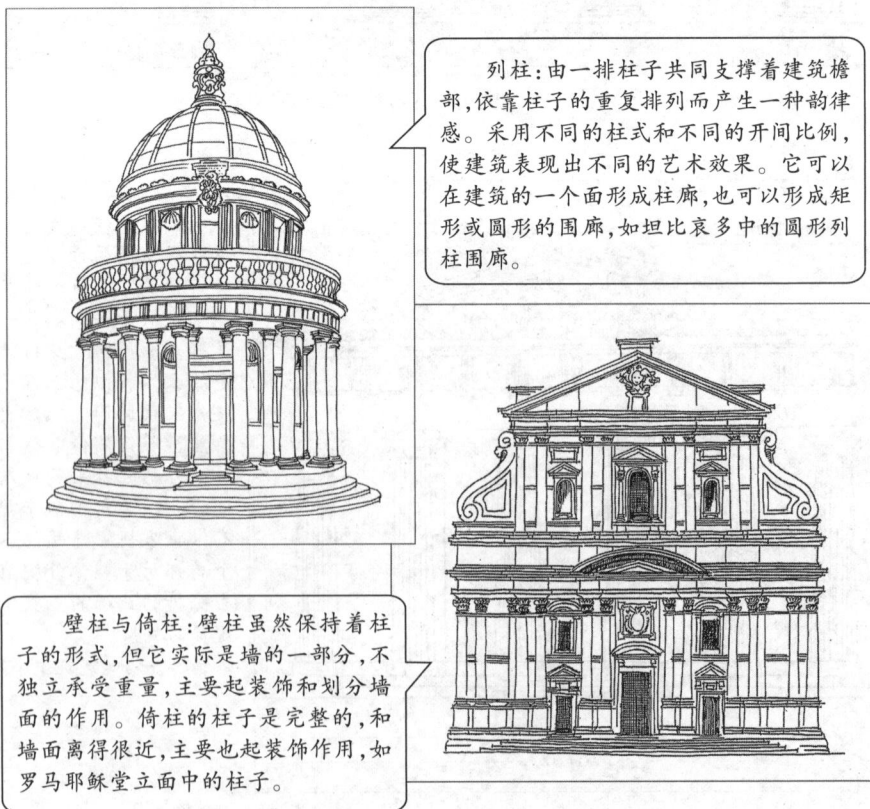

列柱：由一排柱子共同支撑着建筑檐部，依靠柱子的重复排列而产生一种韵律感。采用不同的柱式和不同的开间比例，使建筑表现出不同的艺术效果。它可以在建筑的一个面形成柱廊，也可以形成矩形或圆形的围廊，如坦比衰多中的圆形列柱围廊。

壁柱与倚柱：壁柱虽然保持着柱子的形式，但它实际是墙的一部分，不独立承受重量，主要起装饰和划分墙面的作用。倚柱的柱子是完整的，和墙面离得很近，主要也起装饰作用，如罗马耶稣堂立面中的柱子。

图1-31　西方古典建筑中的列柱、壁柱与倚柱

券柱式:古罗马时期为了解决柱式和拱券结构的矛盾,产生了被称为券柱式的组合。就是在曲线形的券洞两侧贴柱子,产生方与圆的对比。券柱式中的柱子已经没有结构作用,它们一般采用壁柱或做成独立于墙外的倚柱。

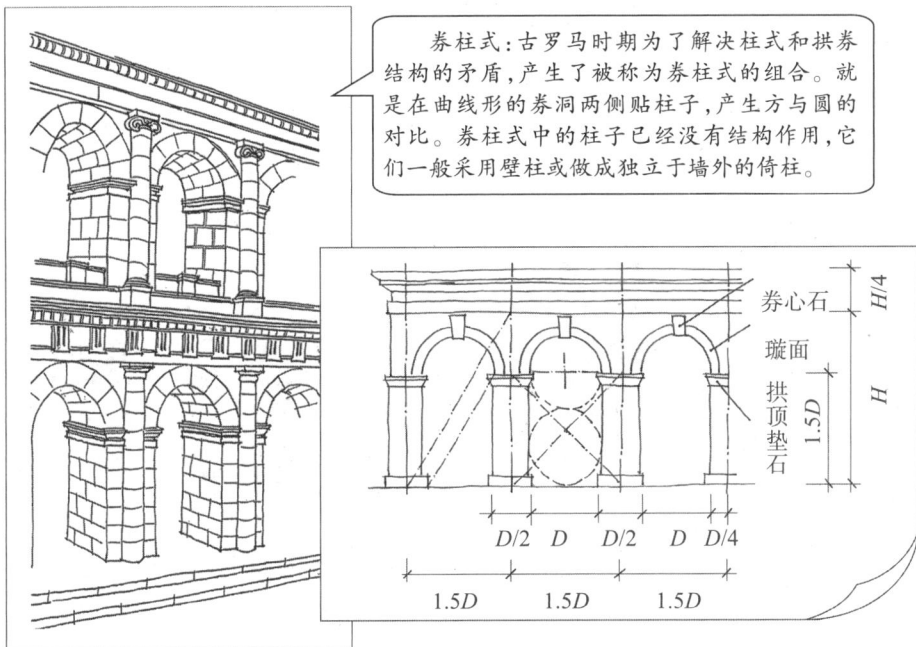

图1-32 券柱式构图

帕拉第奥母题:文艺复兴时期意大利建筑师帕拉第奥在两个大柱子之间的方形开间里,又增加了两对小柱子,由它们承托券面,这样每个开间就被分割为三个部分——左右两个瘦长的小洞口和中间带有发券的大洞口,从而造成柱子有粗细高矮、洞口有大小曲直的丰富变化。人们把这种处理手法称为帕拉第奥母题。

巨柱式:指两层以上的建筑在立面上柱子贯通整个高度,如罗马万神庙的入口采用巨柱式,整个建筑显得高大雄伟。

图1-33 帕拉第奥母题与巨柱式构图

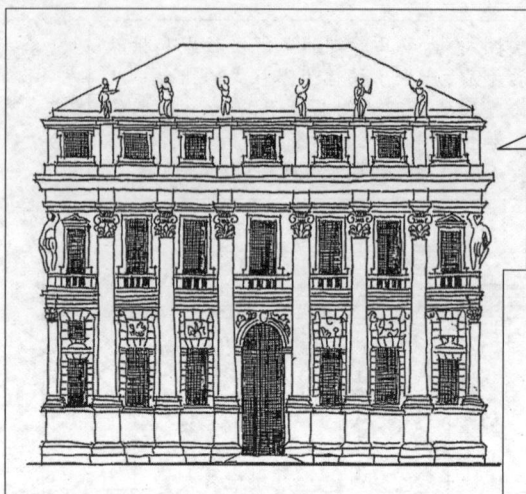

巨柱式构图可使建筑显得高大而雄伟，如威钦察法马拉纳府邸，立面巨大的壁柱将一楼和二楼结合在一起，整体感强而且稳重。

叠柱式：将柱子按层设置，使建筑在构图上富有韵律感，如佛罗伦萨卢加莱府邸，立面构图采用自下而上的三层叠柱式，完整而丰富。

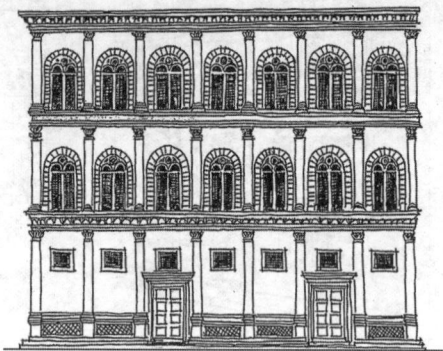

图1-34 巨柱式与叠柱式构图

双柱：将两根柱子或壁柱非常贴近地放置在一起，构图形成重复的节奏感。如卢佛尔宫东立面采用双柱。由双柱构成壮观的柱廊可以说是法国独特的巴洛克古典主义的里程碑。

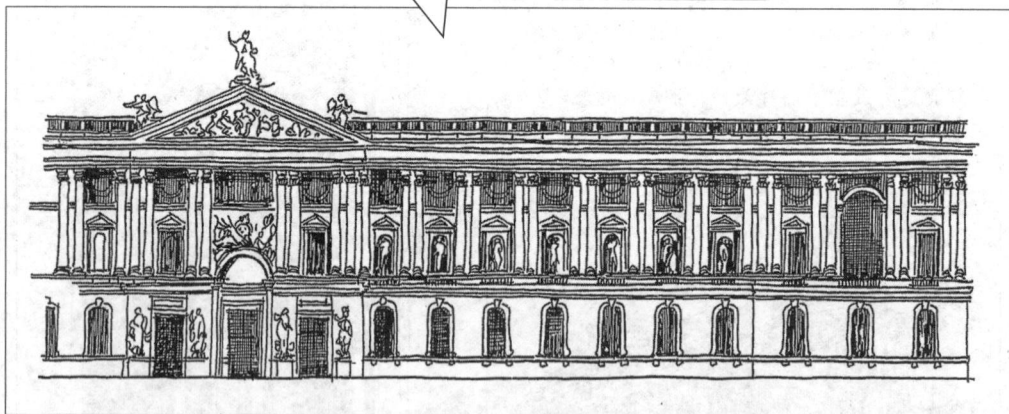

图1-35 双柱

3.西方现代主义建筑先锋

20世纪20年代至30年代，现代主义建筑思潮与流派首先在西欧形成，进而向世界其他地区扩展。这种思潮批判因循守旧的复古主义思想，主张创造表现新时代的新建筑，并成为第二次世界大战前夕世界建筑中占主导地位的建筑潮流，使西方建筑进入了发展的新时期。

（1）格罗皮乌斯（Walter Gropius，1883—1969年，德国）

格罗皮乌斯是"新建筑运动"的奠基人和领导人之一。他曾任工艺美术学校"包豪斯"的校长。法古斯工厂是第一次世界大战前最先进的近代建筑，而他最有代表性的作品包豪斯校舍以注重功能而著称，采用自由、灵活的布局，充分发挥现代材料、现代结构的特点来取得建筑的艺术效果，是现代建筑史上的一个重要里程碑（图1-36）。

"包豪斯"工艺美术学校（德国）：破除学院派的对称法则，以不规则的构图手法，按功能要求对建筑加以组合，并在满足功能使用的基础上，利用材料结构来表现新颖完美的外形。

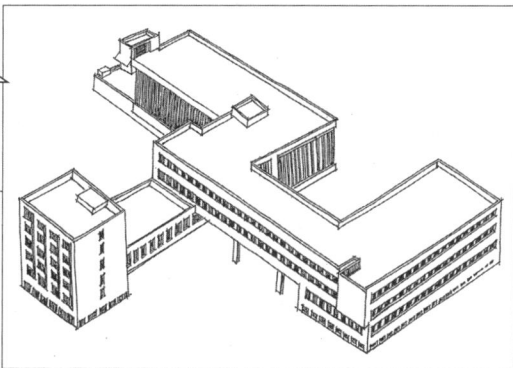

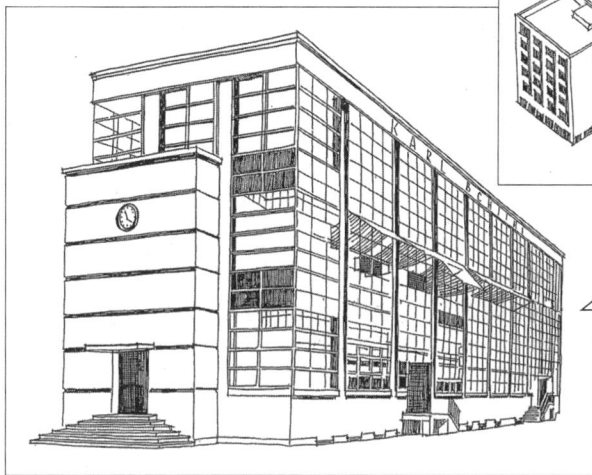

法古斯工厂（德国），1911年设计。建筑采用平屋顶，无挑檐，墙面大部分为玻璃与铁板做的幕墙，转角处不设柱子，建筑形象比较轻巧，在20世纪的建筑史上具有开创意义。

图1-36　格罗皮乌斯代表作

（2）勒·柯布西耶（Le Corbusier，1887—1965年，法国）

勒·柯布西耶是法国激进的改革派建筑师的代表，也是20世纪最重要的建筑师之一。他的许多主张首先表现在他从事最多的住宅建筑之中，认为"住房是居住的机器"。萨伏伊别墅是其最著名的代表作，该建筑选用框架结构，在其中很典型地反映了他对新建筑所归纳的五点（图1-37）。

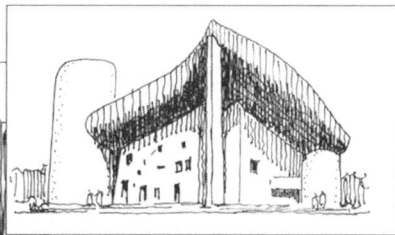

萨伏伊别墅体现的"新建筑五点"：底层支柱、屋顶花园、自由平面、自由立面、横向长窗。图1-37右上为朗香教堂。

图1-37　勒·柯布西耶代表作

（3）密斯·凡·德·罗（Mies van der Rohe，1886—1970年，德国）

密斯是现代主义建筑最重要的代表人物之一。他投身于第一次世界大战后德国大规模建设低造价住宅的实践，并于1927年规划、主持了德意志制造联盟在斯图加特的魏森霍夫（Weissenhof）举办的新型住宅展览会。在建筑艺术处理上他提出"少就是多"的原则，主张技术与艺术相统一，利用新材料、新技术作为主要表现手段，提倡精确、完美的建筑艺术效果。（图1-38）

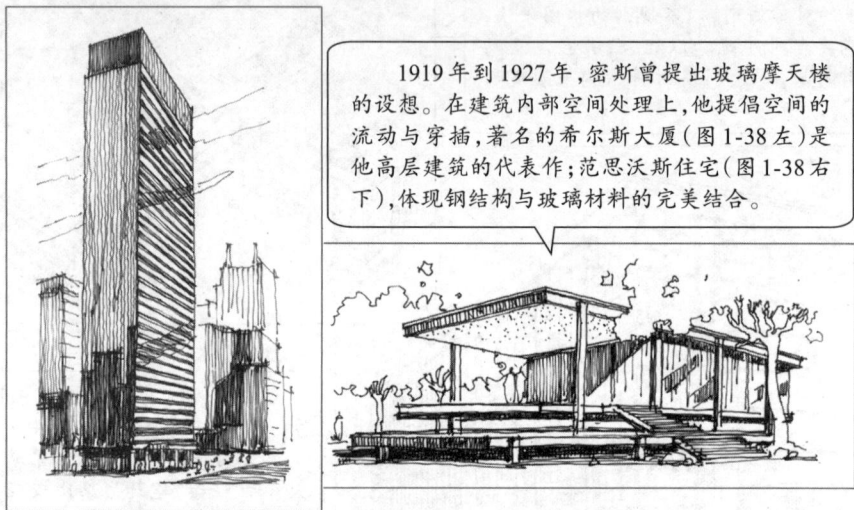

1919年到1927年，密斯曾提出玻璃摩天楼的设想。在建筑内部空间处理上，他提倡空间的流动与穿插，著名的希尔斯大厦（图1-38左）是他高层建筑的代表作；范思沃斯住宅（图1-38右下），体现钢结构与玻璃材料的完美结合。

图1-38　密斯·凡·德·罗代表作

（4）赖特（Frank Lloyd Wright，1869—1959年，美国）

赖特是20世纪美国最著名的建筑家，在世界上享有盛誉。他一生的创作特点是不断地进行创新，对现代建筑影响很大，然而又有着不同于欧洲现代主义建筑师的独到之处，他走的是一条独特的道路。他以提倡"有机建筑论"而闻名于世，强调建筑应与自然相结合，即从属于环境的"自然的建筑"。（图1-39、图1-40）

古根海姆美术馆，建筑外部完全封闭。赖特以他独特的艺术构思设计了这座螺旋形的建筑。它像一朵神奇的大蘑菇从这条街的建筑森林中冒出地面。整个美术馆的主体建筑是四层的办公楼和六层的陈列大厅。其中以圆形陈列大厅最为重要。图中的矩形体块建筑为后期加建。

图1-39　古根海姆美术馆

　　"流水别墅":利用地形而悬伸于山林中的瀑布之上,以其体形和材料而与自然环境互相渗透,彼此交融,被认为是20世纪建筑艺术中的精品之一(右上)。
　　"草原式住宅":坐落在郊外,用地宽阔,环境优美,材料是传统的砖、木、石头,有出檐很大的坡屋顶,造型上力求新颖,平面布局灵活,与大自然融为一体(左下)。

图1-40　赖特代表作

学习参考资料

☞ 建筑通论·历史

1.《建筑十书》,维特鲁威(Vitruvius)
2.《外国建筑历史图说》,罗小未
3.《中国古代建筑历史图说》,侯幼彬
4.《现代建筑:一部批判的历史》(第四版),肯尼斯·弗兰姆普敦(Kenneth Frampton)
5.《城市发展史——起源·演变和前景》,刘易斯·芒福德(Lewis Mumford)

☞ 建筑空间·认知

1.《建筑空间组合论》(第三版),彭一刚
2.《建筑:形式、空间和秩序》(第三版),弗朗西斯·D.K.程(Francis D.K.Ching)
3.《外部空间设计》,芦原义信
4.《存在·空间·艺术》,若伯格·舒尔兹(Christian Norberg-Schulz)
5.《交往与空间》(第四版),盖尔(Gal)
6.《建筑语汇》,爱德华·T.怀特(Edward T.White)
7.《建筑模式语言(上下)》,亚历山大(Alexander)
8.《场所精神——迈向建筑现象学》,若伯格·舒尔兹(Christian Norberg-Schulz)
9.《建筑的复杂性与矛盾性》,文丘里(Venturi)
10.《城市意象》(第二版),凯文·林奇(Kevin.Lynch)
11.《建筑设计的材料语言》,诸智勇
12.《解析建筑》(第三版),西蒙·昂温(Simon Unwin)

☞ 建筑设计·表达

1.《建筑设计教程》,鲍家声
2.《建筑学教程:设计原理》,赫曼·赫茨伯格(Herman Hertzberger)
3.《建构建筑手册》,德普拉泽斯(Andrea Deplazes)
4.《建筑思维的草图表达》,迪特尔·普林茨(Dieter Prinz)
5.《建筑图像词典》,弗朗西斯·D.K.程(Francis D.K.Ching)
6.《图解思考——建筑表现技法》(第三版),保罗·拉索(Paul Russo)
7.《开始设计》(第二版),褚冬竹

第2章 建筑形态构成原理

2.1 形态的基本要素

形态的基本要素

复杂的建筑空间形态可以通过某种逻辑拆解为若干个简单的几何形体,即体要素,而简单的几何形体可以将其视为点、线、面等基本要素的有机组合,与数学几何中的"点、线、面"不同的是,建筑形态中的"点、线、面"要素可以是相对概念。

2.1.1 简单几何形体的组合要素

1.组合要素之点要素

(1)点要素的概念

形态构成中的点要素与几何学中的"点"不同,它是一种具有形状与大小的"体",单独观察时是一个独立的个体,具有一定的形态,但与周围更大的形相比时,却又是一个"点",因此点要素是一个相对概念。如图2-1所示,朗香教堂的窗在整个建筑的立面中可被视为"点",公园里的雕塑在整个广场空间可被视为"点"。

形态构成中的点有具体的形状和大小,通过与周围形的对比来呈现。点要素在建筑空间里表示一个位置,在概念上是没有长度、深度和方向。

图2-1 点要素的相对性

（2）点要素的形态、特征及应用

点要素所呈现出的视觉形态与其排列分布及整体效果有关。当多个点要素近距离呈线状排布时，"点"的视觉效果减弱，"线"的视觉效果增加。同理，如图2-2所示，当一定数量的点要素在一定范围内密集分布时，"面"的效果也相应增强。

点要素出现在线要素的两端，或几个线要素的交叉点或角点。当呈近距离线状排列时，点的感觉弱化，线的感觉增强。当其以一定数量在一定范围内密布时，则形成面的感觉。

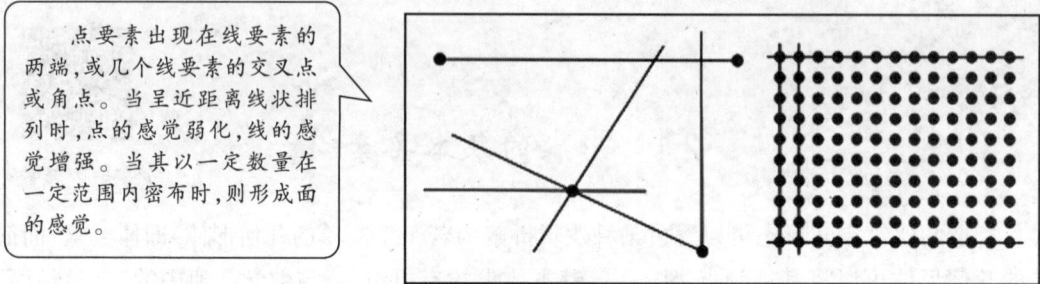

图2-2　点要素的形态变化

当点要素处于某个范围的中心位置时，点要素可以起"画龙点睛"的作用，意在突出"范围"的轴线或中心，以强调重点，如图2-3所示。

图2-3　点要素的心理特征及应用

点具有稳定感和静止感，点要素具有构成重点的作用，用于强调、确定轴线以及形成中心限定。在建筑或场地的空间设计中，同样可以通过点要素的视觉特征来强调中心或重点，成为整个设计构图的收束点。

2.组合要素之线要素

（1）线要素的概念

与几何元素相通的是，线可视为"点"的无限汇聚，以及"面"与"面"的交接。因此在建筑中，除上述元素的交叉与汇集形成的几何线性外，当形体的长宽比例较大时可将其视为线，从而在建筑形态构成中突显方向与方位特征，如图2-4所示。

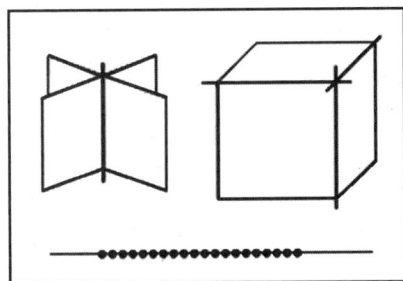

图2-4　线要素的概念

（2）线要素的形态、特征及应用

在建筑空间中线要素可以分为实存线和虚存线。实存线往往具有体量感，具有一定宽度，且以长度为主要特征，如图2-5所示，梁、柱、栏杆等可分为垂直、水平或曲线等类型，其位置与方向的差异性会给人以重力感、平衡感、运动感及张力感等多种不同的心理感受；虚存线通常是指心理意识的线，主要体现空间感，可用于虚空间的半围合形式。多种形式的不同组合形成了丰富的形态构成关系。

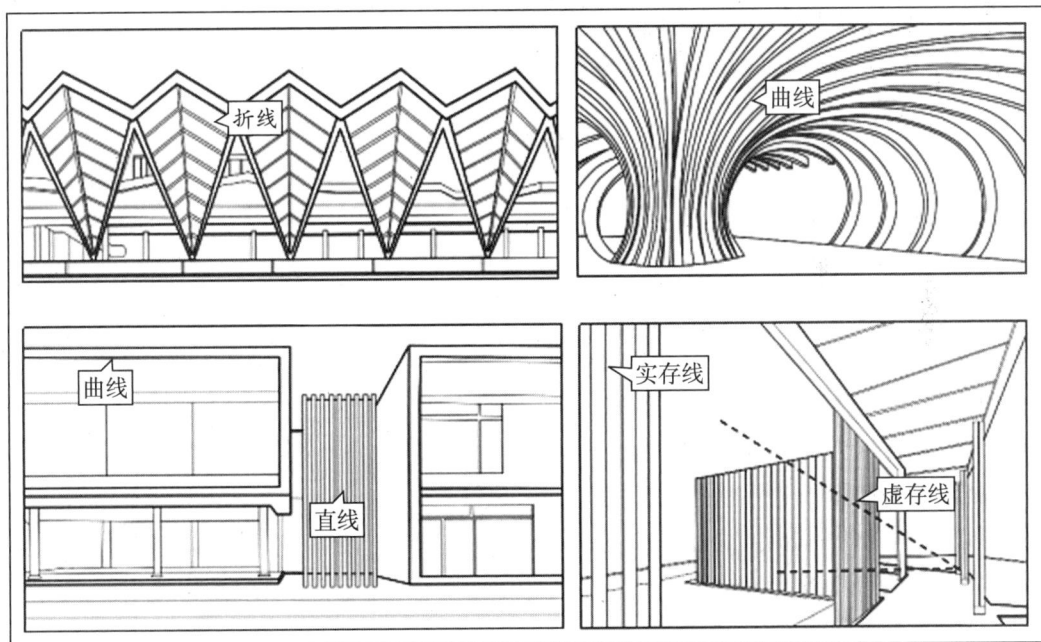

图2-5　线要素的类型

例如，泰姬陵的周围四根角楼，界定出一个明确的空间限定。华盛顿的林荫大道的轴线设计，突出了线要素的秩序性特征，实现建筑形态与空间的组织，如图2-6所示。

（a）泰姬陵

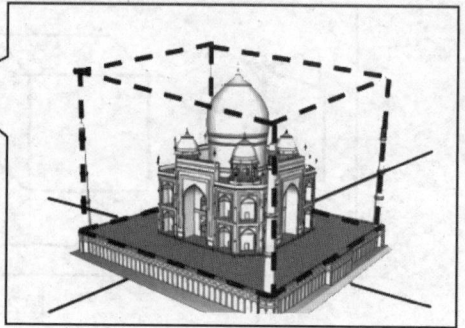

（b）华盛顿林荫大道

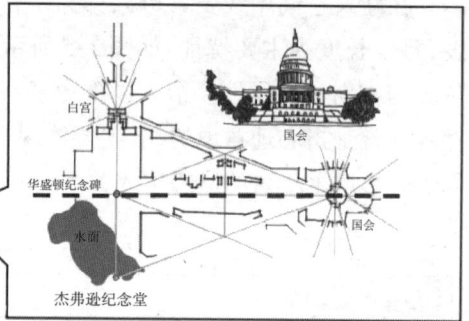

图2-6　线要素的空间形

3.组合要素之面要素

（1）面要素的概念

在几何形中，面要素是二维的，在建筑空间和体量中，当"体量"的厚度与其长宽相比很薄时，体可以被视为面要素。一般来说，面可视为线的移动轨迹，或者体的围合界面，如图2-7所示。因此，面要素可以是体量的围合界面，也可以是点要素与线要素的密集分布。

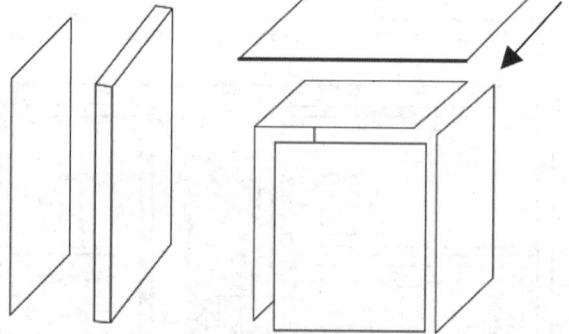

图2-7　面要素

（2）面要素的形态、特征及应用

在建筑空间中有墙面、地面、屋面形成围合体量的面要素，其形态有很多种，有曲面有直面、有实面有虚面，从而形成建筑丰富灵活的多样性。如运用建筑表面材料的多样性形成了丰富的立面效果，加上包含虚与实、水平与垂直及多种比例关系的矩形表面，营造出独特的形体风格，如图2-8所示。

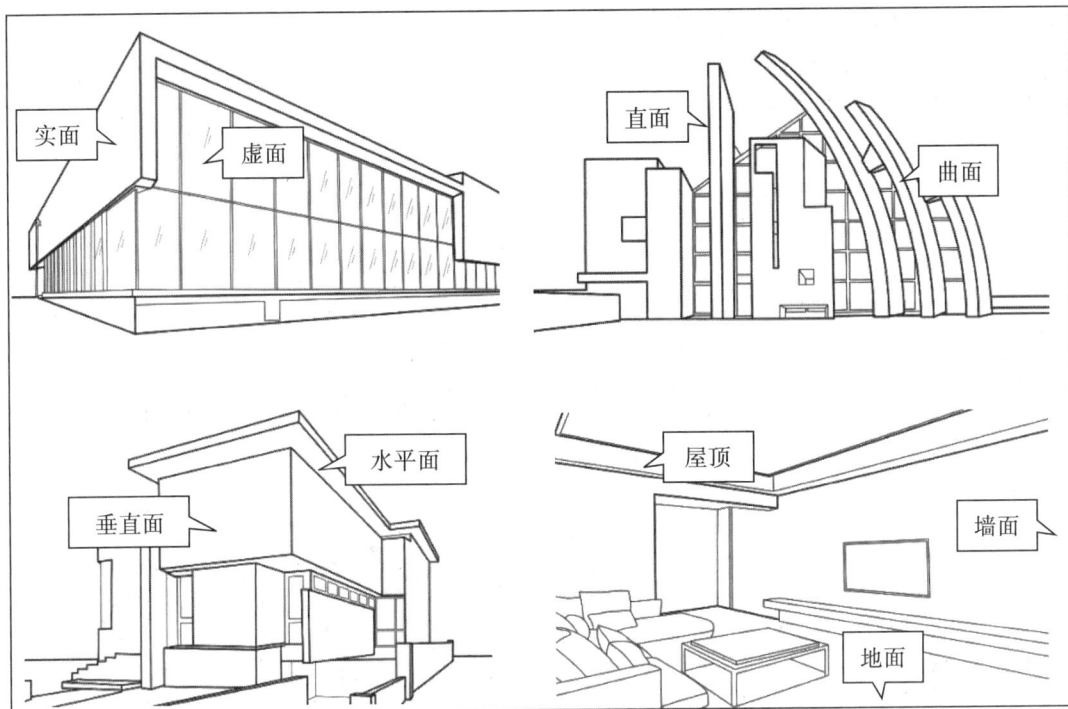

实面 虚面 直面 曲面

垂直面 水平面 屋顶 墙面 地面

图2-8 面要素的类型

2.1.2 复杂几何形体的形态要素

建筑中的体要素可理解为点、线、面要素按照一定逻辑关系形成的体量。根据上述相关概念,它们可以根据不同的设计逻辑生成简单的体量,同时简单的体量可以通过设计中的倾斜、扭转、穿插等各种处理手法,形成复杂的建筑体量。随着体块不同维度的尺寸和比例的变化,可以出现点、线、面的相关特征,同时,建筑的色彩及材料的肌理可以从视觉层面给人以不同的心理感受,从而营造不同功能、不同氛围的建筑与环境,如图2-9所示。

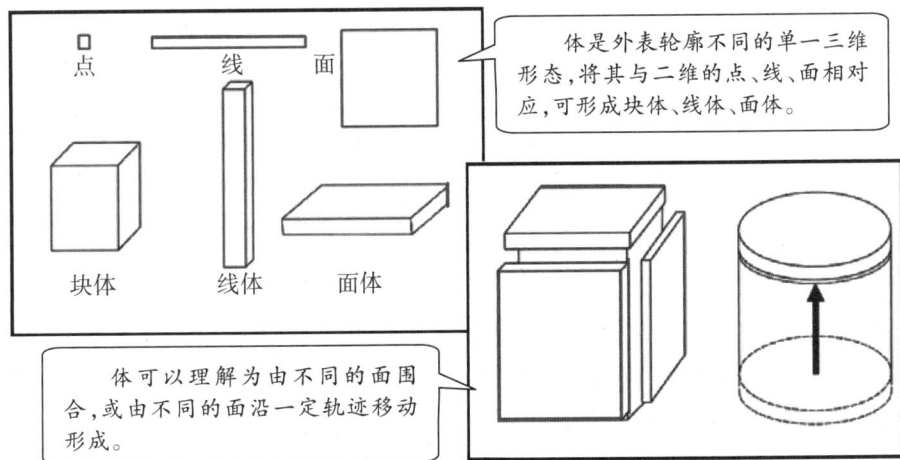

点 线 面

块体 线体 面体

体是外表轮廓不同的单一三维形态,将其与二维的点、线、面相对应,可形成块体、线体、面体。

体可以理解为由不同的面围合,或由不同的面沿一定轨迹移动形成。

图2-9 体要素的概念

建筑设计中的"体"的形态,可以是简单的几何形体,如立方体、球体、柱体、锥体等,也可以是在简单几何形体基础上的变体,从而作为建筑体量的某个核心元素突出建筑特色。如古根海姆美术馆及杭州洲际酒店,运用立方体、倒圆锥体以及球体等进行体量设计,通过虚实结合的设计手法来丰富造型效果(图2-10)。

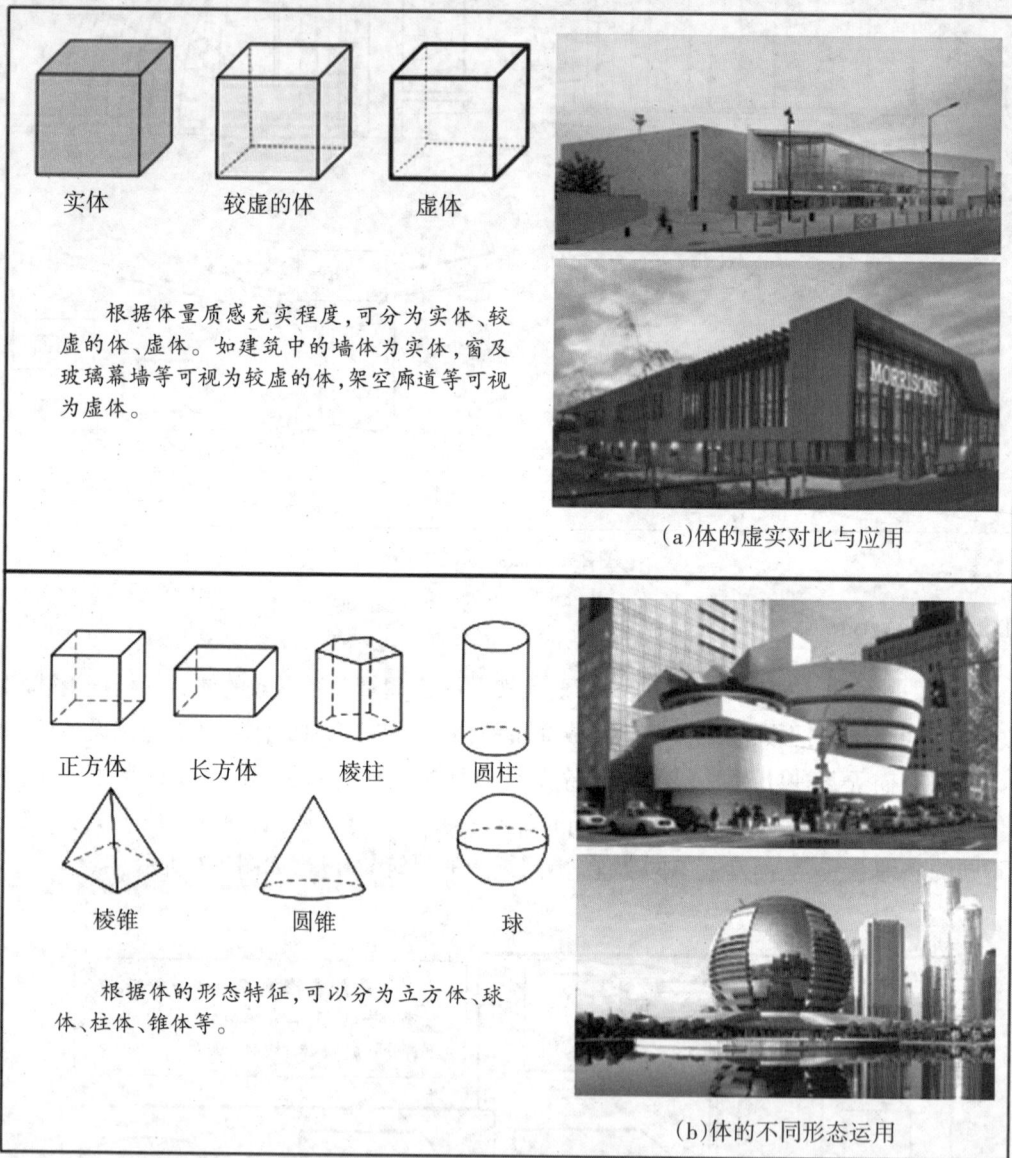

实体　　　较虚的体　　　虚体

根据体量质感充实程度,可分为实体、较虚的体、虚体。如建筑中的墙体为实体,窗及玻璃幕墙等可视为较虚的体,架空廊道等可视为虚体。

(a)体的虚实对比与应用

正方体　　长方体　　棱柱　　圆柱

棱锥　　　圆锥　　　　球

根据体的形态特征,可以分为立方体、球体、柱体、锥体等。

(b)体的不同形态运用

图2-10　体要素的类型

综上所述,建筑中的简单几何形体可以分为"点""线""面""体"等若干要素,同时这些要素的划分也是相对的,是可以相互转化的,通过相对的尺度比例关系,以及周围环境的参照,从人的视觉和心理层面进行思考,创造出丰富的建筑形态。

2.2　基本形与形态要素的关系

基本形与形态
要素的关系

2.2.1　基本形的概念

与数学中的几何形类似,建筑形态构成的基本形可理解为由点、线、面按照一定几何规律形成的图形。基本形是形态构成中的基本单位,可以通过变化基本形的组合方式,形成多种形态构成关系。如图2-11所示,基本形可以是直线或曲线,也可以是不同形状的面,还可以是不同形状的体块,等等。

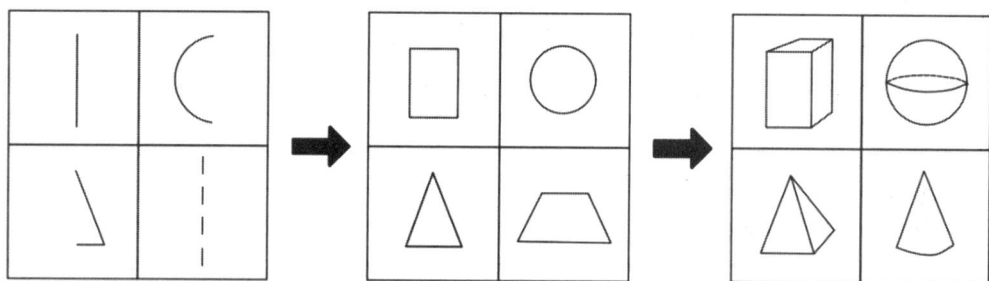

图2-11　基本形的分类

2.2.2　基本形的处理手法

丰富的建筑形态是由复杂的形态构成设计而来,而复杂的形态构成需要对其基本组成元素——"基本形"进行多样化处理,才能实现形态的多样性。因此需要通过一些特定的处理原则进行处理。通常使用的原则有以下几种。

1.加法处理

在基本形上增加某些附加形体,但附加形体不应过多、过大,以免影响基本形体的性质与主导地位。如美国拉金大厦,其造型就是采用在大立方体上增加若干小的立方体,组合出新的较为复杂的形体,如图2-12所示。

图2-12　加法

2.减法处理

在基本形体上进行局部切削,通过削减的量和部位来影响原形的整体特征与视觉完整性。如图2-13所示,美国国家美术馆东馆,其整体造型采用三角形的基本形元素设计,在基本形上进行挖空处理,形成虚实有序的造型特征。

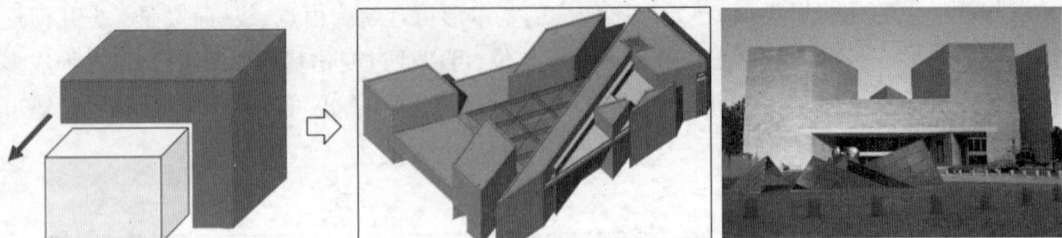

图2-13　减法

3.变形与变异

收缩、膨胀与扭曲都属于变异范围。

膨胀指基本形在各个方向或某些方向上向外鼓出,使外表面变异成为曲面或曲线,使规则的几何体具有弹性和生长感。如罗马小体育宫建筑外观,形体采用自上而下的膨胀感,达到视觉变化(图2-14)。收缩指形体垂直面沿高度渐次后退,是体量逐渐缩小的变化,如2008年世博会中国馆外观造型(图2-15)。旋转可以自上而下形成上大下小的倒置感,如古根海姆美术馆的外观造型(图2-16)。扭曲指基本形体在整体或局部上进行扭转或弯曲,使几何形体具有柔和、流动感。如维特拉家具博物馆,其造型采用若干个经扭转后的形体组合而成,形成超常规的变换效果(图2-17)。

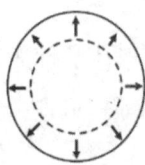

膨胀

图2-14　罗马小体育宫

收缩

图2-15　2008年世博会中国馆

旋转

图2-16　古根海姆美术馆

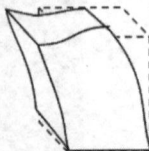

扭转

图2-17　维特拉家具博物馆

4.拼接与镶嵌

不同质感、形状的表皮肌理与材质并置、衔接,并做凹凸变化,造成形体上下不同特征部分的对比变化。如图2-18所示,某商业建筑的表皮处理,采用不同质感的材质相互拼接搭配,增加建筑造型的丰富感。

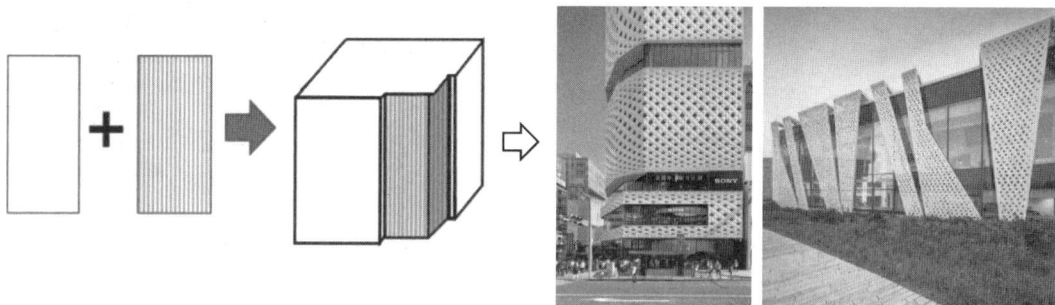

图2-18　拼镶

5.倾斜与旋转

形体的垂直面与基准面形成一定角度的倾斜,也可使部分边棱或侧面倾斜,造成某种动势,但仍应保持整体的稳定感。如某公共建筑造型在立方体原始形态上,按照一个方向做倾斜处理,使建筑在不失稳定感的基础上,增加了动势效果。旋转指形体依据一定方向旋转,使之产生强烈的动态和生长感。如图2-19所示,古根海姆美术馆的倒圆台部分形体,形成自上而下的旋转感,并使内部空间也具有旋转效果。

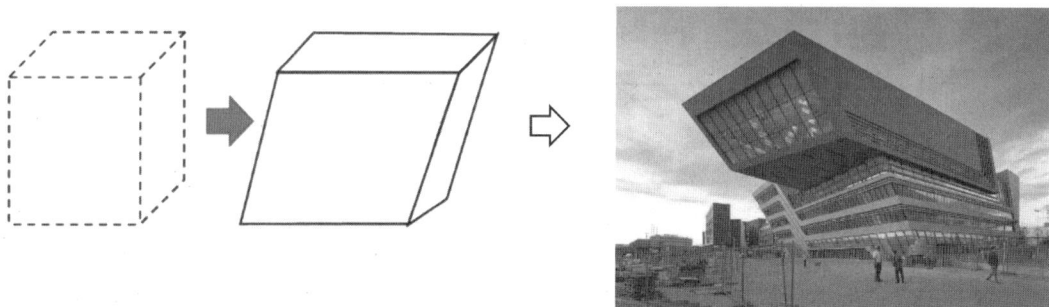

图2-19　倾斜

6.分裂与拆解

基本形体被切割后进行分离形成不同部分的对比,形体可以完全分开也可以局部分裂,但应注意保持整体的统一性和完整性。如图2-20所示,建筑造型是由一个完整矩形体量分解为大小、比例、质感一致的两个矩形体块再组合而成。

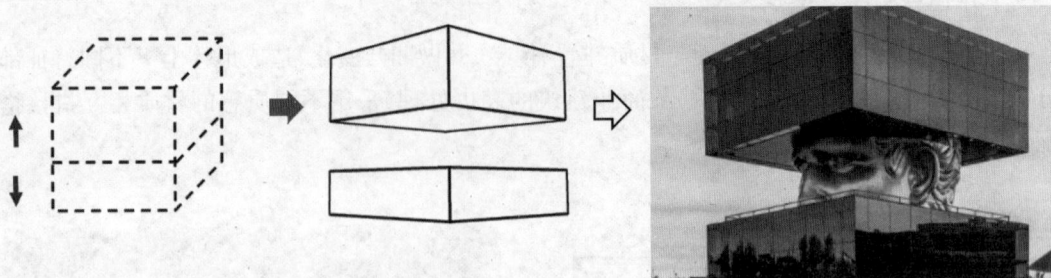

图2-20 分裂与拆解

2.2.3 基本形的构成关系

当多个简单基本形按照某种逻辑组合形成新的形态时,这种逻辑关系可视为基本形的构成关系,从其位置关系来划分主要有以下几种。

1.简单基本形构成关系

(1)分离关系

相同或不同尺寸的各自独立的形体,通过不同的间距分布,使整体形成主次、聚集或分散等不同的视觉效果,而出现形态分离的构成关系,如图2-21所示。在建筑设计实践中,如美国芝加哥马利纳城,两个比例关系相近的圆柱体体量,相互独立而分离,形成稳定均衡的视觉效果。

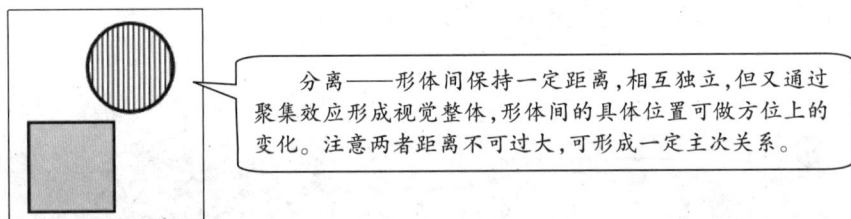

分离——形体间保持一定距离,相互独立,但又通过聚集效应形成视觉整体,形体间的具体位置可做方位上的变化。注意两者距离不可过大,可形成一定主次关系。

图2-21 分离

(2)相接或相交关系

各自独立的形体通过相接或相交的形式,或通过不同的接触位置与角度,表现出强弱不同的视觉整体感。例如,面与面的整体感较强,面与线的整体感较弱。

根据形与形相交后不同的处理方式,可形成多种形态特征。如图2-22所示,可利用加法、减法或图底转换的处理方式,如接触、覆盖、透叠、联合、减缺、差叠等方式,形成丰富多样的形态构成方式。

如浙江省外贸大楼,两大一小立方体体量,以面接触方式,保持各自形体完整的同时,形成一定的变化。某现代别墅,采用上下体量交叉叠置、上面体量覆盖下面体量的处理方式,形成生动的外观个性。某多层办公楼下层空间采用"缺角"的处理手法,不仅丰富了单调的形体,也增加了入口的灰空间。这些分别是分离、接触、覆盖以及减缺关系的运用。

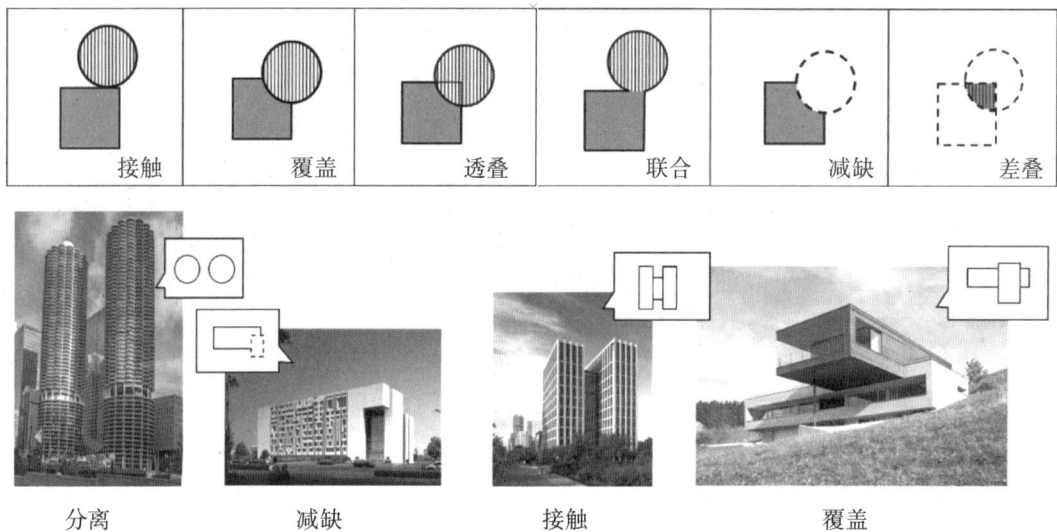

接触　　　覆盖　　　透叠　　　联合　　　减缺　　　差叠

分离　　　　　　减缺　　　　　　接触　　　　　　覆盖

图2-22　不同基本形的位置关系

（3）重合关系

各自独立且形态一致的形体完全重叠在一起时即为重合，这种关系可以衍生出覆盖、透叠等形态关系，通过交错部位的色彩与肌理来体现差异性，并以主次共生的方式共同存在于整体形态关系中，如图2-23所示。

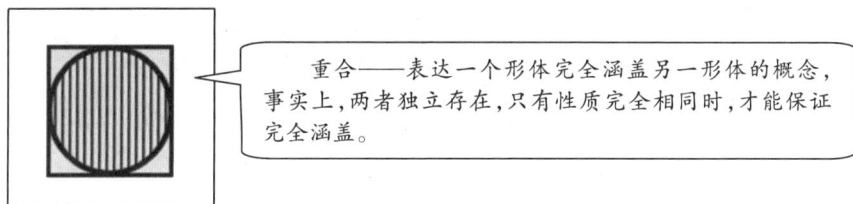

重合——表达一个形体完全涵盖另一形体的概念，事实上，两者独立存在，只有性质完全相同时，才能保证完全涵盖。

图2-23　重合

2.多元基本形的构成关系

少数简单基本形的个体独立性往往较强，当多个形态复杂、形体各异的形态聚集在一起时，则会出现更为多元的构成关系。根据简单基本形的构成关系的划分方式，多元基本形的构成关系也可根据其形态的整体位置关系分为集中式、连接式、串联式、组团式和放射式等。

（1）集中式

集中式由不同形体围绕占主导地位的中央母体而构成，表现出强烈的向心性。中央母体多为规整的几何形，周围的次要形体的形状、大小可以相同，也可彼此不同。集中式形体可以是独立单体，也可以是在场所中的控制点，为某一范围中心。如图2-24所示，文艺复兴时期的圆厅别墅，即采用集中式的构成关系。

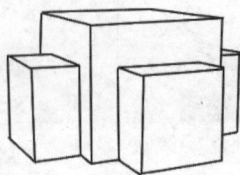

图2-24　集中式

（2）连接式

由第三方形体将两个或多个有一定距离的形体连为整体。连接体可不同于被连接形体，造成体量上的变化，连接体保持视觉弱势，并突出原有两形体的特点。如图2-25所示，杭州市民中心以一个水平圆环体量连接5个垂直向柱体体量，形成一定的整体关系。

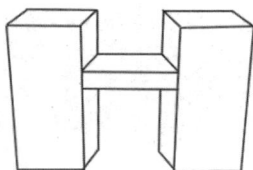

图2-25　连接式

（3）串联式

串联式是多个形体按照一定方向呈线状重复延伸构成。各形体可为完全重复的形同单元体，也可为近似形体或不同形体。构成的轨迹可为直线、折线、曲线等，除平面形式外，也可沿垂直方向构成塔式形体。如图2-26所示，某公共建筑造型采用立方体这一简单形体，沿水平和垂直方向的串联式构成。

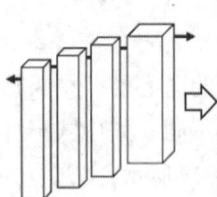

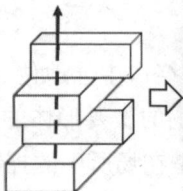

图2-26　串联式

（4）组团式

组团式是依据各形体在尺寸、形状、朝向等方面具有相同视觉特征，或者具有类似的功能、共同的轴线等因素而建立起来的紧密联系所构成的群体。它不强调主次等级、几何规则性及整体的内向性，可构成灵活多变的群体关系。

如图2-27所示，某幼儿园依据活动单元构成的功能布局，形成组团式构成关系造型。

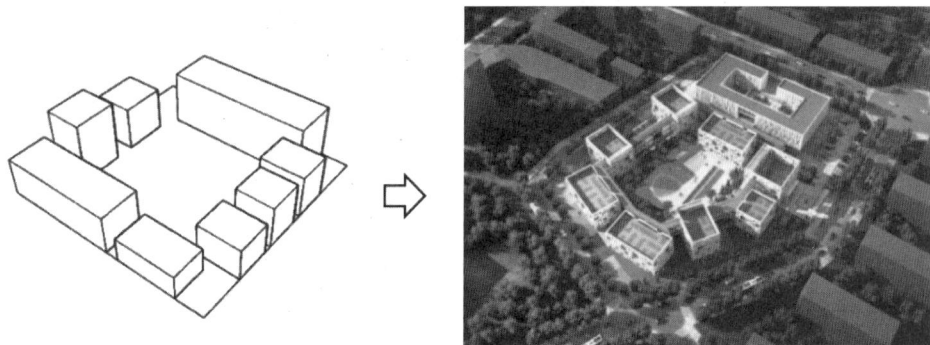

图2-27 组团式

（5）放射式

放射式是核心部分向不同方向延伸发展构成，是集中式与线式的复合构成，核心部分可为突出的形体，作为功能性或象征性的中心。核心部分也可是虚体，突出线性部分的体量。线性部分可以是规则式放射，也可是非规则式放射。

如图2-28所示，大兴机场航站楼，从空中看去，形成从中心点向四周放射出的六个线性体块，构图均匀而整体。

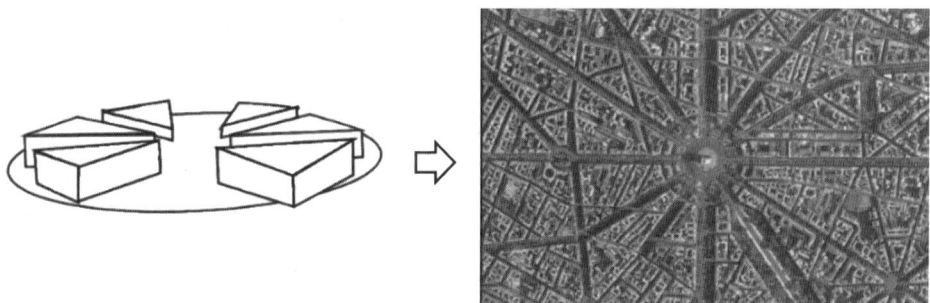

图2-28 放射式

（6）散点式

散点式的自由布局形态并无一定的几何规律，常依功能关系或道路骨架联系各个形体，构成富于空间变化又不失整体感的有机群体。如图2-29所示，在功能复杂而密度较低的公共建筑群或地形变化较大的居住建筑群中常被采用。我国的传统园林建筑单体之间多采用散点式的布局形态。

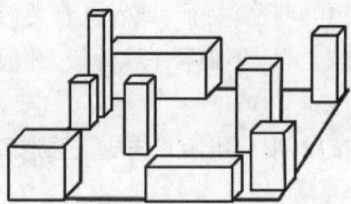

图2-29 散点式

2.3 空间造型的基本方法

空间造型的基本方法

空间造型主要是与"空"与"间"的生成相关,从空间的概念来看,是由长、宽、高,体积、形状等的限定范围而表达出来的。空间造型可视为利用基本形以及基本形组合关系,依据一定的造型生成方法,合理有效地组织形体,并创造出新的空间形体的过程。

空间具有积极性和消极性,积极的空间造型是按照一定的逻辑方式将基本形进行组合,其形态所呈现出的效果是受到其内在逻辑影响的结构关系,将这些形体组合的逻辑关系进行归纳总结,即为空间形态造型的基本方法,成为我们进行建筑空间造型的基本工具。

建筑空间造型的方法包括以下四种。

1.分解法

分解法是通过切削或者分割等手法将一个形体拆解成若干个形体后,再按照一定的秩序和逻辑,将其重新组合成新的形体。按照方式不同可以形成按比例分解及自由形式的分解,如图2-30及图2-31所示,即将立方体进行等比例拆解成三个体块后,按照均衡对称的逻辑进行重组,形成了新的空间形式。

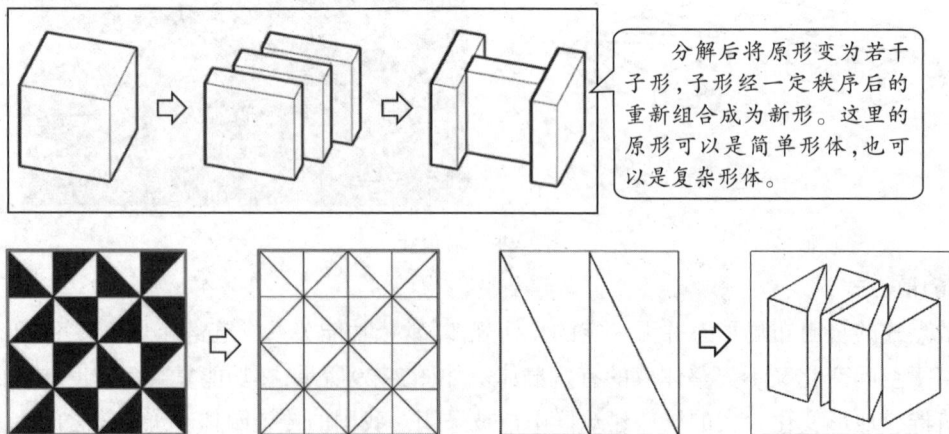

分解后将原形变为若干子形,子形经一定秩序后的重新组合成为新形。这里的原形可以是简单形体,也可以是复杂形体。

图2-30 按比例分解

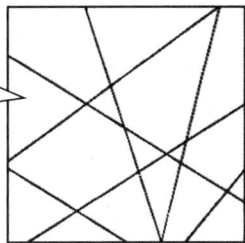

自由分解后的子形由于形式缺乏相似性,可通过一定的规律或法则将其联系起来,或利用子形与原形的完型关系,如主次关系、并列关系、矛盾关系等等,可以形成更为自由、更为丰富的新形态。

图2-31　自由分解

此外还可辅以其他手法,如消减或移位等手段来丰富分割法形成的新形式。如图2-32所示,消减即在原形基础上减去一个子形,缺失的子形可以是原形外围,使得新形的轮廓发生

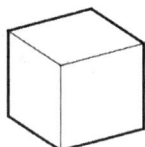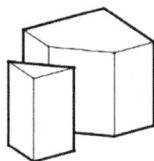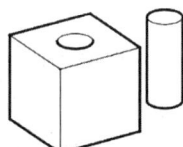

基本形　　　　　　减缺　　　　　　抽空

图2-32　消减

变化;或者缺失的子形在原形内部,新形虽然外部形状没有发生改变,但内部空间被抽取,形态发生改变。移位是指子形之间或子形相对原形的位置发生改变,分为移动、错位、滑动等情况(图2-33)。例如马里奥·博塔设计的圆厅住宅将圆柱形的体块按照一定规律消减,使简单的形体变得丰富(图2-34)。贝聿铭设计的美国国家美术馆东馆,将一个原形为梯形的形体,经分割处理后,形成若干三角形和菱形子形,用消减和移动的处理手法,形成丰富而统一的新形,如图2-35所示。

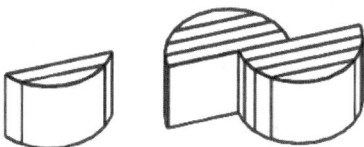

基本形　　　　移动　　　　　　　错位　　　　　　滑动

图2-33　移位

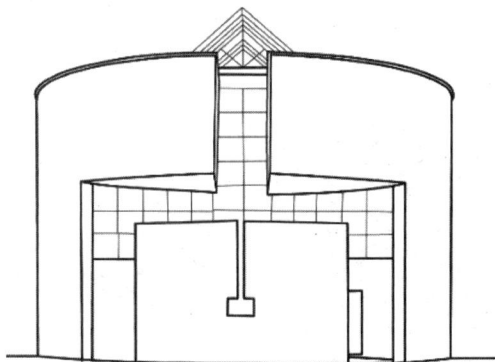

图2-34　圆厅住宅

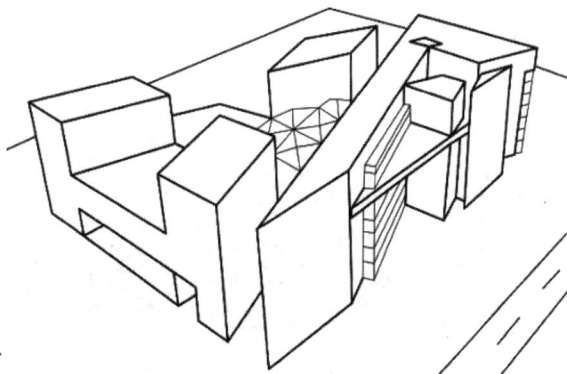

图2-35　美国国家美术馆东馆

2.重复法

以相同或者相似的形或者结构作为造型的基本单元,将这些单元多次重复运用而形成新的空间组合形态。这里的单元可以理解为组成新造型的"细胞",具有重复性,或者在稍作变化维持"细胞"原有特征基础上,重复多次出现。

重复法的关键点在确定基本单元,以及确立重复关系的秩序和规律性。图2-36中两个重复构成的基本形单元分别是虚线范围内图案,以及圆形和方形组合图案;它们的重复规律分别是:按照方格网状均匀分布,以及从中心点向外呈放射状分布规律。

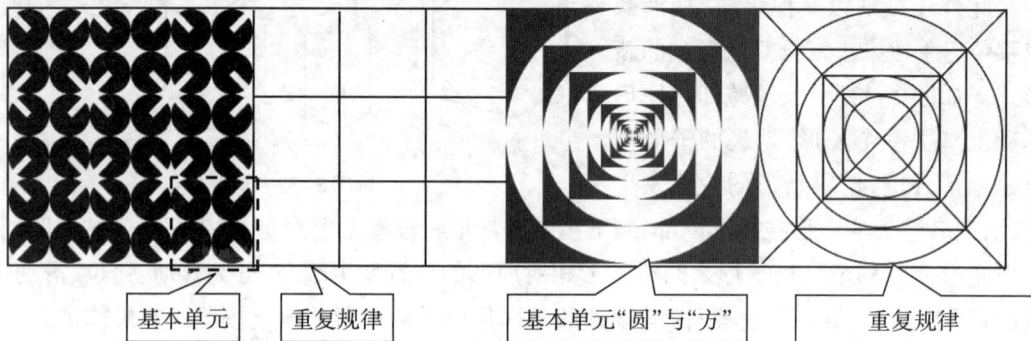

基本单元　　重复规律　　　　　　基本单元"圆"与"方"　　　　　重复规律

图2-36　重复法

基本单元可以是简单基本形,以及经简单基本形组合的各类复杂形体。如方、圆、三角形等,或立方体、球体以及其他复杂形体。

基本单元可以按照线性(一维)、网格化(二维)或空间(三维)的关系形成重复。这样的重复规律明显且更具秩序感。如以线性规律排列的基本单元,可以在水平向或垂直向以直线或曲线的形式重复排列,容易形成视觉上的韵律感,如图2-37所示。

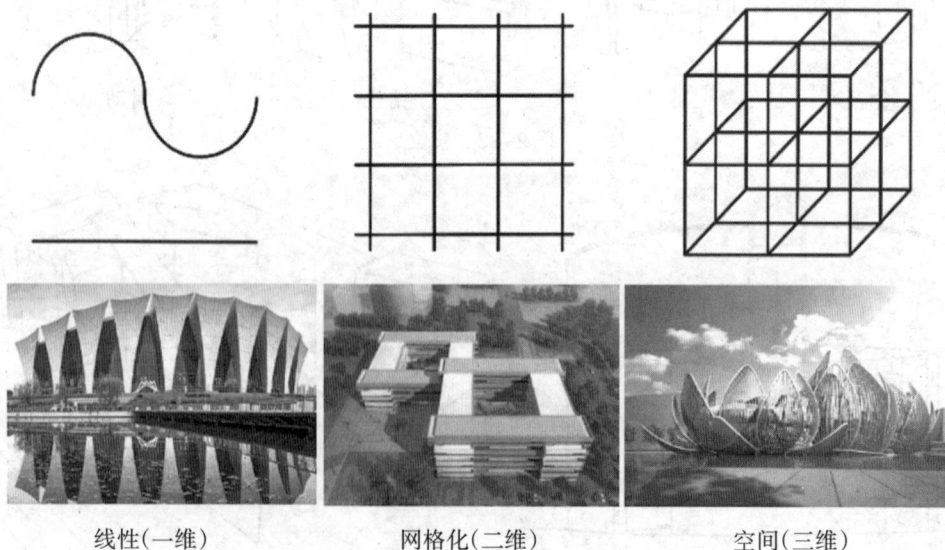

线性(一维)　　　　　　网格化(二维)　　　　　　空间(三维)

图2-37　基本单元的重复规律

以平面网格化重复的基本单元,多出现在建筑群体布局当中,以空间功能和形式感相结合的布局原则,容易形成整体统一的造型效果。以空间关系重复的基本单元,在三个维度方向随意延伸,容易形成流动、丰富而独特的造型效果,如图2-38所示。

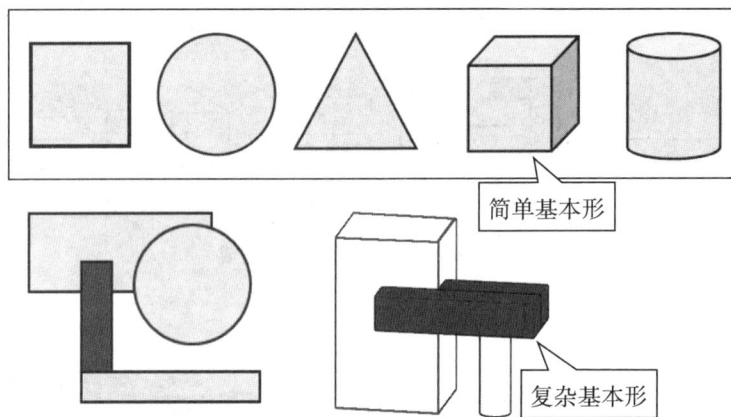

图2-38　以空间关系重复的基本单元

也有一类重复法的基本单元看上去零散,没有明显的、确定的重复规律,基本单元之间通过彼此聚集形成新形,但它们因为高形似度的形式感密集组合,形成一种内在的紧密的重复结构。如图2-39所示,弗莱·奥托设计的加拿大蒙特利尔67号住宅,以方块作为单元,通过重复法聚集生成造型形体。

图2-39　以空间关系重复的基本单元

3.图底法

图底法是一种相对理性与客观的构成方法。如图2-40所示,基于一定配置场地,通过对空间方位布局思考以及空间容量预判,以简单基本形相互组合,生成图底关系传达直观视觉信息。经不断细化,确定空间图形边界,调整图与底各部分比例与形态关系,最终生成准确与合理的三维空间形态。

"图"称为"正形",构成视觉对象的形,指建筑实体空间。"底"称为"负形",即图周围的空虚地带,指建筑实体外部空间。如图2-41所示,图底法并非将虚实空间相互对立,而是一种预设实体与虚体的关系,构成了某种空间结构,正是利用实与虚的互异构成了建筑不同的空间结构,建立空间之间不同的形体序列和视觉方位。

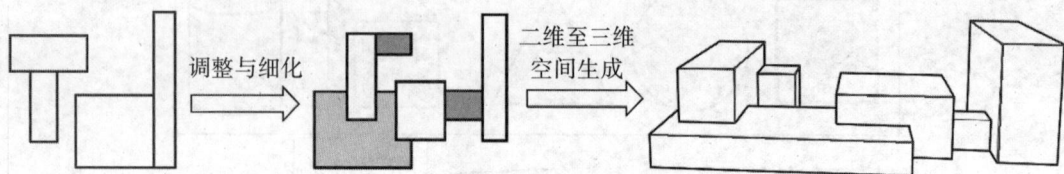

图2-40　图底关系的空间生成

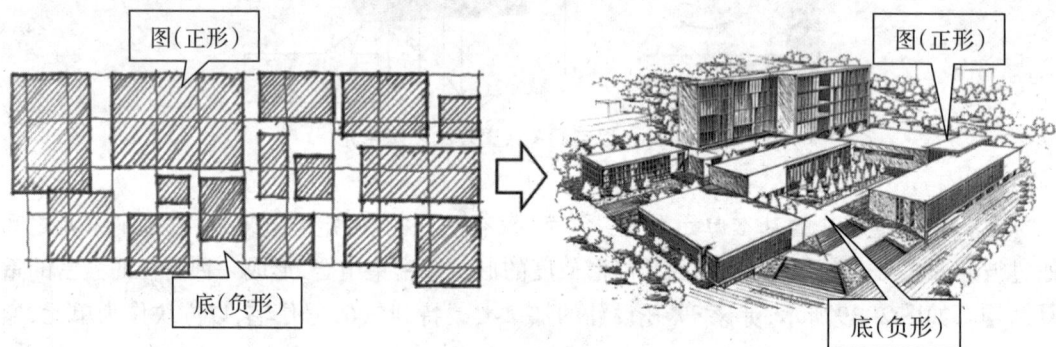

图2-41　建筑中的图底关系

4.变形法

打破原形的组织结构,使之产生要瓦解原形的倾向,变形后的形态与原形有一定的视觉关联性,并通过这种关联性形成原形复归并体现其统一性。如图2-42所示,这种构成法显示出形态构成中有序和无序相互依存的关系,即变形后体现的无序状态是以原形的有序作为参考与对比的。

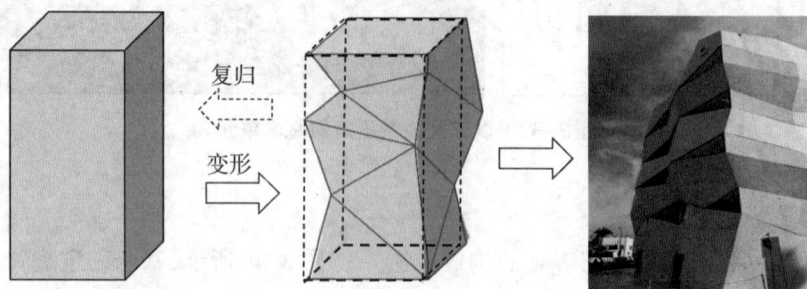

图2-42　有序与无序的变形法

变形构成法可以有很多种,如图2-43所示,有扭转、拉伸、膨胀、弯曲、错位等等,通过对既有的建筑造型施加虚拟的外力形成一种视觉的动感和冲击力。如美国建筑师弗兰克·盖里设计的古根海姆美术馆运用简单基本几何形加以变形组合的方法,获得奇异的效果,丰富了建筑造型风格。

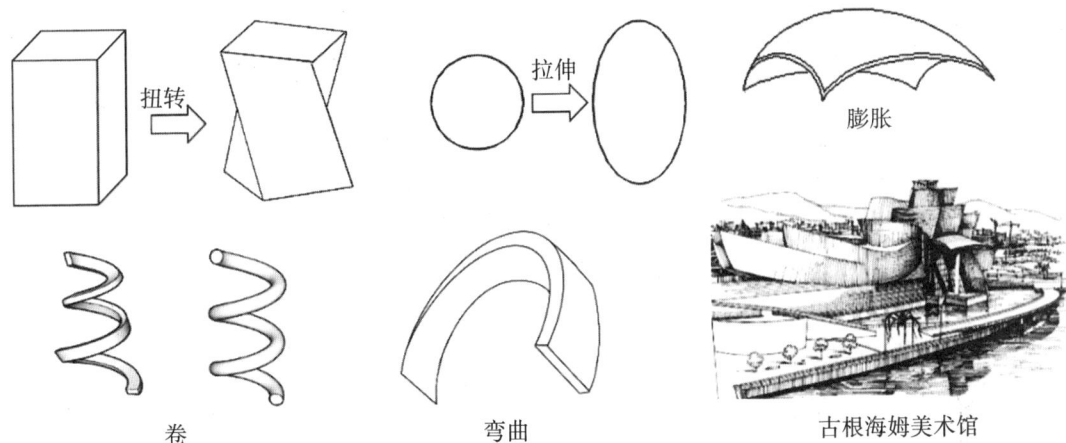

扭转　拉伸　膨胀

卷　弯曲　古根海姆美术馆

图2-43　变形构成法

形态构成的审美法则

2.4　形态构成的审美要义

在形态的构成法则下,建筑造型具有一定的美学特征,不同的造型手法形成独特的美学法则。比如统一、主从、均衡、稳定、韵律节奏、对比、微差等7个形式美的主要规律,这些形式美的基本规律,也成为建筑形态构成的美学评价标准。

1.统一

统一是秩序的直观感受,简单几何形体最具有统一性(图形式秩序,单一形态建筑)。除此之外,在秩序的基础上允许少量变化,也是统一范畴,即统一包含了秩序和变化两层意思:在统一中求变化,在变化中求统一。因此,统一可以表现为两种情况:以简单的几何形状求统一和多样统一。

(1)以简单的几何形状求统一

长方体、正方体、球体、棱体、圆柱体、圆锥体等形体,它们的形状简单、明确,可自然取得统一,如图2-44所示。

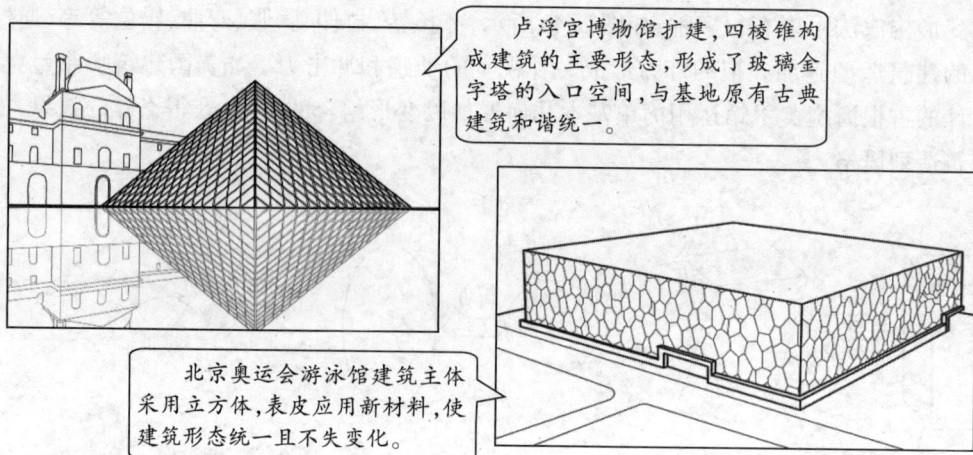

图2-44 简单几何体的统一

（2）多样统一

多个形体在同一个逻辑和秩序下具有某种共性，而表现出整体性，从而突出建筑的形态多样又整体统一的视觉效果，如图2-45所示。

图2-45 多样统一

2.主从

在一个有机统一的整体中，存在着主和从、重点和一般、核心和外围的差异。建筑构图为了达到统一，必须处理好这些关系。良好的主从关系应具有主从分明和重点突出两种特征。

（1）主从分明

这是指组成建筑体量的各要素不应平均对待、各自为政，而应当有主有从。如图2-46所示，沙特阿拉伯国家商业银行大厦将附属建筑置于主体之外，通过体量上的对比而达到主从分明、有机统一。

（2）重点突出

当一个整体没有比较引人注目的焦点（即重点或核心）时，会使人感到平淡与松散，从而失去统一性。如图2-47所示，日本东京国立新美术馆，组成建筑整体的各部分巧妙地穿插交贯、互相制约，有条不紊地结合成为一个和谐统一的整体。

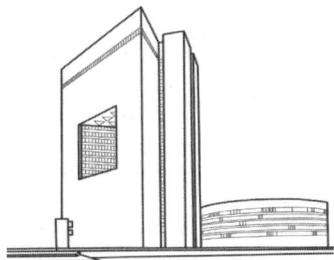

图2-46　沙特阿拉伯国家
商业银行大厦

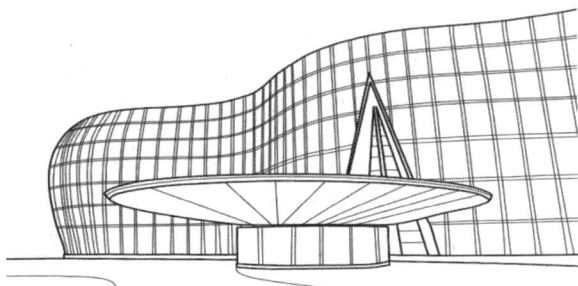

图2-47　日本东京国立新美术馆

3.均衡

造型的均衡性是指前后左右各部分之间的关系给人以视觉或心理的安定、平衡和完整的感觉。均衡分静态均衡和动态均衡。

（1）静态均衡

对称本身就是均衡的,中轴两侧保持严格的制约关系,或者借鉴力学杠杆原理,利用大小、形状、虚实、明暗及色彩等方法来强调均衡感。这两种构图形式都能够获得统一性。如图2-48所示,萨尔克生物研究所,形体组合严谨、完善、富有变化。

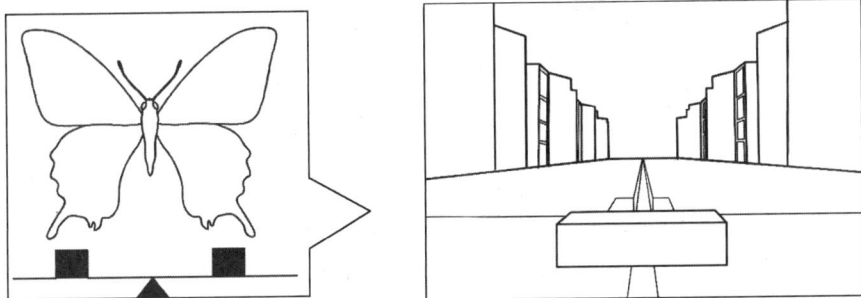

图2-48　萨尔克生物研究所

（2）动态均衡

结合时间和空间两种因素作用于人对均衡感的判断,形成视觉与心理的均衡感。如图2-49所示,纽约肯尼迪机场候机楼,建筑外观设计成飞鸟的外形,形式动态而均衡。

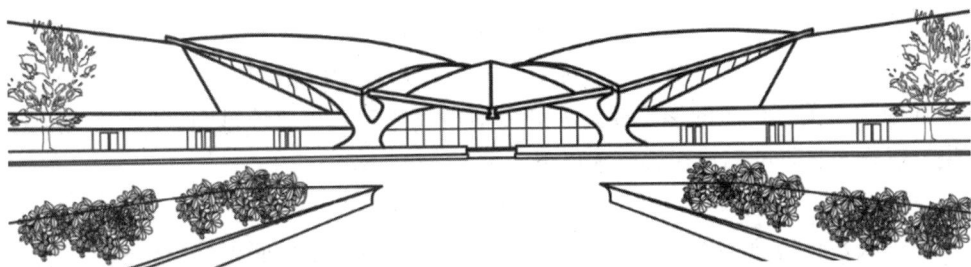

图2-49　纽约肯尼迪机场候机楼

4.稳定

如果说均衡着重处理形式构图中各要素之间左右或前后之间的轻重关系,那么稳定则着重考虑形式整体构图上下之间的轻重关系。

（1）正置

一般来说上小下大,由底部向上逐层缩小的形态和下实上虚的处理易获得稳定感。如图2-50及图2-51所示,美国旧金山现代艺术博物馆与北京天坛,均采用下大上小的退台形式,以体现建筑的稳定形态。

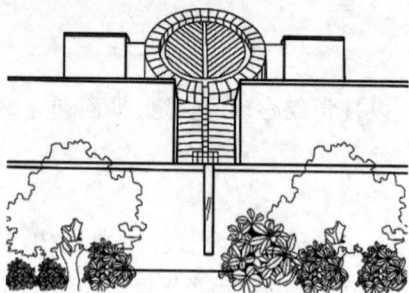

图2-50 旧金山现代艺术博物馆

图2-51 北京天坛

（2）倒置

随着工程技术的进步,现代建筑师创造出许多上大下小、上重下轻、上实下虚的建筑形式,如图2-52所示。

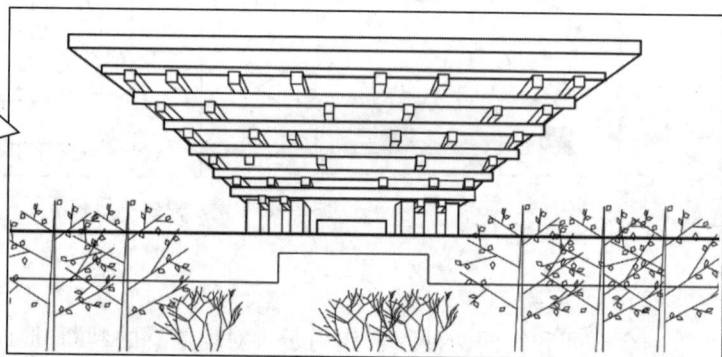

2010上海世博会中国馆,四根粗大的方柱,托起斗状的建筑主体,斗拱层层叠加,秩序井然,宏伟壮观。

图2-52 上海世博会中国馆

5.韵律节奏

韵律原指诗歌中的声韵和节律。节奏原指音乐中音响节拍轻重缓急的变化和重复,具有时间感。自然界中的许多事物或现象,由于有秩序地变化或有规律地重复出现而激起的美感被称为韵律美。建筑的形式要素有规律地重复或者有规律地排列,以视觉化的韵律美来产生节奏感。良好的韵律美感分为以下四种。

（1）连续韵律

以一种或几种组合要素连续、重复地排列而形成,各要素之间保持恒定的距离和关系,如图2-53所示。

美国华盛顿杜勒斯国际机场,两排巨型钢筋混凝土柱墩及屋面拉索有规律地连续排列。有秩序地排列组合,都体现出平衡和韵律感。

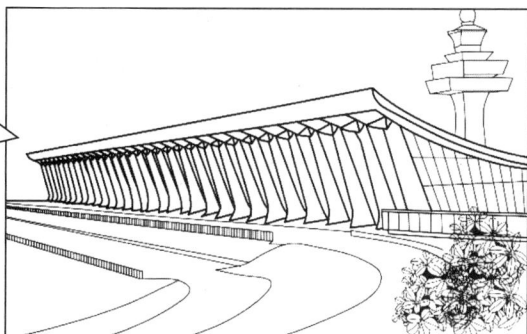

图2-53 美国华盛顿杜勒斯国际机场

(2)交错韵律

两种以上的组合要素按一定规律交织、穿插而形成,如图2-54所示。

罗马小体育宫通过弧形混凝土斜梁彼此交错,形成规律和谐的交错韵律效果。

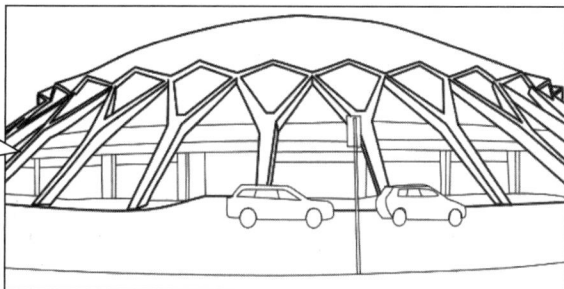

图2-54 罗马小体育宫

(3)渐变韵律

重复出现的组合要素按照一定的秩序逐渐变化,如逐渐加长或缩短、变宽或变窄、变密或变疏、变浓或变淡等。

(4)起伏韵律

组合要素如果按照一定的规律时而增加、时而减少,有如波浪起伏或具有不规则的节奏感,如图2-55所示。

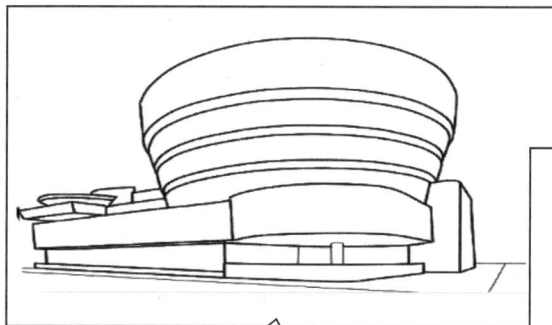

悉尼歌剧院由10对尺寸不一的薄壳组成的奇异造型具有起伏的韵律感。

古根海姆博物馆,通过倒锥形的螺旋形态表达一种渐变的韵律感。

图2-55 渐变与起伏韵律

6.对比

一个有机统一的形体,必将存在着显著或细微的差异。对比是显著的差异,借由彼此作用互相衬托,表现不同特征。建筑形态常见的对比主要有以下四种。

(1)大小、形状的对比

形体的体量大小或形状对比悬殊,构图上可以获得丰富多样的变化效果。

(2)虚与实的对比

利用洞、窗、廊与坚实的墙、柱之间的虚实对比,取得富有变化的建筑形象,如图2-56所示。

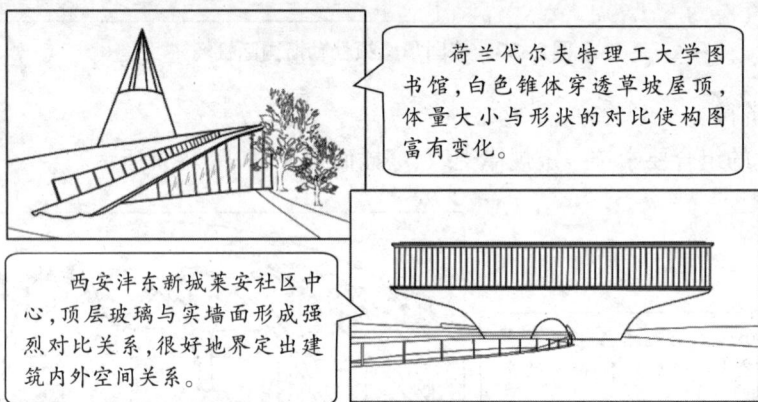

荷兰代尔夫特理工大学图书馆,白色锥体穿透草坡屋顶,体量大小与形状的对比使构图富有变化。

西安沣东新城莱安社区中心,顶层玻璃与实墙面形成强烈对比关系,很好地界定出建筑内外空间关系。

图2-56 大小与虚实对比

(3)方向的对比

建筑体量交错穿插,利用横、纵、竖3个方向形成构图的对比和变化。

(4)色彩、材质的对比

建筑材料的质感、色彩和纹理的变化都有助于创造生动活泼的建筑形象,如图2-57所示。

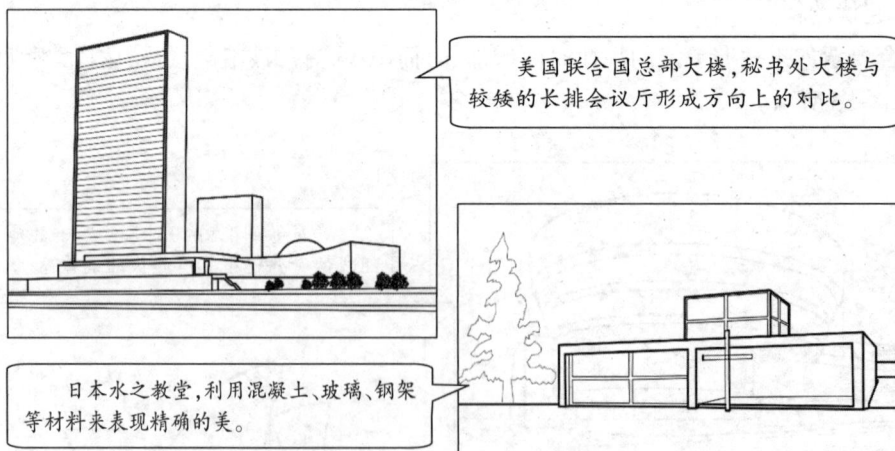

美国联合国总部大楼,秘书处大楼与较矮的长排会议厅形成方向上的对比。

日本水之教堂,利用混凝土、玻璃、钢架等材料来表现精确的美。

图2-57 方向、色彩与材质对比

7.微差

微差是细微的差异,借由彼此之间的协调和连续性性求得调和。对比和微差是相对的,只限于同一性质之间的差别。如图2-58所示,微差的处理分为以下三种情况。

图2-58　美国迪尼斯音乐厅(左)、美国麻省理工学院贝克楼(中)及宁波历史博物馆(右)

(1)大小、形状的微差

同一形状的大小变化或相似形状间的变化,使构图和谐统一又丰富生动。如美国迪尼斯音乐厅,微差变化的建筑体块组成了整体和谐的构图。

(2)方向的微差

建筑体量在特定方向上的位移,形成构图的柔和变化。如德国 VitraHaus 展馆,体块的位移使建筑整体充满了动感。美国麻省理工学院贝克楼,房间的位移布置使开窗朝向形成微差,造型规整统一且不失丰富性。

(3)色彩、材质的微差

质感、纹理和色彩的细微变化使建筑的表达细腻、柔和。宁波历史博物馆中的瓦片墙,使建筑的色彩与质感完全融入自然之中。

以上简要阐述形态构成的美学法则的8个基本规律,这些规律是人们审美意识的一种反映,形态构成自身的构造规律是客观的,与审美意识相比,造型构成规律稳定而易于把握。从这个意义上讲,掌握形态构成的方法、规律是基本,审美意识的提高则依赖于自身的美学修养,只有将两者结合起来,才能使我们的构成审美能力趋于完善。

本章任务模块

形态构成任务模块包括两个具体任务,分别是:平面形态到空间形态感知,形态实体的提炼与转化。

☞ **任务一:平面形态到空间形态感知**

教学目的:

通过阴影关系完成平面形态到空间形态的过渡,强化空间形态的视觉化,实现对空间形态的感知。

教学要求:

1. 用5~7个平面图形,借助于阴影,组成一个新构图,使之在与之相关的空间中显示出2~3个不同的方案;

2. 利用网格设计完成2层的浮雕图形,并正确表达阴影;

3. 利用网格完成抽象建筑立面设计,填充入山墙、拱门、凸窗、正门等构件,形成丰富立面构图。

作业形式:

1. 构成方案(A4绘图纸);

2. 墨线尺规图(A3绘图纸)。

完成时间:

1. 构成方案(4节课);

2. 成果图纸(课后完成)。

☞ **任务二:形态实体的提炼与转化**

教学目的:

通过对复杂形态中简单形态的识别与提炼,并对其进行再一次的组合与重构,形成新的形态组合关系,训练逻辑化的形态构成思维能力。

教学要求:

1. 选取一优秀建筑案例,对其各界面形态元素进行分析,提取并抽象出各类简单形态元素;

2. 从平面形态关系角度,对各简单要素进行重新设计组合,要求保持与原实例建筑体量大小一致,形成全新的建筑外观设计。

作业形式:

1. 简化分析图(A4绘图纸);

2. 墨线尺规图(A3绘图纸)。

完成时间:

1. 简化分析(4节课);

2. 成果图纸(课后完成)。

第3章 建筑空间

建筑空间被认为是建筑的最基本内容,建筑的特性就在于它以这种三维空间形式,来表达自己的使用价值和艺术价值,这些价值只有通过直接的体验才能被领会和感受。人们在建筑中的各种行为与互动,都与特定的空间形式有关。创造积极而丰富的空间形式,是建筑设计的根本目标。

3.1 何为建筑空间

人类日常的居住、工作、学习等活动,都离不开一定的建筑空间。据统计,人的一生当中,有80%~95%的时间在建筑中度过。那么,究竟什么是建筑空间? 它又是怎样产生的呢?

3.1.1 建筑空间的概念

人类对建筑的认识,是一个由浅入深、逐步深化的过程。古罗马时代的建筑理论家维特鲁威曾指出建筑具有实用、坚固、美观三要素,虽然相当正确地揭示出建筑的基本特征和属性,但却回避了"建筑究竟是什么?"这样的一个问题。"凿户牖以为室,当其无,有室之用",这是老子的一句名言,意思是:凿了门窗盖成一间房子,正因为中间是空的,才有房子的作用。意在强调建筑最本质的东西并不是围成空间的那个实体的壳,而是空间本身,并把建筑比喻为容器——一种容纳人活动的容器。如古希腊神庙(图3-1),由台基地面、四面墙体、外围列柱以及巨大屋顶围合出来的封闭空间,形成西方传统的庙宇空间,以此满足人们在空间内部的祭祀活动。

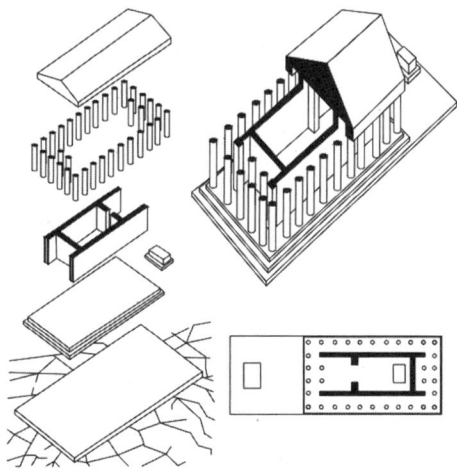

图3-1 古希腊神庙的空间构成

美国建筑空间大师弗兰克·劳埃德·赖特认为建筑空间可以内外穿越,他冲破了把建筑当作六面体的传统概念,不用封闭的办法限定空间,而是运用区域和不连续隔断灵活划分空间,并巧妙地变化天花和地板标高,创造了当时罕见的灵活、连续和流动的建筑空间。现代主义建筑理论则把时间因素引入建筑空间概念,创造了"建筑时空观",认为建筑由三维空间和时间构成,强调人的行为在实体空间中随着时间的变化,建筑空间所呈现出的相互穿插、渗透、联系等丰富的层次关系与形态。这揭示了建筑从静态空间转向动态空间的变革,如密斯·凡·德罗设计的巴塞罗那德国馆(图3-2)。

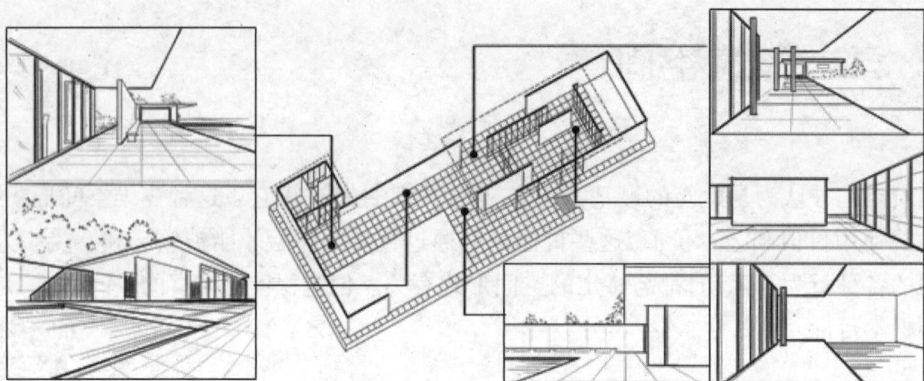

图3-2　巴塞罗那德国馆的空间流动与穿插

以上都是古今中外学者对于建筑空间问题的研究观点。无论是严整有形的实体空间,还是变化与动态的穿插空间,这里面都少不了一个重要的要素——人的行为活动。人是建筑空间的主体,人在空间中的行为与感受,赋予了建筑空间最真实的意义。

3.1.2　建筑空间的发展

1.原始的"庇护所"

原始社会的人类,为了躲避自然灾害和野兽侵袭,发展了"穴居"和"巢居"的空间形式,这是人类历史上最早的建筑空间。"穴居"以厚实土层为基础,向下或侧面开挖出一定的空间容量,以木柱、树枝、树皮等,将洞口遮蔽,形成相对安全、隐蔽的封闭空间;"巢居"则犹如鸟雀筑巢,在高大树木上选取合适位置,利用木条树枝等材料,进行绑扎、固定、覆盖的空间形式。它们都是原始社会满足人类最基本生存需求最简陋的建筑空间(图3-3)。

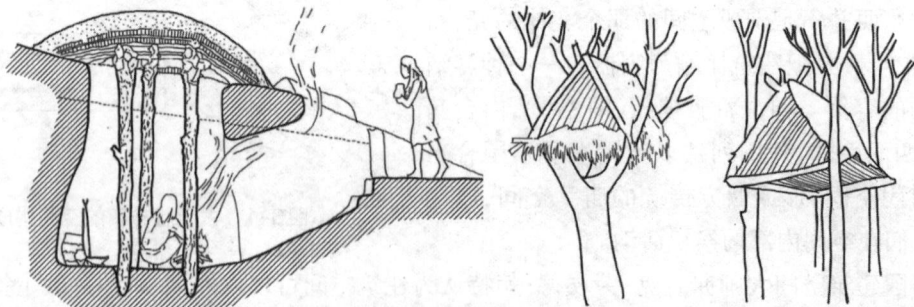

图3-3　原始社会的"穴居"与"巢居"

2.石梁板建筑空间

古代欧洲希腊、埃及盛产石材,普遍发展出以石质梁柱结构形成的建筑空间形式。我们知道,石梁不仅自重大,而且受开采技术的限制,长度也有限,因此不可能跨越较大的空间,因而支承它的墙或柱,就必然要受到严格的限制,使得当时的建筑不可能形成较大的或较开阔的室内空间。如米诺斯王宫(图3-4),采用以墙承重的石梁板结构,从平面上可以看出所形成的空间多呈狭长的形状。而用柱承重的石梁板结构,柱的间距不可能超越梁的最大跨度,因而以此形成的室内空间必然是柱子林立。阿蒙神庙由外墙内柱承重,厅内柱子密布,具有神秘压抑的气氛。

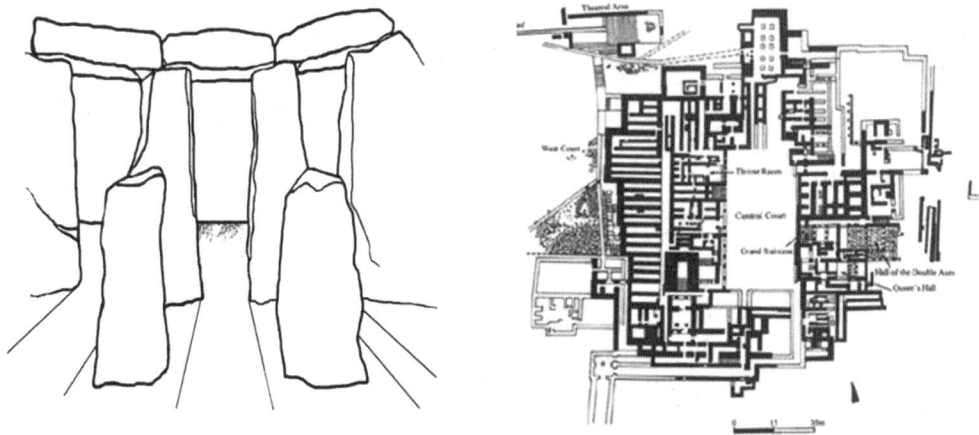

图3-4 石梁板结构的空间形式

3.木构架建筑空间

中国传统的木构架结构,有着"墙倒屋不塌"的特点,由木质梁、柱组合而成的木构架作为承重结构的建筑空间,轻盈而通透。围合与分隔空间的墙体,由于无须承受荷载,与承重结构完全分离,墙与柱的功能彼此明确而独立。在自由而灵活的墙体划分下,建筑空间变得灵活而贯通,它也成为现代钢筋混凝土框架结构的雏形。但木材作为传统材料,受材料性能的限制,不能提供更加多样的建筑空间(图3-5)。

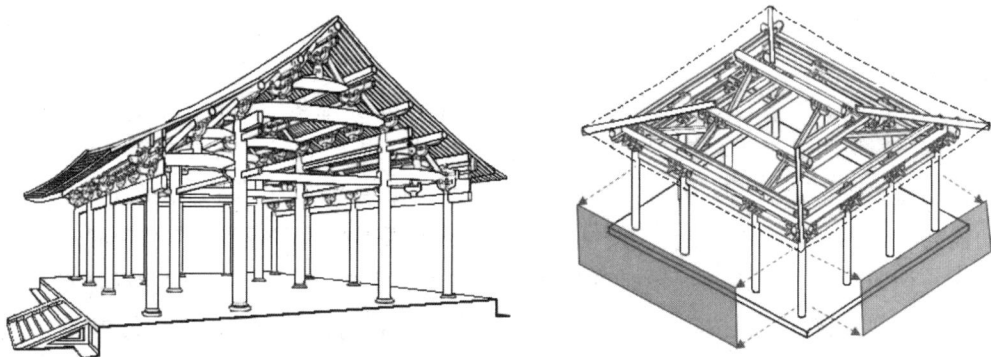

图3-5 中国传统木构架结构的空间形式

4.精神与文化的载体空间

西方古典建筑空间以其厚重的材质、宏大的尺度、繁复的装饰,向人们展示其特有的精神气质和人文风貌。如古罗马万神庙(图3-6),浑圆饱满的半圆穹顶,寓意天宇,从穹顶中央采光顶进入的柔和漫射光,增添静谧气氛,巨大的内部空间在墙面壁龛的衬托下,显得庄严而神圣,承载着古罗马人追求宏大的精神美感与宗教信仰。

5."天人合一"的建筑空间

中国传统民居将传统文化与空间相结合,在自然环境中实现了朴素的建筑空间。如窑洞民居(图3-7),是从大地中直接开拓

图3-6 古罗马万神庙宏大空间

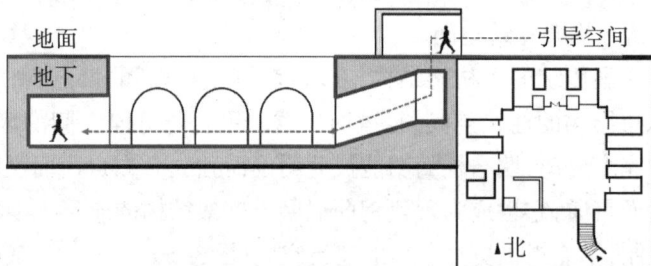

使用空间而构成天然的院落和洞穴,它顺应自然地势地形,创造出由上至下有层次的建筑空间序列,地面上部实体建筑属于次要与引导空间,而地面下部的空间才是使用空间。传统的地下窑洞空间,保持了北方四合院的格局,沿院落四周土层向内开挖,形成正房、厢房、厨房、储物间等功能空间。整个院落严整舒适,浑然一体。在人与自然的关系中,表现出顺应自然、天人合一的建筑空间观。

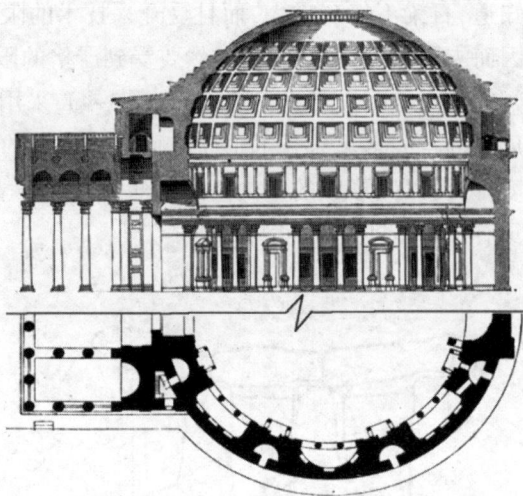

图3-7 窑洞民居空间

6.近代建筑空间

近代,随着社会生产力的飞速发展,人们对空间需求更加多样化:工业的发展和城市的扩大使房屋建造数量飞速增长,类型不断增多,例如国家机构的建立需要国会、行政楼;进行经济活动需要银行、交易所;进行文化教育需要学校、图书馆等。不同类型的建筑具有不同的功能要求,因而,对功能的重视,按功能进行设计的原则推动了近代建筑空间的发展。如现代主义建筑大师格罗皮乌斯设计的包豪斯工艺美术学校(图3-8),破除学院派的对称法则,以不规则的构图手法,按功能要求对建筑空间加以组合,在满足功能使用的基础上,利用新的材料结构实现内部空间与外部形态的完美统一。

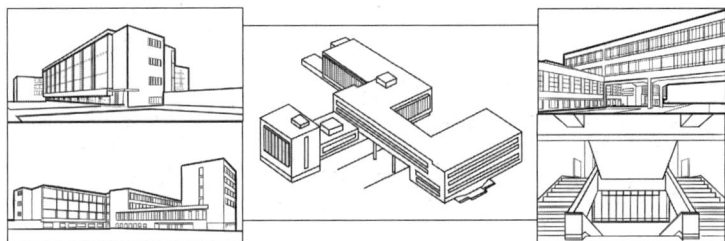

图3-8　包豪斯工艺美术学校

7.现代建筑空间

现代科学技术迅猛发展,在建筑技术方面,新的建筑材料、建筑结构体系应运而生,如拱形结构、桁架结构、薄壳结构、悬索结构、网架结构等,使建筑自重不断减轻,跨度不断加大,创造出一个个恢宏大气的建筑空间尺度;高层结构体系中,框架结构、钢结构、剪力墙结构、外框架内筒体结构、筒中筒及束筒结构等,使建筑的层数不断增多,高层及超高层建筑空间形式逐渐被实现。2008年北京奥运会游泳馆"水立方"的表皮材料ETFE膜,即乙烯-四氟乙烯共聚物,是一种新型充气支撑结构,为建筑完美的内、外部空间提供了技术保障(图3-9)。

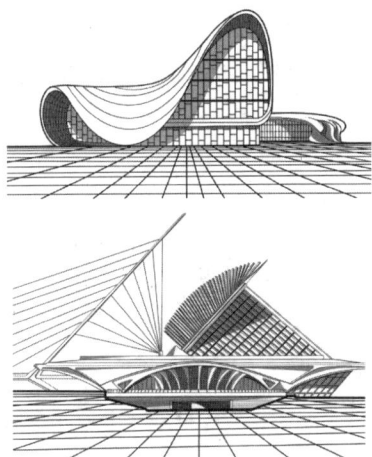

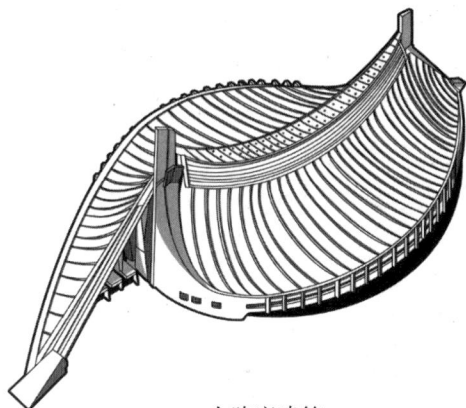

大跨度建筑

超高层建筑

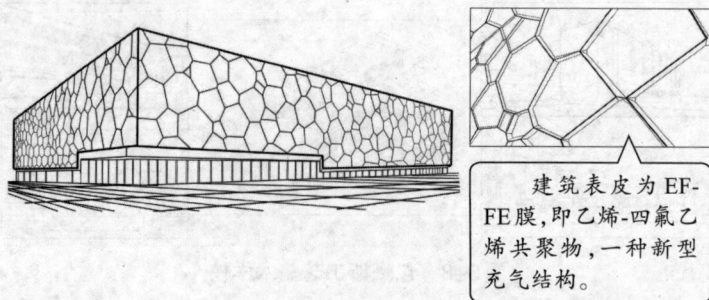

建筑表皮为EF-
FE膜,即乙烯-四氟乙
烯共聚物,一种新型
充气结构。

图3-9　现代建筑空间的发展

3.1.3　建筑空间的类型

1.内部空间与外部空间

日本建筑理论家芦原义信在其《外部空间设计》一书中,将建筑空间分为内部空间和外部空间,并将有无屋顶作为区分内外部空间的主要标志。

相较于外部空间,建筑内部空间与人的行为关系最为密切,对人们的活动影响最为直接,它是由空间底界面、外墙和屋顶围合形成。而建筑外部空间主要因借建筑形体而形成,以外部自然空间包围建筑而形成开敞式空间,如街道、广场等;或是由多个建筑实体围合而形成具有明确形状和范围的外部空间(图3-10);此外,还有一种介于内部与外部之间的一种空间形式,成为两者的衔接与过渡,即灰空间。外部空间和内部空间不仅要满足各自基本的使用功能,也要满足人们对它的审美需求。

图3-10　建筑外部空间

2.单一空间与组合空间

从数量角度,建筑空间可分为单一空间和组合空间。单一空间是构成建筑空间的最基本单位,如房间是最典型的单一空间,它是由垂直方向的限定要素和水平方向的限定要素通过一定方式围合形成。而多个单一空间通过某种关系聚集在一起,就形成组合空间。一幢建筑可以是单一空间,也可以是组合空间。在进行建筑空间研究时,我们通常从建筑最小的空间单元——单一空间入手。

3.1.4　建筑空间产生条件

综上所述,建筑空间为人所用,是人们凭借一定的物质材料从自然空间中围隔出来的,供人们生产、生活的各种行为活动的人造空间。因此,建筑空间的生成,离不开必要的建筑材料、合理的建筑结构形式,以及人们所赋予空间的使用功能和精神文化意义。

建筑结构与材料属于建筑技术范畴,受科学技术发展水平的影响。关于建筑技术的内容,我们将会在本书第4章展开详细论述。

建筑功能与人们的使用需求相适应,虽然每个历史时期人们的空间需求随着社会发展水平和生活方式变化,在功能与精神方面也呈现出一定的动态变化,但空间功能本质始终以人在空间中的基本行为为准则,具有一定的客观规律,我们可以通过研究人在空间中的行为特点来准确把握它。

3.2　建筑空间与功能

由生活经验可知,"房间"是组成建筑最基本的单位,或者说是最原始的细胞。房间的形式,即大小、形状、门窗、比例关系等设置,必须适合于一定的功能要求。每种房间也正因为功能要求的不同而保持着各自独特的形式,从而区别于另一种房间。如:居室不同于办公室,教室不同于生产车间,病房不同于手术室等,这形象地说明建筑空间具有强烈的功能属性。

建筑空间是建筑功能的具体体现,建筑的功能要求以及人在建筑中的活动方式,决定着空间的大小容量、通风采光以及组织形式。

3.2.1　空间的量、形、质

1.功能对空间量的规定性

空间的量与质

功能对空间量的规定性,分为对平面大小与形状的规定(图3-11),对剖面大小与形状的规定,以及空间形状给人的心理感受三个方面。

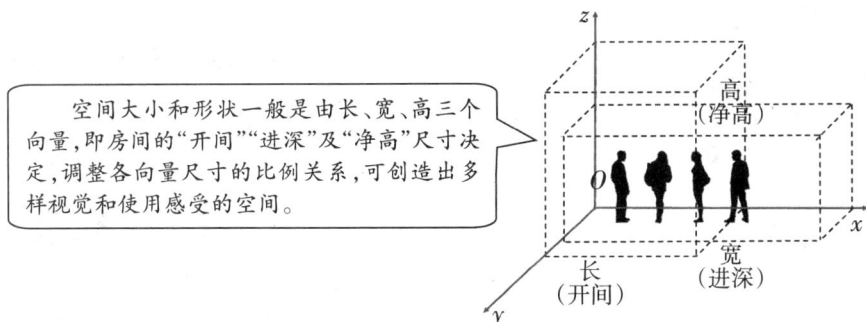

空间大小和形状一般是由长、宽、高三个向量,即房间的"开间""进深"及"净高"尺寸决定,调整各个向量尺寸的比例关系,可创造出多样视觉和使用感受的空间。

图3-11　空间长、宽、高三个向量

（1）平面的大小与形状

由于平面形状决定着空间的长、宽两个向量，因此，在确定空间形式的过程中，多从平面开始。在平面大小与形状设计中，应考虑人的行为活动尺寸和家居设备尺寸。

a. 矩形平面（图3-12）

矩形平面是建筑空间中最常用的平面形式，矩形平面的优点是结构相对简单，方便布置家具和设备，面积利用率高。

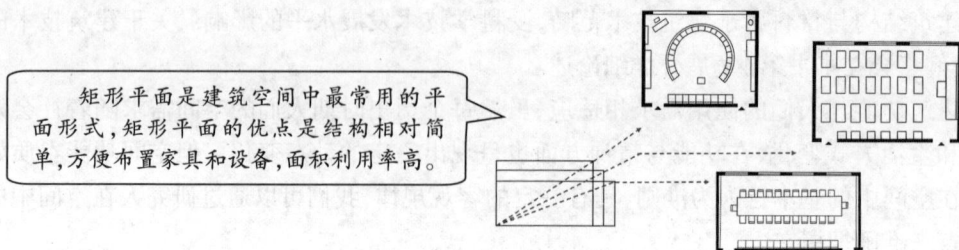

图3-12　不同比例的矩形房间平面

b. 圆形、三角形等，以及不规则平面

在特定的空间设计中，会采用非矩形平面，如圆形平面，可用于天文馆天象厅、便于大视野观测的中央控制室等。大尺度的圆形或椭圆形平面，常用于体育或观演空间，有利于人员的疏散，并保证观看视距、视角的均好性。三角形、多边形等平面，多因空间造型需要而创造丰富建筑外观（图3-13至图3-15）。如美国国家美术馆东馆（图3-13），利用多个三角形平面组织空间，形成丰富而个性化的造型特征。

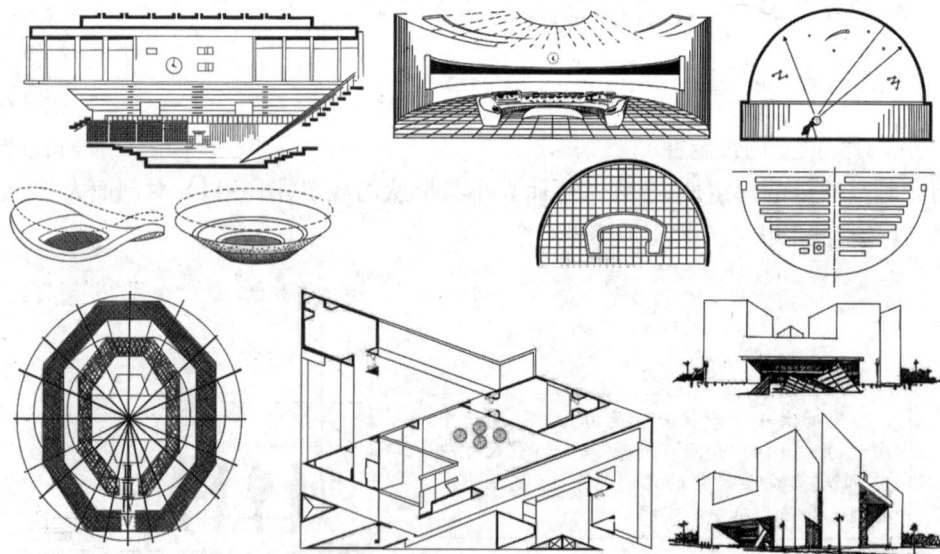

图3-13　圆形与三角形平面空间

杭州浦乐幼儿园杨家墩分园，建筑平面采用相似六边形勾勒而成的"蜂巢"形态，充满童趣和创意。在圆形平面设计实例中，赖特设计的棕榈峡谷住宅（图3-14），起居室、卧室等空间平面都采用圆形,整栋建筑造型灵动而丰富,具有优美的曲线流畅感。

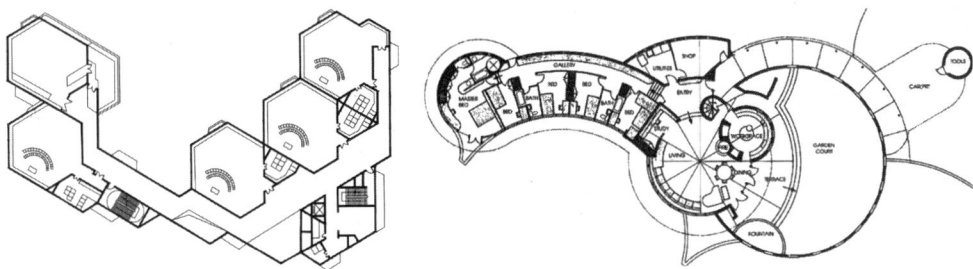

图3-14 杭州浦乐幼儿园与棕榈峡谷住宅平面

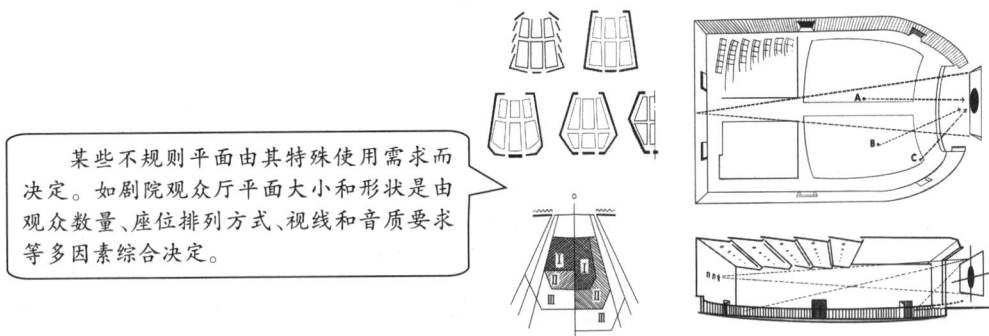

某些不规则平面由其特殊使用需求而决定。如剧院观众厅平面大小和形状是由观众数量、座位排列方式、视线和音质要求等多因素综合决定。

图3-15 观众厅不规则平面布置

(2)剖面的大小与形状

空间的剖面形状多以矩形为主,剖面的高度反映了空间的高度。在多层和高层设计中,层高是一项重要的技术经济指标。在一些特殊或重要的空间设计中,剖面形状的确定是一项重要内容(图3-16)。

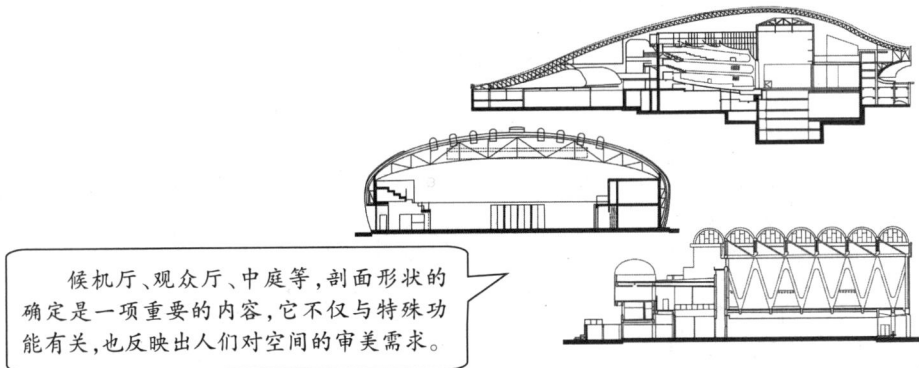

候机厅、观众厅、中庭等,剖面形状的确定是一项重要的内容,它不仅与特殊功能有关,也反映出人们对空间的审美需求。

图3-16 不同功能性质空间的剖面形式

(3)空间的形状与感受

空间的形状在满足功能要求的同时,还应考虑人的精神感受要求。不同形状的空间会使人产生不同感受(图3-17)。

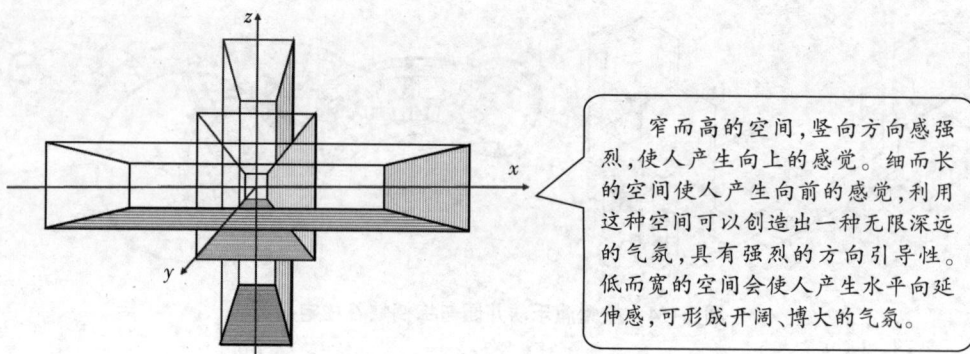

窄而高的空间,竖向方向感强烈,使人产生向上的感觉。细而长的空间使人产生向前的感觉,利用这种空间可以创造出一种无限深远的气氛,具有强烈的方向引导性。低而宽的空间会使人产生水平向延伸感,可形成开阔、博大的气氛。

图3-17　不同比例空间的心理感受

2.功能对空间质的规定性

功能除了决定空间的大小与形状以外,还需满足一定的舒适度,即功能对空间质的规定性。所谓空间的质,就是指一定的采光、通风、日照条件,这个问题直接关系到开窗和朝向,不同的房间功能,要求有不同的朝向和开窗处理。

(1)功能与朝向

为获得必要的阳光照射,以利人体健康,某些房间应争取良好的朝向;而另一些房间由于功能要求不允许阳光直接照射,也应选择合理朝向。朝向的选择,不仅要看房间的使用要求,也要与地区气候条件相结合。

不同性质的房间因使用要求不同,应根据地区条件,选择合适的朝向(图3-18)。例如为保证光线的稳定,画室应争取北向;而为了获得更多的阳光照射,幼儿园活动室应朝南布置。化学实验室、书库等需要恒温恒湿的物理环境,应避免太阳光直射,因此,应安排北向;居住建筑中的居室、客厅等家庭成员活动区,应南向布置,利于身体健康。朝向不仅关系到日照,而且还关系到通风。理想的朝向既可以保证日照,又可以获得良好的自然通风,如夏季可以争取充分的自然通风,而在冬季又可以避免寒风的侵袭。

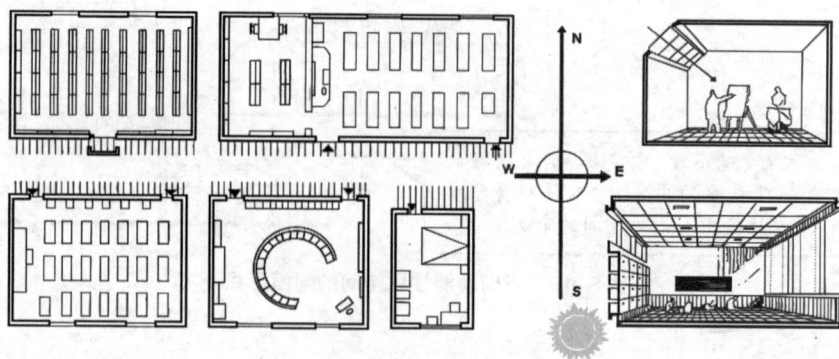

图3-18　不同功能房间的朝向选择

（2）功能与开窗

a. 开窗形式

窗的形式一般可以分为侧窗、高侧窗、天窗等（图3-19）。

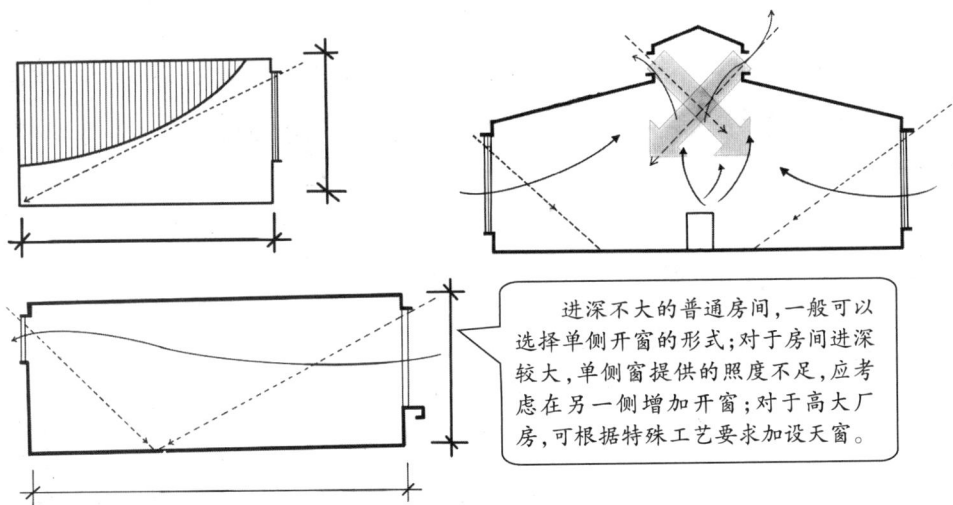

进深不大的普通房间，一般可以选择单侧开窗的形式；对于房间进深较大，单侧窗提供的照度不足，应考虑在另一侧增加开窗；对于高大厂房，可根据特殊工艺要求加设天窗。

图3-19 不同的开窗形式

b. 开窗面积

开窗的面积大小，通常都是根据房间对于亮度的要求来确定的。亮度要求越高，开窗的面积就越大。对于一般民用建筑来讲，通常用窗地比（窗地比=开窗面积/房间地面面积）这一指标来表示（图3-20）。

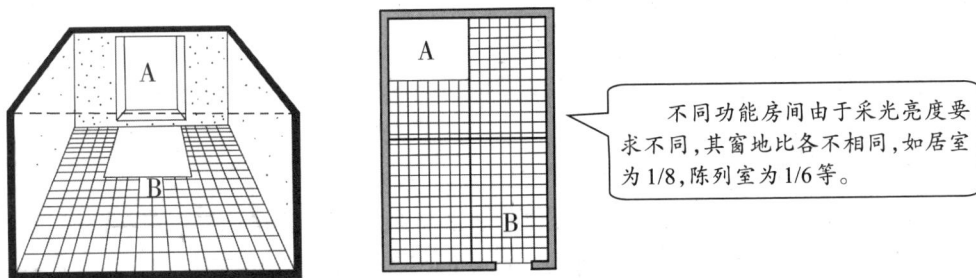

不同功能房间由于采光亮度要求不同，其窗地比各不相同，如居室为1/8，陈列室为1/6等。

图3-20 房间的开窗面积

c. 结构与开窗

不同结构体系对开窗形式和面积都有所影响（图3-21）。对于一般采光要求不高的房间，可采用砖石结构，其开窗面积即可达到要求。采光要求较高的房间，为了争取较多的开窗面积，一般应采用框架结构，减少外墙面对开窗大小的限制。在特殊要求下，为了争取最大的开窗面积，可以把窗与结构分开处理，从而把整个外墙面全部用作开窗面积。

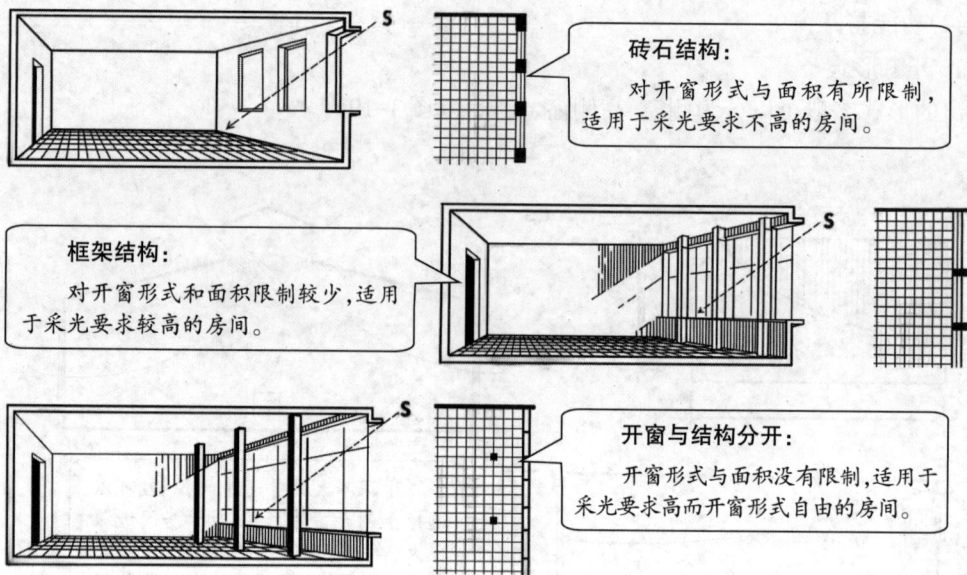

图 3-21　不同结构的平面开窗形式

3.2.2　空间组织

我们所体验的建筑空间并不只是一个单一空间,而是由若干房间相互联系组合形成的一幢完整的建筑,其中,房间之间的组合方法是什么?它们之间又是如何衔接在一起的呢?这就是建筑空间的组织问题。

由实践经验得知,空间组织是建筑空间设计的核心问题,决定空间组织方式的重要依据,即人的行为活动方式。建筑空间组织即把具有不同属性的单一空间,按照人的行为活动需求进行关联与组合,以此更好地满足人对建筑空间整体的功能使用需求。

1.空间的属性

我们通过对人的行为研究,并根据人的活动对空间的具体要求,将空间划分为以下三种属性。

(1)流通空间与滞留空间

流通空间多指交通空间,按照所在方位分水平交通、垂直交通与交通节点三种。连接两个或多个功能空间的线性空间,人的行为在此空间多表现为流动性。水平交通指水平方向的交通空间,表现为同一竖向标高,或同层交通关系(图3-22)。垂直交通则是垂直方向的交通空间,表现为连接不同标高或层间的交通关系,如各类楼梯间、电梯间以及坡道等空间。交通节点空间指水平向或垂直向交通流线的交叉空间,如门厅、过厅等,人在交通节点的行为表现除了通行以外,还表现为暂时停留,选择判断行进方向。因此,交通节点空间尺度应大于交通空间,为人的行为预留出空间容量。

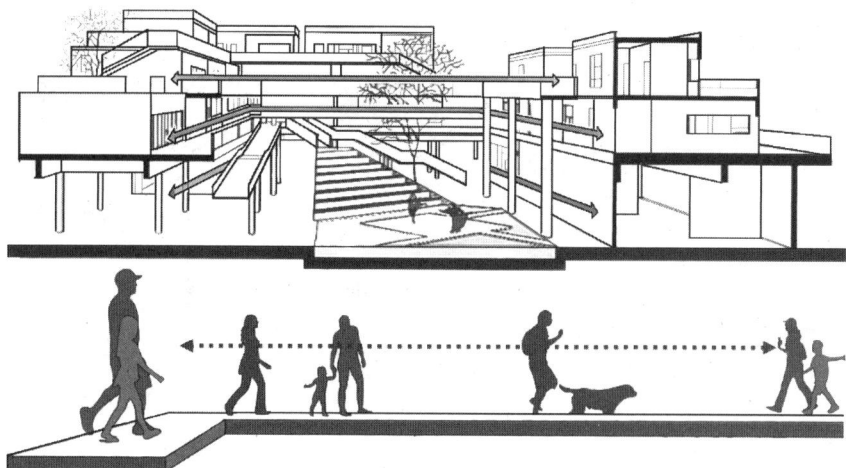

图 3-22 流通空间

滞留空间指人的行为在空间中相对静止,有安定性和可停留感,多指有具体功能的空间(图 3-23)。如办公楼空间中,走廊为流通空间,办公室、会议室等为滞留空间,前者要求便捷顺畅,后者要求安静稳定。

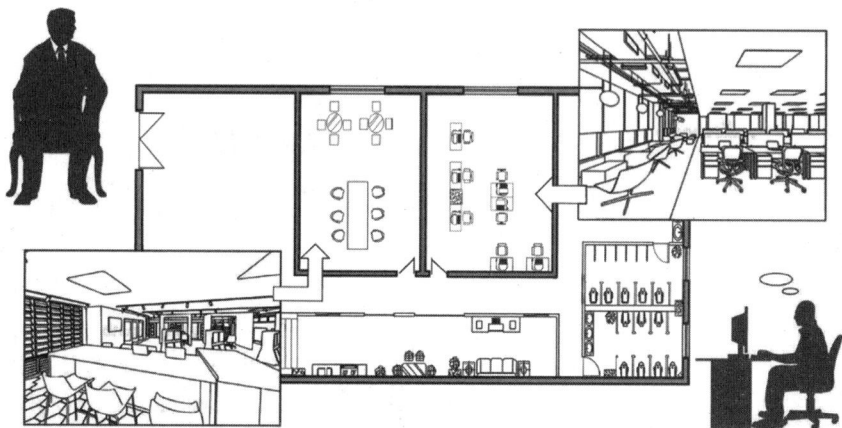

图 3-23 滞留空间

(2)公共空间与私密空间

公共空间相对开放,人员种类、数量及行为方式多样化。私密空间相对封闭隐秘,功能单一而保守。如宾馆空间中,大堂、中庭等空间为公共空间;客房、洗手间为私密空间;餐厅、娱乐厅等为不同程度的半公共或半私密空间。

应注意在私密空间避免大量人流穿行及干扰,公共空间应通透而宽敞,保证良好的流线组织和空间划分。如巴塞罗那德国馆,整个展馆空间设计灵活而通透,空间划分自由,流线组织通畅。住宅中的居室为保证使用中的私密性,空间设计封闭而简单且只设一个出入口(图 3-24)。

公共空间——巴塞罗那德国馆

私密空间——住宅居室

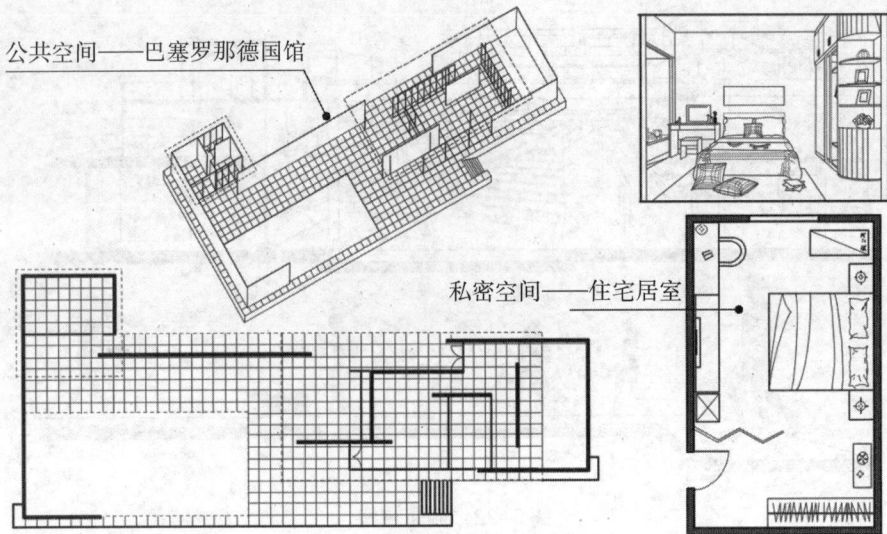

图3-24　公共空间与私密空间

（3）主导空间与从属空间

人的行为活动频繁而活跃，且在整体建筑中，其尺度、形状或位置居于重要地位的空间称为该建筑的主导空间（图3-25）。

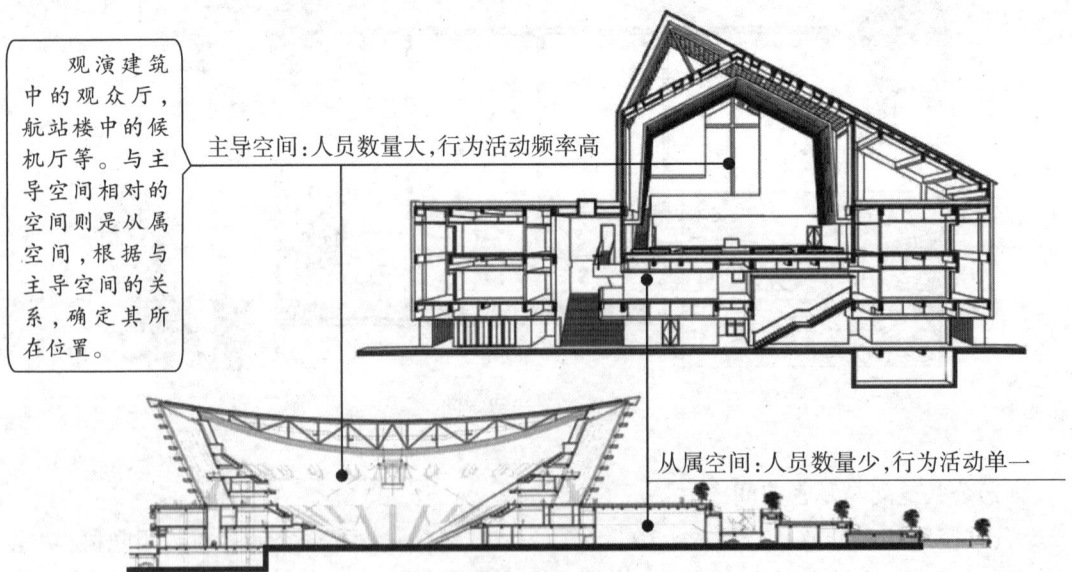

观演建筑中的观众厅，航站楼中的候机厅等。与主导空间相对的空间则是从属空间，根据与主导空间的关系，确定其所在位置。

主导空间：人员数量大，行为活动频率高

从属空间：人员数量少，行为活动单一

图3-25　主导空间与从属空间

2.空间的组织形式

每个空间从功能上讲都不是彼此孤立，而是互相联系的。在空间设计过程中，分析多空间组合的特点,可以得出某种规律性,这也是功能与空间形式的关系问题。按照不同类型建筑功能组合特点,可以将空间划分为四种组织形式,分别是集中式、串联式、序列式和组团式。

（1）集中式

由于空间大小或者功能的重要性等原因,会有主要与次要的不同区分。在空间组织中,常体现为大空间居中,小空间或附属空间围绕其展开。

以体量巨大的主体空间为中心,其他附属或辅助空间围绕其四周布置。这种空间组合形式的特点是:主体空间十分突出,主从关系异常分明。另外,辅助空间都直接依附于主体空间,因而与主体空间的关系极为紧密(图3-26至图3-28)。

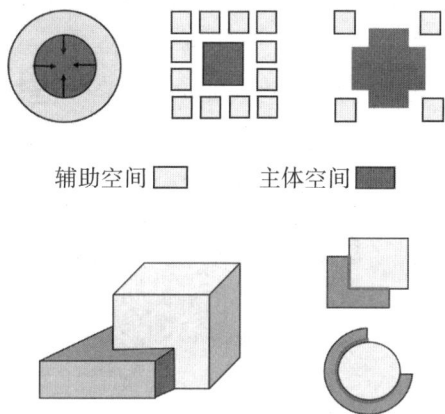

辅助空间 ☐   主体空间 ■

图3-26 集中式建筑空间组合实例

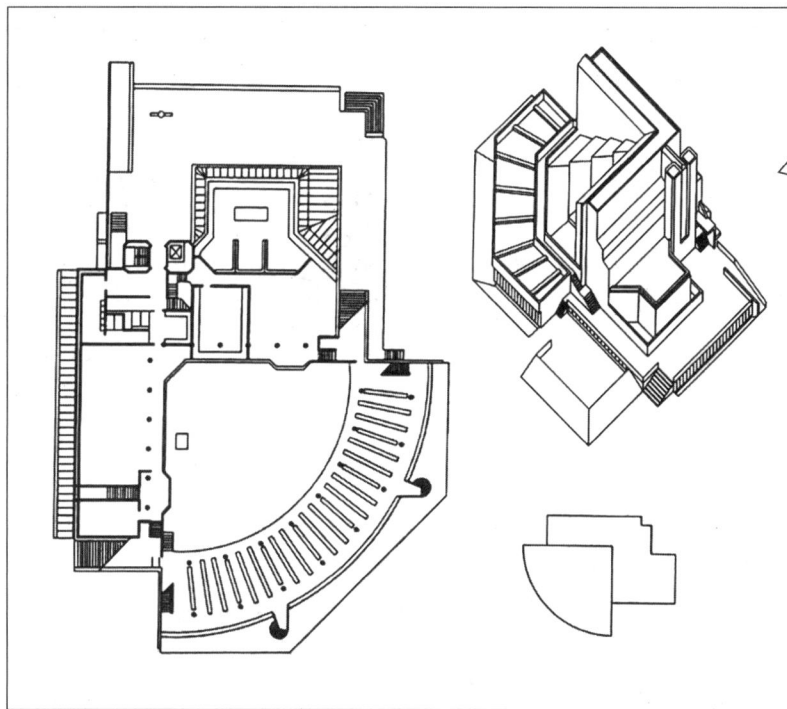

图3-27 英国剑桥大学历史系馆

英国剑桥大学历史系馆,内部以一个具有300个座位的阅览室为核心进行空间组织,辅助空间集中在下部L形平面,主体空间与辅助空间之间通过退台式玻璃顶加以连接。

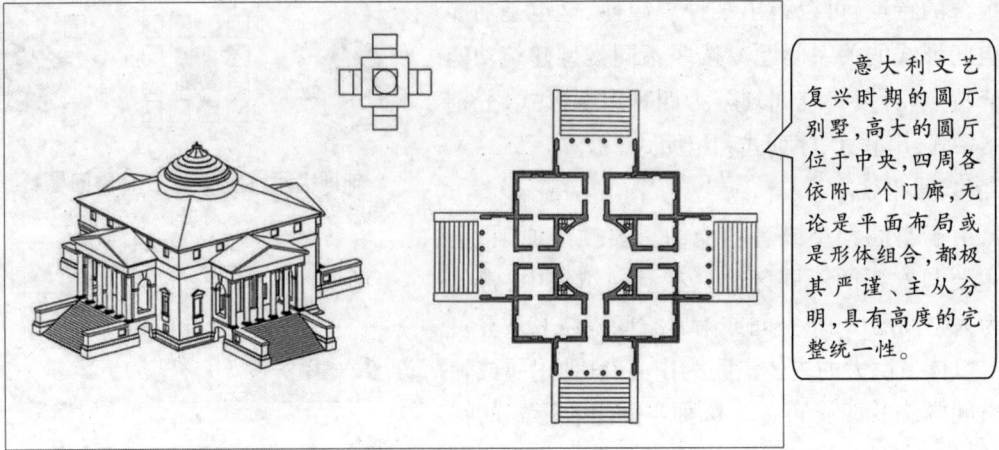

图3-28 意大利圆厅别墅

意大利文艺复兴时期的圆厅别墅,高大的圆厅位于中央,四周各依附一个门廊,无论是平面布局或是形体组合,都极其严谨、主从分明,具有高度的完整统一性。

(2)并列式

各单体空间的功能相同或相近,并按照一定方向或"骨骼"关系连接构成空间系列,彼此间不易寻求次序,也没有直接的依存关系,但具有延伸、增长的趋势(图3-29)。并列式构成具有灵活可变性,有利于空间的发展。

并列式空间组织适合教学楼、宿舍楼、办公楼等以走廊为交通联系的建筑类型(图3-30、图3-31)。

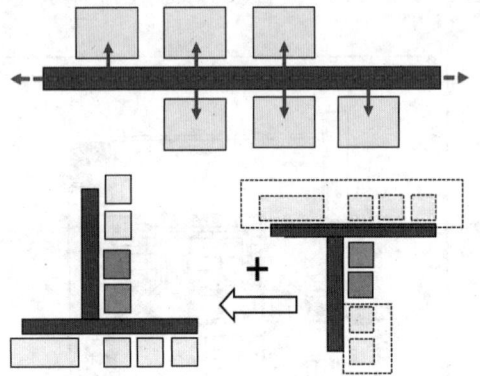

图3-29 并列式空间组合关系

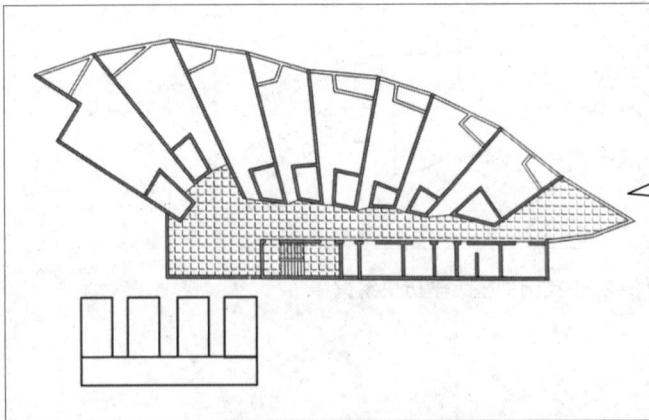

德国不来梅市高层公寓大楼,标准层平面仿自蝴蝶原形,服务空间和客房空间分别仿作蝶身和翅膀,内外空间独特而丰富,客房空间呈现出一种并列的关系。

图3-30 德国不来梅市高层公寓大楼

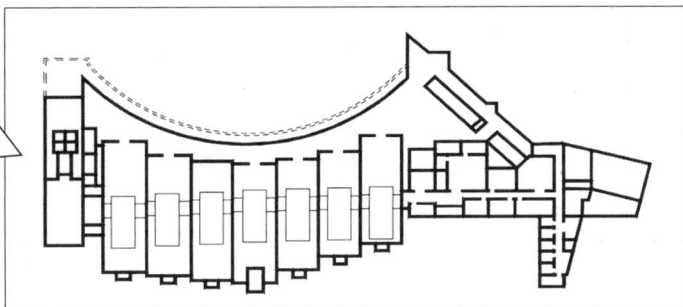

阿蒙国家考古博物馆内部用纵长的廊道空间将陈列室及其他用房以并联的方式组织起来,保证了参观路线明确、连贯,顺序性强的优点,同时又增加了展出及参观的灵活性。

图3-31 阿蒙国家考古博物馆

（3）序列式

各空间在使用过程中,具有明显的先后次序,表现为一定的承接递进关系。序列式以人的行为方式和特点为原则,合理安排人流进行有序活动(图3-32)。

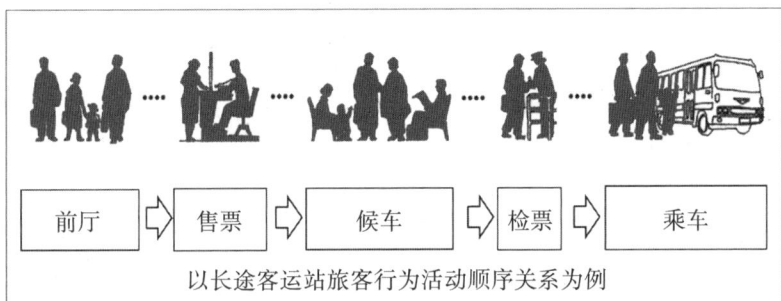

图3-32 序列式空间组合特点

序列式的特点是反映出人在空间中的活动过程,空间功能依据行为目的地被组织成一组时间有序、结构严谨的完整序列(图3-33、图3-34)。如长途客运站的旅客要先经过买票、候车、检票、上车等行为活动,并对应相应的功能形成完整建筑。

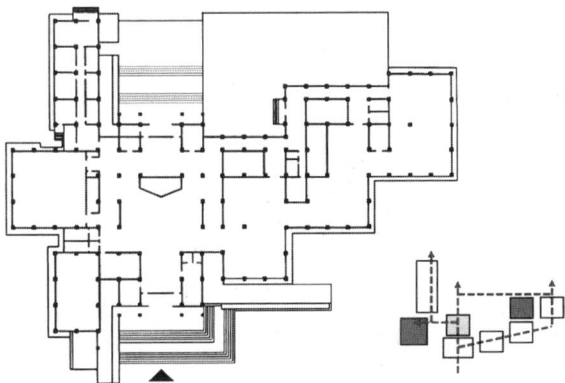

四川广安邓小平故居陈列馆,依照功能使用的时间顺序,将序厅、主展厅、影视厅、缅怀厅、辅助用房等空间进行组织,空间结合自然绿地庭院进行布置,给参观者以丰富、变化的空间感受。

图3-33 邓小平故居陈列馆

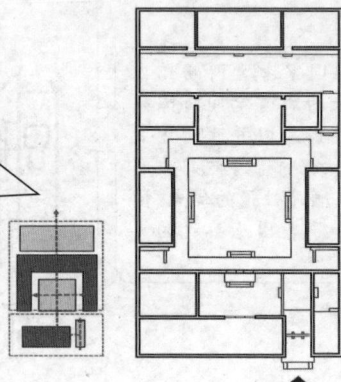

北京四合院以中轴线贯穿，由北面的正房、南面的倒座房、东西厢房围合中间庭院而成。从大门入口—外宅—内宅—房间，形成了公共空间—半公共空间—半私密空间—私密空间的序列。这种渐进的序列使人产生安定感和归属感。

图3-34　北京四合院

（4）组团式

组团式是将功能上类似的空间单元按照形状、大小或相互关系方面的共同视觉特征，构成相对集中的建筑空间，也可将形状、功能不同的空间通过紧密相连或某种视觉轴线关系构成组团。组团式具有连接紧凑、灵活多变、易于增减和变化组成单元而不影响其构成的特点（图3-35至图3-37）。

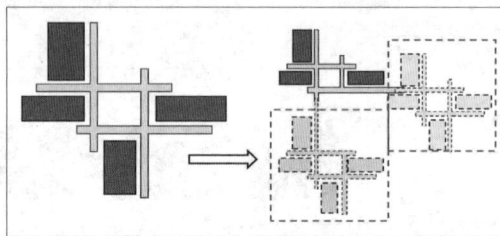

图3-35　组团式空间组合特点

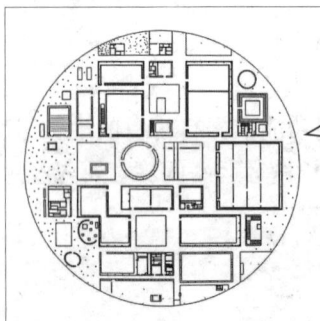

日本金泽21世纪当代美术馆，建筑以圆形作为室内空间边界，大小不同的立方体形成组团，错落布置其中。通过这种平面组织结构，消解了明确的功能分区和空间之间的等级差异。

图3-36　日本金泽21世纪当代美术馆

日本茨城县棋盘格住宅，为了满足业主的要求，设计团队以7m×7m为模数，作为居住空间和院落空间的基本单元，散落在模数网格中并且彼此关联，形成室内外空间交融共生，更好地满足居住使用功能。

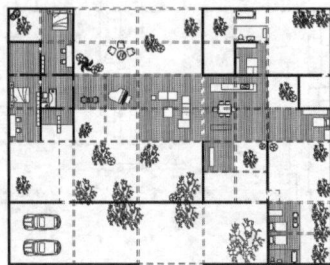

图3-37　日本茨城县棋盘格住宅

以上四种空间组织形式,可帮助学生对建筑中的空间组织与功能关系有一个基本的、理性的认识。掌握这些内容对后续建筑设计中合理解决功能问题是有益的,并可以根据建筑的功能联系特点选择与之相适应的空间组织形式。

3.3 建筑空间与尺度

建造一座建筑,尺度是一个不可回避的问题。如:建筑盖多高? 内部各房间有多大? 门窗设置多宽? 等等,这就是建筑的尺度问题。建筑空间尺度既是建筑操作的手段,又是建筑空间的具体表达,同时也是被人可感知的重要空间特征。

3.3.1 建筑尺度概述

建筑尺度概述

1.尺度的相关概念

古今中外,建筑领域的学者们对建筑尺度问题都做过大量研究,并在丰富实践的基础上对空间尺度有着不同的注解与定义。

(1)比例与均衡——维特鲁威

古罗马工程师及建筑理论家维特鲁威认为:尺度是在一切建筑中细部和整体服从一定的模量从而产生比例与均衡感的方法。与姿态漂亮的人体相似,建筑要有正确分配的"肢体",要求在计算上从整体到细部具有正确性(图3-38)。

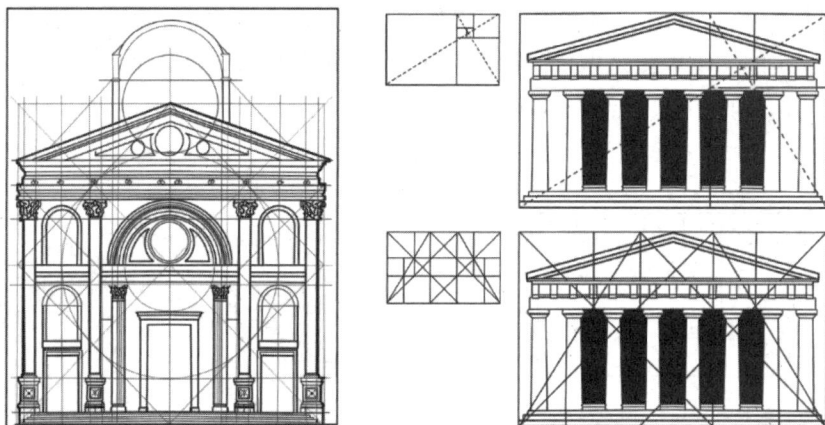

曼陀瓦圣安德鲁教堂比例分析   古希腊建筑比例分析

图3-38 西方古典建筑的比例关系

(2)尺度/Modus——阿尔伯蒂

意大利文艺复兴时期的建筑师及建筑理论家阿尔伯蒂认为:尺度是要为建筑物整体与每一个组成要素确定适当的位置,用精准的数字来表达建筑整体与细部优美的秩序感。

强调每一个部件应在恰当的范围与位置上,它不应该比实际适用的要求更大,也不应该比保持尊严的需求更小,更不应该是怪异的和不相称的,而应该是正确而恰当的。

（3）模度/Leaders Modulor——柯布西耶

西方现代主义建筑大师柯布西耶认为："模度"是建立在人体身高及数学之上的量度工具，由红蓝两组数列组成，用于进行建筑空间及用品的设计。一个举起手臂的人给出了空间限定的点，即脚、腹腔、头以及举起手臂的手指尖，三段间隔产生一个斐波那契所提出的黄金分割数列（图3-39）。

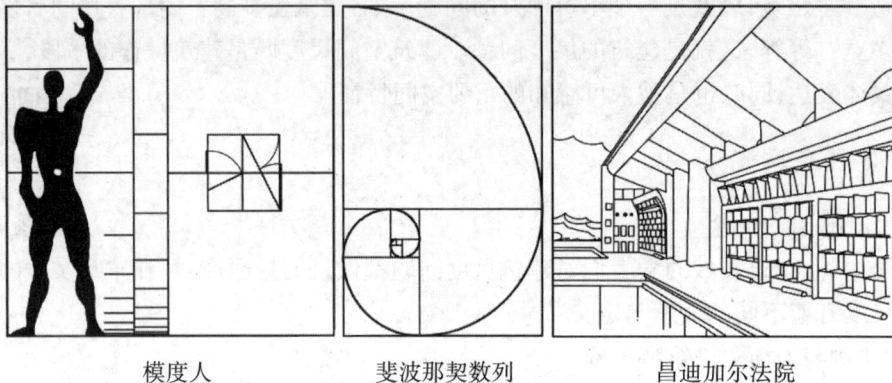

模度人　　　　　　　　斐波那契数列　　　　　　　昌迪加尔法院

图3-39　建筑中的模度与数列关系

（4）材分制——《营造法式》

中国宋代建筑学著作《营造法式》关于尺度的记载："凡构屋之制，皆以材为祖；材有八等，度屋之大小，因而用之。"材在宋代大木作之中地位极为重要，是建筑各部位大小的参照标准，也是建筑的斗拱中用来做拱的标准断面木材，并由此相应得到中国古代"大木作制度"中关于几乎所有构件的尺度（图3-40）。

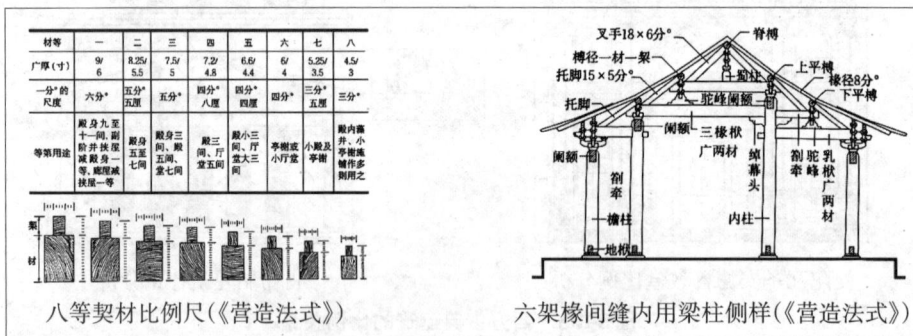

八等契材比例尺（《营造法式》）　　　　六架椽间缝内用梁柱侧样（《营造法式》）

图3-40　中国古典建筑用"材"标准

2.尺度参照系

综上所述，建筑学者对尺度的理解和定义，不外乎有两个关键点：①尺度是控制建筑内外部空间大小，以及具体细部与构件比例关系的手段，对尺度的探索与研究，是达成使用合理性与视觉美感统一的过程。②建筑尺度是绝对尺度与相对尺度的结合体，它除了指建筑整体或其局部的具体尺寸外,还需要一个度量的标准,也就是尺度的参照系问题。

首先,最重要的参照系就是建筑尺寸与人体尺寸的关系。建筑师创造的建筑空间,是供人使用的。因此,建筑中的尺寸,大到建筑整体形体体量、内部空间大小,小到门窗、栏杆、把手等建筑构件,都必须以人体作为基本的参照和考量。

如单看外墙上的门扇,很难准确判断它的真实大小,但如果把人体放置在门扇旁边,就很容易得出结论,由于人体尺度相对统一和确定,以成人平均身高为标尺,门扇高度与宽度就可以直观与之形成对照(图3-41)。

图3-41　建筑中的尺度参照关系

其次,建筑尺度还存在与环境的参照关系,同样尺寸的建筑,建造在空旷的自然环境中与建造在拥挤的城市中,给人的尺度感觉也完全不同(图3-42)。

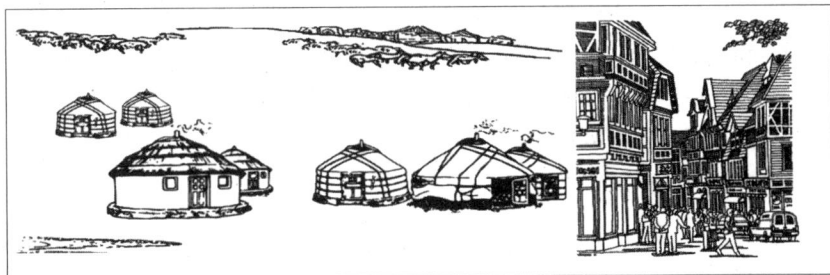

图3-42　建筑与所处环境的参照关系

如在沙漠中的金字塔,由于所处环境中缺少参照标准,因此它给人的尺度感很模糊,容易有失真感。而处于闹市区的商业建筑,环境中我们熟悉的事物众多,我们很容易对它的尺度形成真实的判断。

最后,还存在建筑局部与整体的尺度关系,这关系到建筑本身局部与整体比例是否协调。如古典建筑三段式划分,是从造型角度将建筑立面划分成水平或垂直方向的不同部分,使建筑局部和整体保持协调。古典建筑三段式划分在现代建筑中也有所应用。建筑设计过程中不断推敲各部分比例尺度关系，也是使它们之间互为参照，取得视觉对比与平衡。

3.空间尺度感受

空间的大小首先必须保证人的使用需求，但在满足功能要求的前提下还必须考虑给人的某种感受。如图3-43所示，随着空间高度的逐渐增大，人的心理变化由紧张压抑，到亲切舒适。而当高度再增加时，人的对空间的感受又会疏离和陌生，变得不再亲切。空间自身的引力感，也会由强变弱。

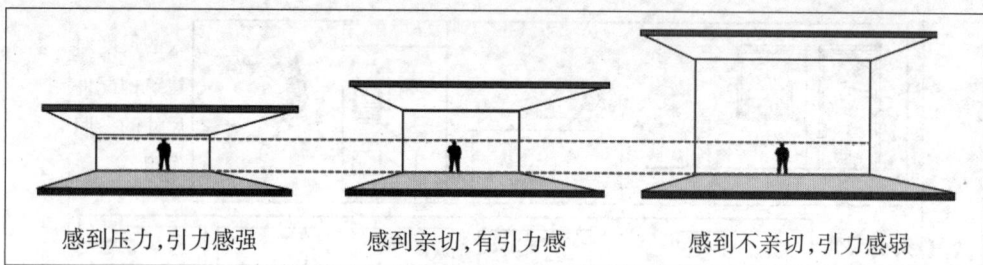

感到压力,引力感强　　　感到亲切,有引力感　　　感到不亲切,引力感弱

图3-43　不同空间尺度给人的心理感受

对于我们研究的一般建筑空间来讲，空间功能与尺度两者是统一的，如住宅建筑，过大的空间将难以保持亲切、宁静的气氛，为此，其空间大小只要能保证功能的合理性，即可获得良好的尺度感。但也有少数建筑，如宗教建筑、纪念性建筑等，精神方面的要求有时会大大超出功能要求，因此，处理空间尺度问题应根据具体情况区别对待，力图将功能要求与精神感受相统一。尺度因量的差异，可以表达雄伟宏大、朴实亲切、细腻精致等不同美感，因此，空间尺度从对人们心理与视觉感受方面讲，分为亲切尺度、近人尺度和超大尺度三种。

（1）亲切尺度

室内空间的尺度感应与房间的功能性质相一致。例如住宅中的居室，过大的空间将难以造成亲切、宁静的气氛。因此，居室的空间只要能够保证功能的合理性，即可获得恰当的尺度感。日本建筑师芦原义信曾指出："日本式建筑四张半席的空间对两个人来说，是小巧、宁静、亲密的空间……"（图3-44）

日本的四张半席空间相当于我国$10m^2$左右的小居室。作为居室其尺度可能是亲切的，但这样的空间却不能适应公共活动的要求。

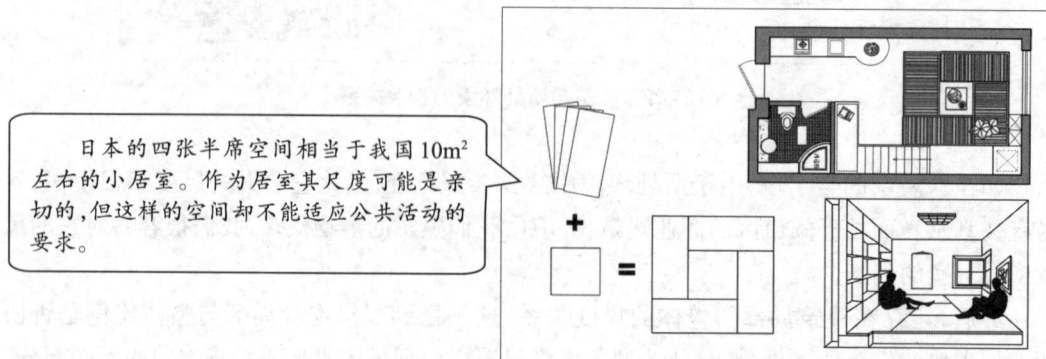

图3-44　亲切尺度空间

（2）近人尺度

公共活动应增加其尺度,以达到使用功能和精神要求的一致性(图3-45)。过小或过低会使人感到局促和压抑,有损于它的公共性。

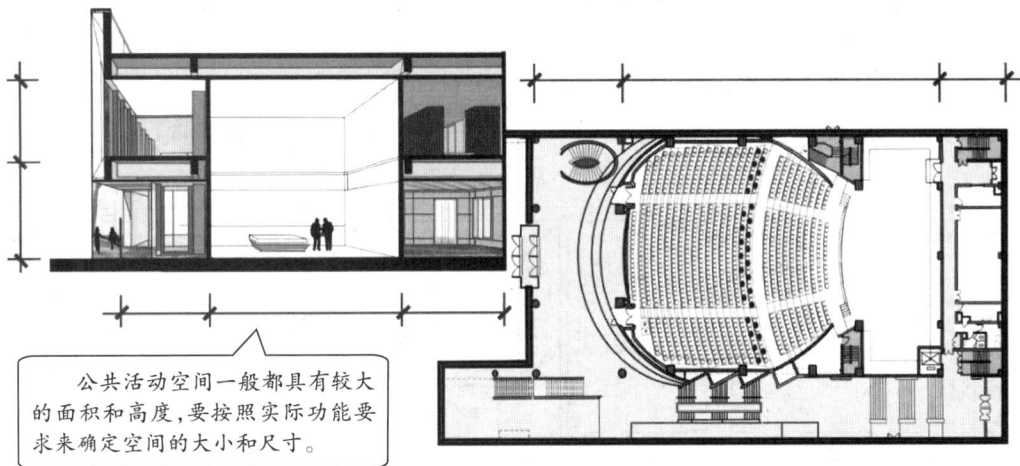

公共活动空间一般都具有较大的面积和高度,要按照实际功能要求来确定空间的大小和尺寸。

图3-45 近人尺度空间

（3）超大尺度

某些建筑为了渲染特殊的空间氛围,需要超尺度处理手法来获取。如故宫建筑是为体现帝王的政治权力而服务的,其精神作用要比实际使用功能更加重要。因此,以超大尺度感获得宏伟庄严的空间气氛(图3-46)。

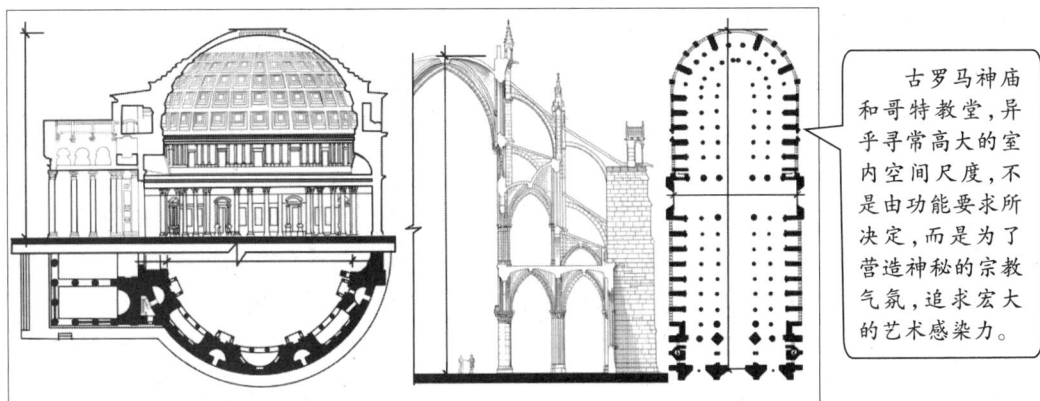

古罗马神庙和哥特教堂,异乎寻常高大的室内空间尺度,不是由功能要求所决定,而是为了营造神秘的宗教气氛,追求宏大的艺术感染力。

图3-46 超大尺度空间

建筑空间尺度的形成离不开人体尺寸、环境等因素作为参照标准。不同空间尺度有着不同特征和适用范围,带给人们的心理感受也具有差异性。学生在认知建筑的过程中,应该积极体验和感受各种空间尺度关系,并在设计实践过程中合理利用。

3.3.2 人的行为与空间尺度

人是建筑空间的行为主体,人体的各种活动尺度与建筑空间具有十分密切的关系。为了满足使用活动的需求,建筑空间的容量与建筑设施、设备的尺度大小,都应以人的静态尺度和动态尺度为设计依据。

1.人体活动基本尺度

首先应该熟悉人体活动的一些基本尺度。人体的坐、卧、行等基本行为活动,都需要一定的尺度范围,确定空间尺度的前提是应该充分了解相关尺度数据(图3-47)。

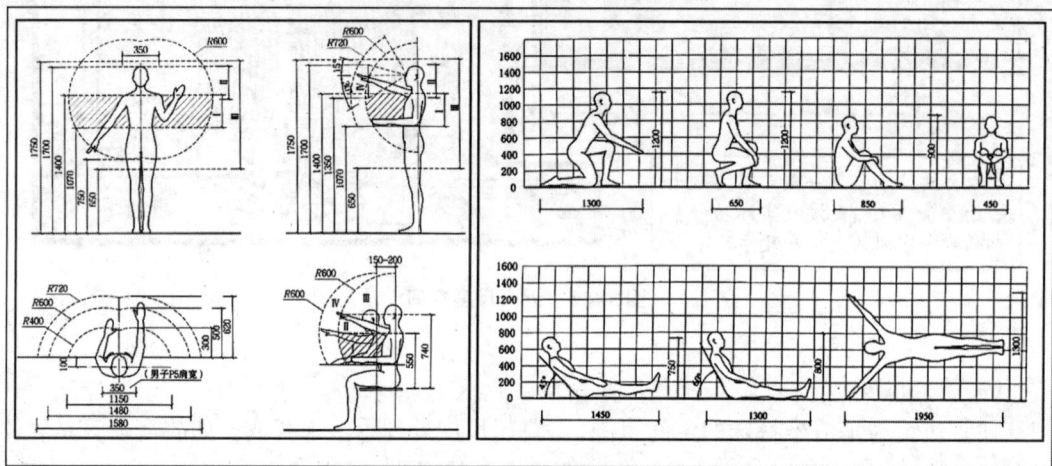

图3-47　人体静态与动态基本尺寸

2.空间尺度与人的使用

人在建筑空间中不会只以静止状态存在,而常常由一系列复杂行为活动构成,因此,要考虑通常情况下各种行为动作特点和需求,以此来确定合理的建筑空间尺寸。例如,公共走廊或楼梯空间的最小宽度为1100~1200mm,高度为2200mm,这是根据两个人相对而行时的最小尺寸要求确定的。

不同的功能使用要求和使用者的数量都会对空间的尺度造成影响。例如住宅餐厨空间设计中,应考虑备餐、就餐等行为特点和尺度,以及不同人数就餐对空间尺度需求是不同的。这些都是基于人体基本活动尺度,对空间设计的影响(图3-48)。建筑师在考虑尺度问题时,会以多数人的平均尺寸为设计标准,但也需要考虑一些特殊人群的活动需求,比如残障人士。以卫生间设计为例,应考虑乘坐轮椅人士在进出、转身等动作上的特殊空间尺寸要求(图3-49)。

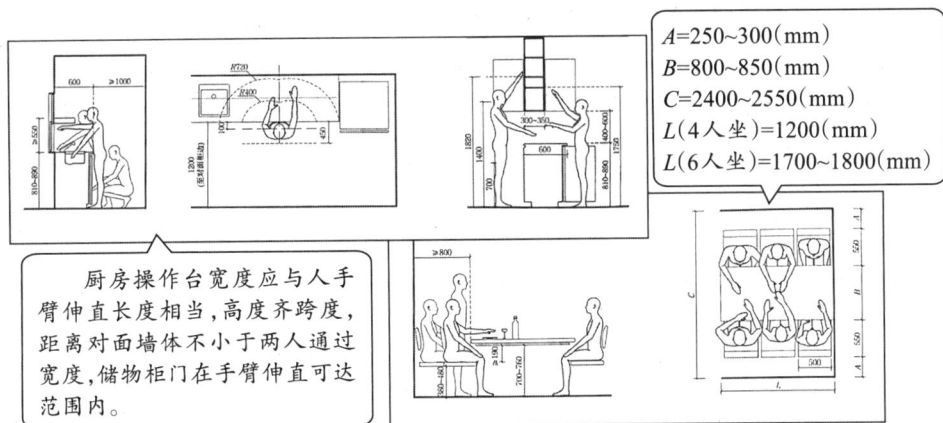

$A=250\sim300$（mm）
$B=800\sim850$（mm）
$C=2400\sim2550$（mm）
L（4人坐）$=1200$（mm）
L（6人坐）$=1700\sim1800$（mm）

厨房操作台宽度应与人手臂伸直长度相当，高度齐跨度，距离对面墙体不小于两人通过宽度，储物柜门在手臂伸直可达范围内。

图3-48　餐厨空间的尺度需求

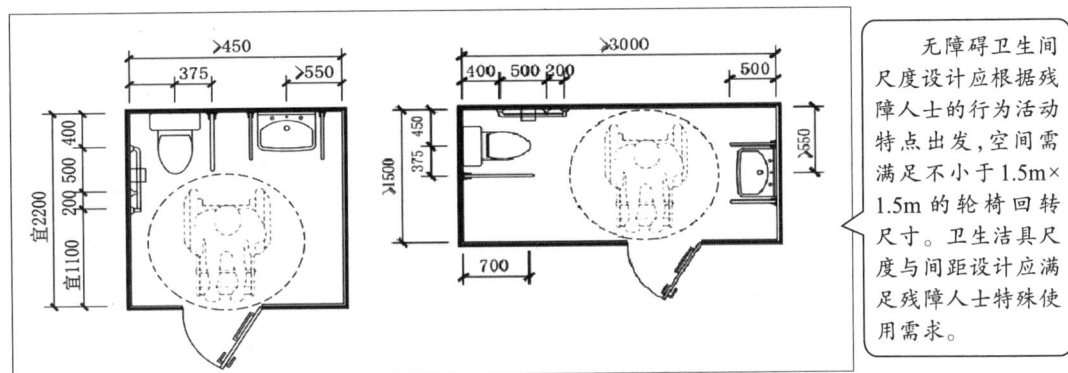

无障碍卫生间尺度设计应根据残障人士的行为活动特点出发，空间需满足不小于1.5m×1.5m的轮椅回转尺寸。卫生洁具尺度与间距设计应满足残障人士特殊使用需求。

图3-49　无障碍卫生间尺度设计

在建筑空间中，由于人的活动与相应的家具、设备之间有着密不可分的关系，或者说空间内的家具、设备成为人行为活动的物质载体。因此，除了研究人体活动对空间的要求以外，可以借助一些常用家具的平面或剖面布置来帮助我们对合理的空间尺度进行判断和把握（图3-50）。

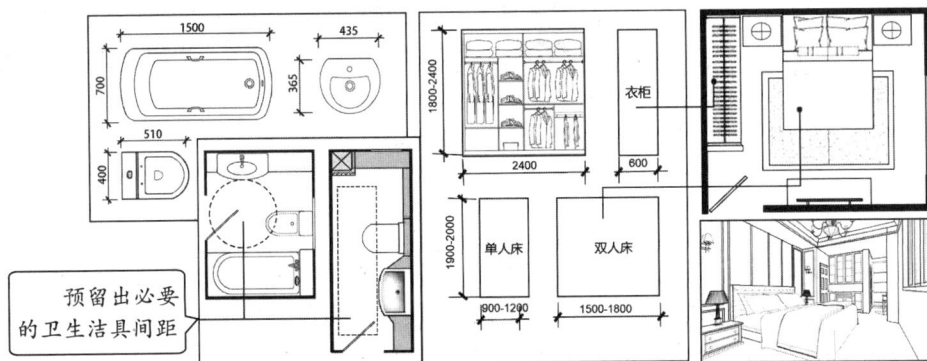

图3-50　卫生间、卧室空间尺度设计

由于对空间尺度的感觉和人的身体感受相关,因此,学习建筑设计就需要在日常生活中积累对尺度的感觉。例如随身携带卷尺,量取感兴趣的、自己觉得舒适的空间尺寸并记录下来,有时一些比较大的空间,难以量取其尺寸,则可以选取参照物来估算其尺寸,比如人的身高、墙地砖的单个尺寸和数量等,从而对空间整体尺度进行把握。

3.常用建筑构件尺度

建筑空间中,有一些常用的建筑构件,例如门窗、楼梯、坡道等,这些构件在建筑中是人们最直接接触的部分,因此,与人体尺度、人的活动关系更加密切。在建筑设计初步课程中,了解和掌握这些常用构件的尺度问题十分重要。

(1)门

门是各个分割空间之间以及建筑内外活动联系的最主要"关卡"。常用门的形式有平开门、推拉门、旋转门、折叠门等。门的宽度和高度由进出物体的大小、多少来决定。通常情况下,供人出入的门,最小宽度在700mm,如住宅中卫生间的门,只可供单人通过。而最常见的门,宽度在900~1000mm,它可供一个人通过的同时另一人侧身通过,门的高度比正常人身高高一些,通常为2000~2400mm。同时,门的大小也考虑其对构造的影响,例如常用平开门的大小如果过大,过重的门扇重量会使固定门扇的活页铰链承受过大荷载而受损,因此单扇尺寸一般不大于1000mm,而大于1000mm的门,通常会采用双开门。如果出入人流更多,则需设置更大的门宽度,就会采用多个双开门并置的情况,例如商场的主入口大门就大多如此(图3-51)。

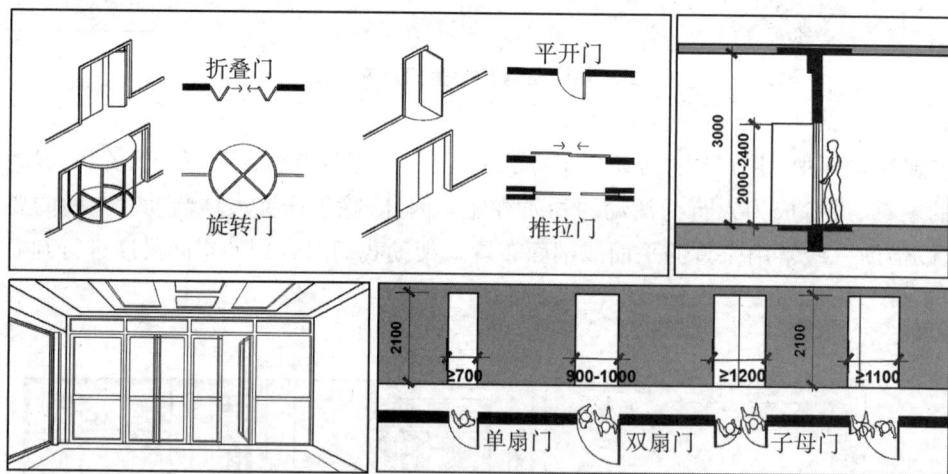

图3-51 门的常用形式与尺寸

(2)窗

窗起到为建筑内部获得自然光、空气流通、视觉通透等作用。窗的宽度可变性较大,要根据室内的视觉、采光、通风要求而定。窗的形式常分为固定、平开、推拉、悬窗等。普通的窗高,窗台高度设置在人体腰部位置,即相对室内地面高度在900~1100mm。在需要特别防止空中坠落的地方,窗台高度会增加至1200~1300mm。有些室内私密性要求很高的房间,需要屏蔽视线干扰,则会加高窗台超过常规视线可及的高度。这类窗称为高窗,常设置在更衣室、公共卫生间的外墙上。现代住宅中常采用"飘窗",窗台高度降低,通常为450mm,利用伸出外墙的宽大窗台,形成一处座椅,但该处窗户需要加装防止意外坠落设施,如栏杆等。为达到更加通透的室内效果,有些窗子做成落地窗的形式,但同样需要加装栏杆防止坠落,窗的上沿高度通常情况下就是窗所在楼层上层梁的下沿(图3-52)。

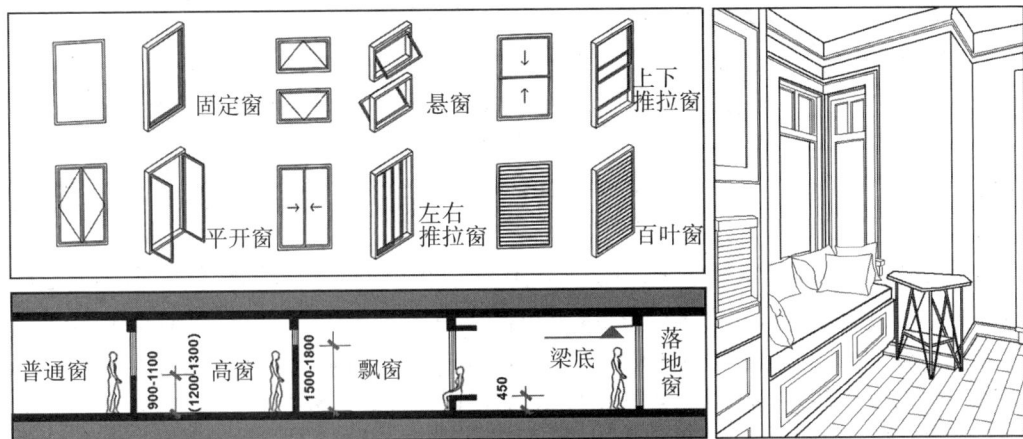

图3-52 窗的常用形式与尺寸

(3)楼梯

楼梯是垂直方向空间联系的重要构件,起到安全疏散的作用;同时也成为分隔空间的元素,是形成形式表现力的重要空间要素(图3-53)。它的尺寸设置也基于人体步行尺度,踏步的高和宽与脚掌动作相关,踏面(踏步水平面)越窄而踢面(踏步垂直面)越高,楼梯就越陡,人的上下也就越吃力、越容易摔倒,但同时越节省楼梯所占空间。因此,选择踏步高宽,要根据空间余地与舒适性、安全性进行权衡考虑。公共性越强、人流量越大、使用者身体条件越弱的地方,则越应选择踏面宽、踢面小的踏步。通常建筑室内公共楼梯踏步宽度在260~320mm,高度在130~175mm(图3-54)。

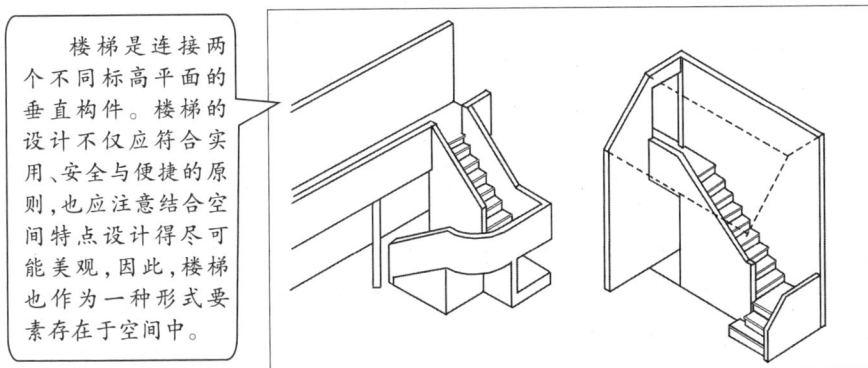

图3-53 楼梯的空间形式作用

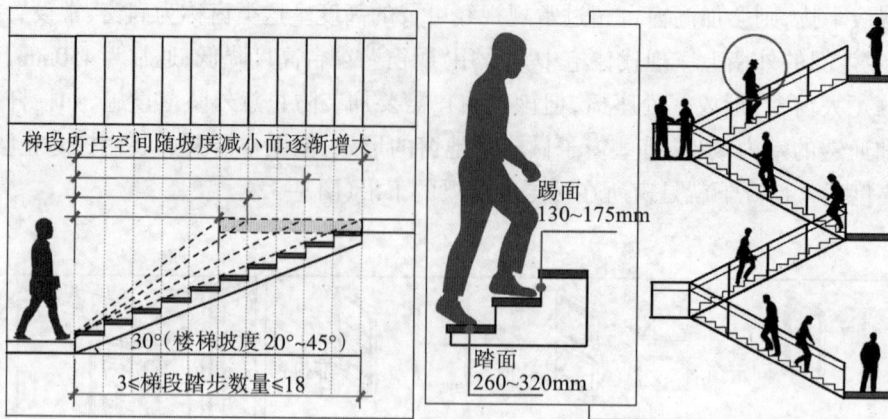

图3-54 楼梯的设计与尺寸

为防止人上下楼梯出现疲劳感和起到安全提示作用,梯段的连续踏步数量不应大于18级和不应小于3级。楼梯的梯段净宽度(不包括扶手,供人通行的宽度)不应小于1100mm,这是根据人流股数确定,按照一股人流550~700mm计算,1100mm为保证两股人流通过的最小宽度。梯段之间应设置休息平台,根据楼梯和休息平台的关系可分为多种楼梯形式,如直跑楼梯、L形折跑楼梯、U形折跑楼梯、剪刀楼梯、旋转楼梯等,楼梯形式需要根据建筑空间要求、楼层高度、出入口位置等灵活选择(图3-55)。

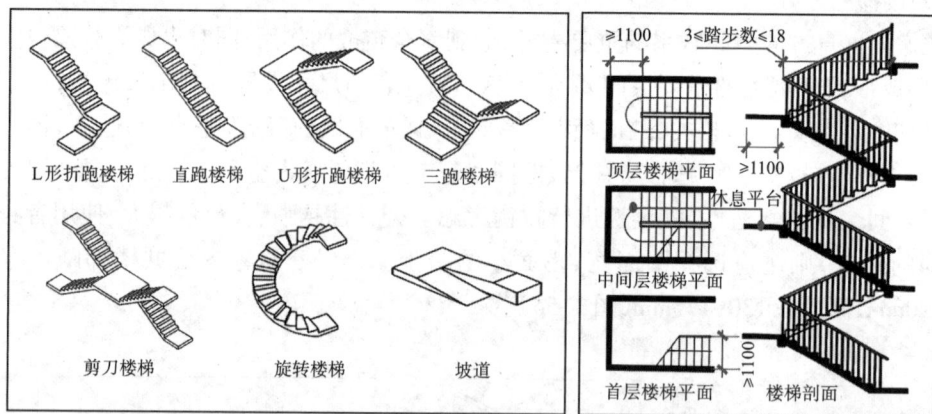

图3-55 楼梯的形式与设计

3.4 建筑空间处理手法

依据功能需要来组织空间是建筑设计的重要步骤和方法。但是,一个优秀建筑设计作品并不等同于空间功能化的"排序",而应是将功能、艺术、技术等方面综合考量下的结果。在同样功能要求下,由于采用不同的空间处理手法,创造出的空间感受可表现为不同效果,这正是空间设计的独特之处。

3.4.1 空间限定

一提起空间,就会有一定的形状和尺度来定义它。空间与空地的本质区别在于,空地没有领域概念,是向外无限伸展没有边界约束的;而空间则存在形状、具体尺寸和相对人体的尺度等多项表述空间几何形体的要素。空地借助一定的限定手法从而成为空间(图3-56)。

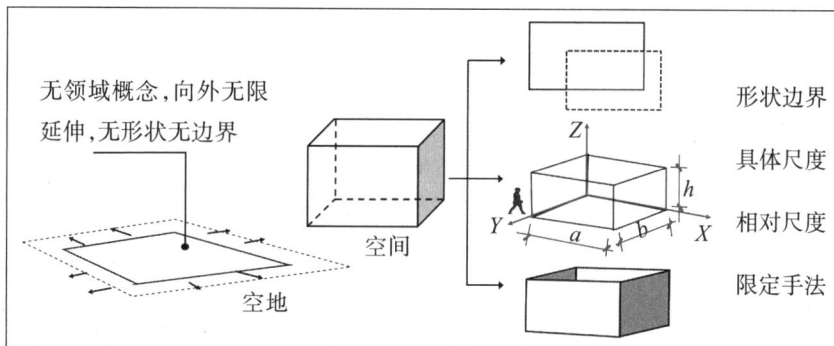

空间限定

图3-56 空地与空间的区别

1.空间限定的基本方法

空间本身是无限的,是无形态的,由于有了实体的限定,才得以量度大小,进行构成,使其形态化。限定一个空间要从两个方向来实现:一是水平方向,由于有重力,首先需要一个底面,上面再覆一个顶面,便能大致限定出空间;另一个是垂直空间,在水平方向限定的基础上,周围再围合起来,空间就完全被限定出来了(图3-57)。

空间限定需借助一定方法来实现,常采用围合、设立、覆盖、架起、凹进、凸起以及色彩肌理的变化7个方法。其中,采用垂直方向构件限定空间的方法有围合和设立;用水平方向构件限定空间的方法有覆盖、架起、凹进、凸起和肌理变化。

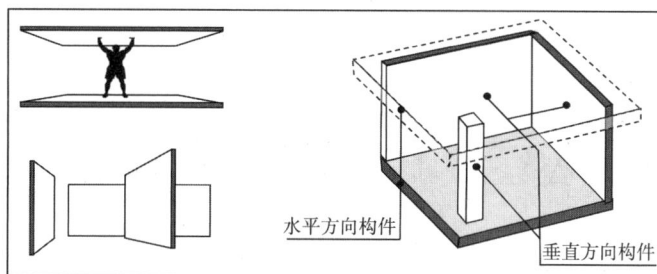

图3-57 空间限定方法与形式

(1)围合

围合是空间限定最典型的形式,是用垂直方向构件限定出内外空间的主要途径。围合由于包围状态不同,产生的限定度各异(图3-58、图3-59)。全包围状态限定度最强,比较封闭;局部包围状态由于开口不同,形成限定度不一的内部空间。

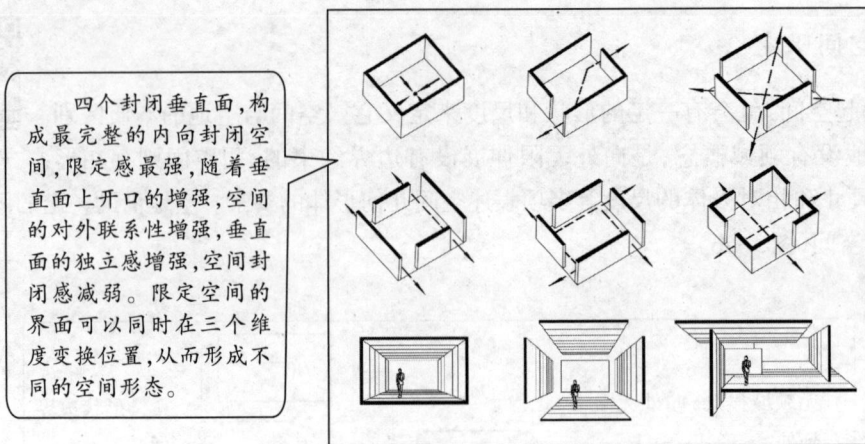

四个封闭垂直面,构成最完整的内向封闭空间,限定感最强,随着垂直面上开口的增强,空间的对外联系性增强,垂直面的独立感增强,空间封闭感减弱。限定空间的界面可以同时在三个维度变换位置,从而形成不同的空间形态。

图3-58 空间围合限定形式的强弱关系

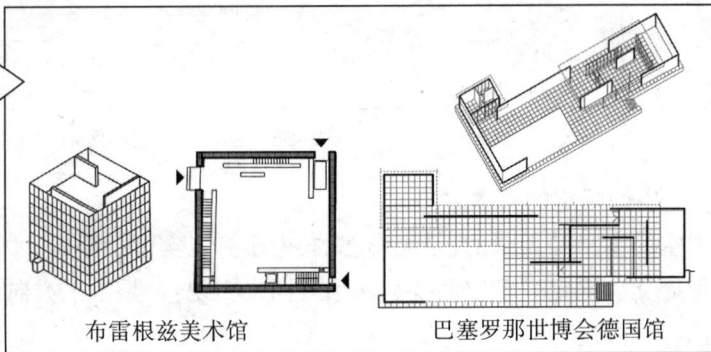

瑞士布雷根兹美术馆,与尺度大而完整的外墙相比,三个小而分散的出入口显得微不足道,整个室内空间显得独立而封闭。而西班牙巴塞罗那世博会德国馆,分散而独立的垂直墙面之间缺乏紧密联系,看似零散地置于场所各处,从而限定出自由而流动的室内空间。

布雷根兹美术馆　　　　巴塞罗那世博会德国馆

图3-59 围合空间限定实例

（2）设立

设立是将物体置于空间中,指明空间中的某一场所,从而限定其周围空间的限定形式。最显著的例子是古埃及的方尖碑(图3-60),高宽比为(9~10):1的修长体量从空旷场地拔地而起,渲染出其周围领域的宗教氛围,从而实现空间的限定。

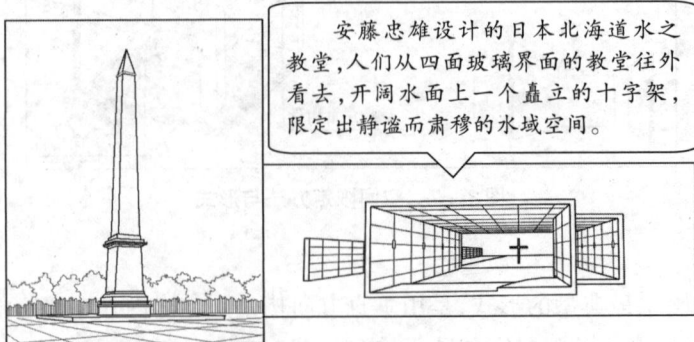

安藤忠雄设计的日本北海道水之教堂,人们从四面玻璃界面的教堂往外看去,开阔水面上一个矗立的十字架,限定出静谧而肃穆的水域空间。

图3-60 设立空间限定实例

（3）覆盖

覆盖是用水平方向构件在上方支起一个顶盖,使下部空间具有明显使用价值的空间限定形式(图3-61)。

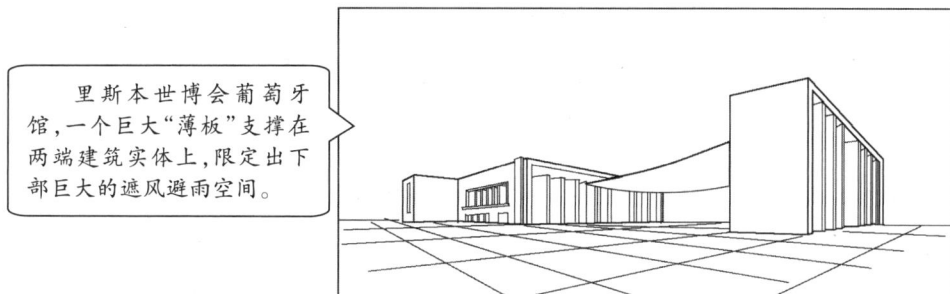

里斯本世博会葡萄牙馆,一个巨大"薄板"支撑在两端建筑实体上,限定出下部巨大的遮风避雨空间。

图3-61　覆盖空间限定实例

（4）架起

架起是把被限定的空间突出于周围空间,不同于"凸起"的是在架起空间的下部包含有从属的副空间(图3-62)。

日本姬路市立美术馆,从建筑顶部悬挑架起的巨大体量,下部斜切出的虚空间,正好容纳宽敞楼梯,形成良好的入口空间。

图3-62　架起空间限定设计实例

（5）凹进

凹进是将部分底面凹进于周围空间的一种具体限定形式(图3-63)。以凹进程度的深浅来表示限定程度的强弱。

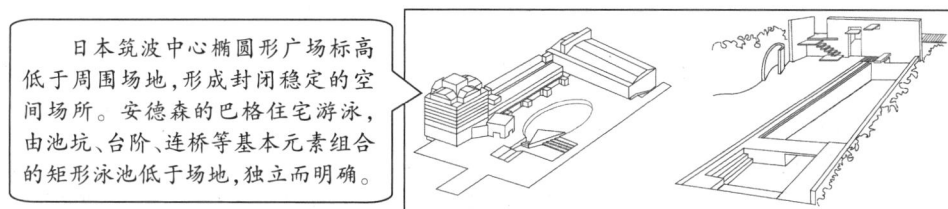

日本筑波中心椭圆形广场标高低于周围场地,形成封闭稳定的空间场所。安德森的巴格住宅游泳,由池坑、台阶、连桥等基本元素组合的矩形泳池低于场地,独立而明确。

图3-63　凹进空间限定实例

（6）凸起

与凹进形式相反，凸起是将部分底面凸出于周围空间的一种具体限定形式（图3-64）。

英国牛津大学皇后学院，U形建筑围合的广场里，通过多层踏步抬高的方形空间，限定出突出而醒目的场所空间。

图3-64　凸起空间限定实例

（7）肌理变化

肌理变化是利用不同肌理的地面材料，抽象地限定出不同空间的形式（图3-65）。

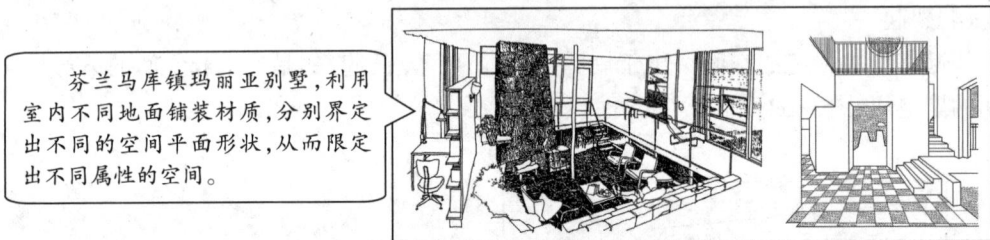

芬兰马库镇玛丽亚别墅，利用室内不同地面铺装材质，分别界定出不同的空间平面形状，从而限定出不同属性的空间。

图3-65　肌理变化空间限定实例

2. 空间要素限定

现代空间概念是指空间运用限定的要素在大的空间里进行分隔生成，空间限定更加关注构成空间的围合构件，如何认识和运用空间的限定要素一定程度上决定了生成空间的品质。

所谓的限定要素就是构成建筑的墙面、地面、楼板、顶棚、柱子、梁架等构件。根据构件方向，分为垂直空间要素限定与水平空间要素限定。

（1）垂直空间要素限定

这是通过墙、柱、栏杆和室内家具等垂直构件的围合形成空间。构件自身的特点以及围合方式的不同，可以产生不同的空间效果。

如住宅起居室中以各种不同的墙面材料以及固定家具作为垂直界面，使空间具有较为强烈的围合感和私密性。如日本山梨县的家具住宅，空间内部直接由工厂生产出来的家具作为功能分割和结构元素（图3-66）。在我国传统民居中，以木隔断分割厅堂空间，它所显示的轻巧感在界定空间的同时，也增加了与相邻空间的联系。

若空间的宽度超出了结构（梁）允许的限度，就需要设置柱子，列柱的设置也会对空间形成分隔感，柱子越近，柱身越粗壮，其分隔感就越强烈。

如林肯纪念堂平面，利用两排列柱把空间限定出相互连通的三个部分，调整列柱位置，扩大中央部分，可形成更明确的空间主从关系（图3-67）。

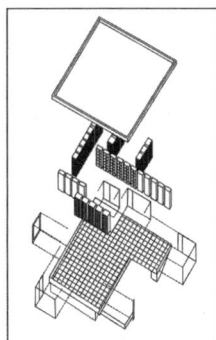

图3-66 日本山梨县家具住宅

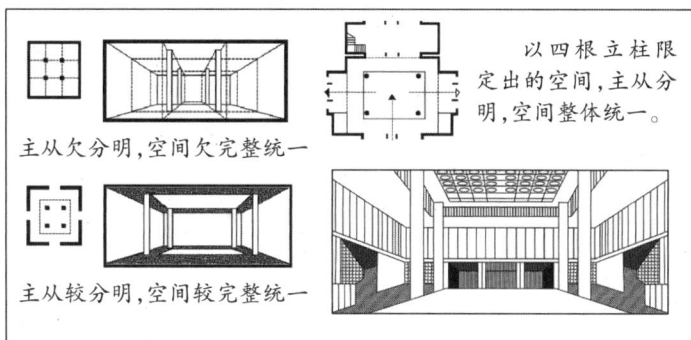

图3-67 林肯纪念堂平面

（2）水平空间要素限定

通过不同形状、材质和高度的顶面、楼板或地面等对空间进行限定，以取得水平界面的变化和不同的空间效果。

故宫太和殿以三层突起的汉白玉台基层层内收，强调其庄严雄伟与强烈的稳定感，同时也扩大了建筑的空间领域。高层综合体建筑内部，以不同尺度的水平向楼板，限定出一个个大小、高度不一的空间形态，更好地满足多样化的功能需求，也实现了复杂空间的丰富性和多样性。

在空间中设置夹层，是空间水平限定常见的形式。夹层设计一般是根据功能要求，但也要顾及由此而带来的空间完整统一关系。因此，要推敲夹层高度、宽度以及与整个空间之间的比例关系（图3-68）。

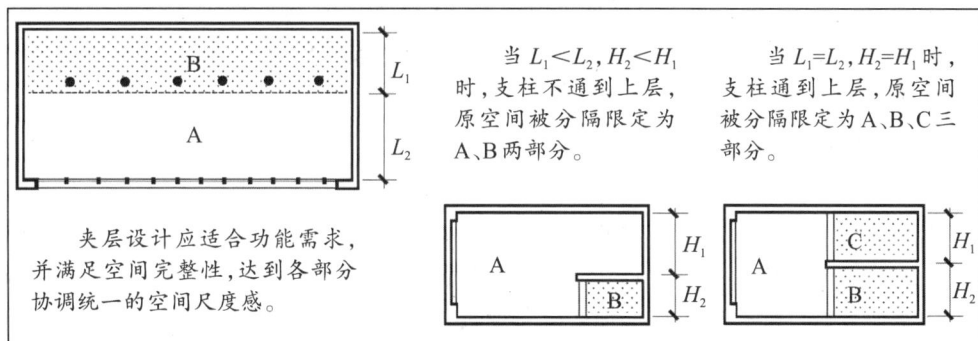

图3-68 利用夹层限定空间分析1

空间为达到主体突出、主从分明，夹层的高度与宽度应分别不超过原高、宽的1/2，如某火车站候车厅设计方案，由于夹层较低，柱子不通至上层，仅把夹层以下空间从整体中分隔出来，主从关系十分鲜明。如果在较大空间的四周以夹层的形式限定空间，则会出现B、C两个环形空间套着A空间的组合形式，如某火车站中央广厅，夹层部分压得很低，借对比作用极大地衬托出中央部分的高大空间（图3-69）。

夹层包含于主体空间，
主从关系鲜明而统一

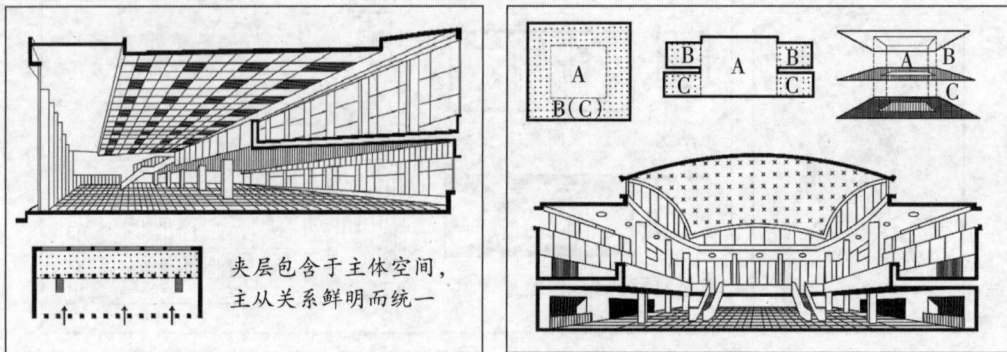

图3-69　利用夹层限定空间分析2

以上介绍了空间限定的几种基本方法，实现空间限定的要素以及它们的分类与应用。为了便于理解，我们按其方向特征分为垂直要素限定与水平要素限定，但需要注意的是，在实际空间限定实践中，往往是通过水平和垂直等各种要素的综合运用，相互分配和调整的结果。只有通过各要素的综合限定，多种多样的空间限定手法的灵活运用，才能取得既合理又理想的空间效果。

3.4.2　空间界面

空间是由面围合而成的，建筑空间的界面就是指限定空间的六个面，即顶面、地面和四个墙面，处理好这三种要素，不仅可以赋予空间以特性，而且还有助于加强它的完整统一性。界面在空间限定的过程中，必然涉及两个问题，一是所限定空间的形状，二是对界面本身如何处理。空间的形状和界面的处理是决定空间性格、品质的重要因素。空间形状在3.2节中已进行阐述，本节重点对界面中顶面、地面、墙面以及其质感与色彩的处理进行阐述。

1.顶面、地面、墙面的处理

（1）顶面

顶面和地面是形成空间的两个水平面，顶面又称为天花，是建筑空间的顶界面，地面是底界面。地面的处理比较简单，顶面的处理相对复杂。由于顶面与结构有交接关系，在处理时不能不考虑到结构形式的影响。顶面又是兼具照明的界面，是各种灯具依附的地方，还有各种空调系统的进、排气孔，因此，在顶面设计中，都应很好地兼顾到。

空间中的顶面最能反映空间的形状及关系。通过处理可以使空间的形状、范围以及各部分空间关系明确起来，建立良好的空间秩序，突出重点和中心（图3-70）。处于建筑空间上部的天花，特别引人注目，透视感也十分强烈。利用这一特点，通过不同的处理有时可以加大空间的博大感和丰富性（图3-71）。

空间界面的处理

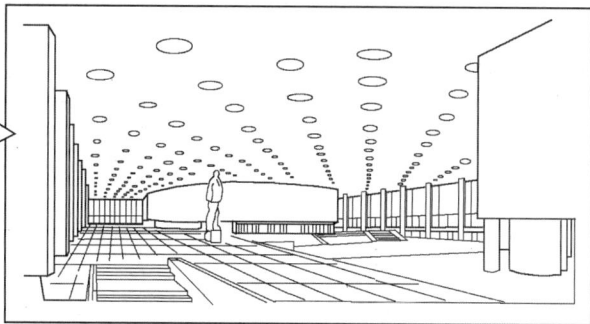

某大型体育馆比赛厅,巨大的室内空间容易显得散漫而不集中,但通过天花吊顶的处理,使空间产生一种集中感和整体感。

图3-70 某体育比赛厅的天花处理

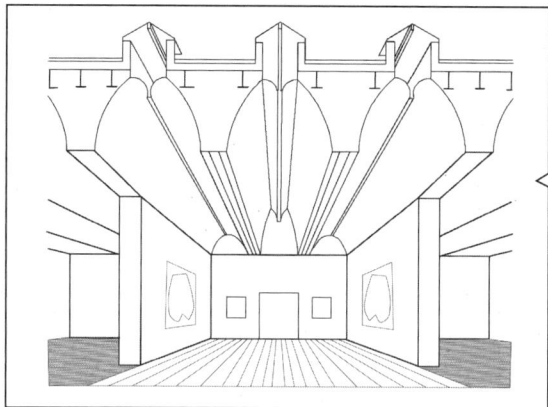

陈列厅通过天花上开设的采光窗带的处理,造成了层次丰富的顶部空间,使空间整体富有个性化和趣味性。

图3-71 旧金山现代艺术博物馆陈列厅

顶面的处理,在允许条件下,应与结构巧妙结合进行设计。在传统建筑形式中,天花多在梁板结构的基础上进行加工,并充分利用结构构件起装饰作用。近现代建筑所运用的新型结构,有的很轻巧美观,有的其构件组成的图案具有强烈的韵律感,这样的结构形式即使不加任何处理,也可以成为很美的天花。

(2)地面

与天花相对应的是地面,它是空间的底界面。由于它需要用来承托家具、设备和人的活动,又借助人的有限视高以透视的关系展示其全貌,因此,地面的显露程度将受到一定局限,与天花相比,地面对空间的影响要小一些。但可以通过对地面的处理来改变空间感,特别是对地面划分形式、材料、质地、地面高差等处理手法,达到加强空间变化和统一的效果。

当人们席地而坐时,领域感和空间感是模糊不清的,如果在他们身下铺一张地毯,就立刻将他们从周围环境中明确划分出来,有了某种空间感(图3-72)。建筑空间中常通过对地面的处理,来加强和改变人们的空间感。在西方古典建筑中,地面常用彩色石料拼成各种图案以显示其富丽堂皇,构图多以一个房间为基本单位而强调其完整统一感,常采用几何图形的图案拼花;而近现代建筑追求简洁,地面构成及图案组合相对简单,既便于施工制作,又可借透视而获得良好的视觉效果。

图3-72　地界面对空间场所感的生成作用

　　局部降低或提高一部分地面,同样可以改变空间感,空间设计中常利用这种手法来强调或突出某一部分空间,或利用高差变化来划分空间,以分别适应不同功能需要或丰富空间的变化(图3-73)。

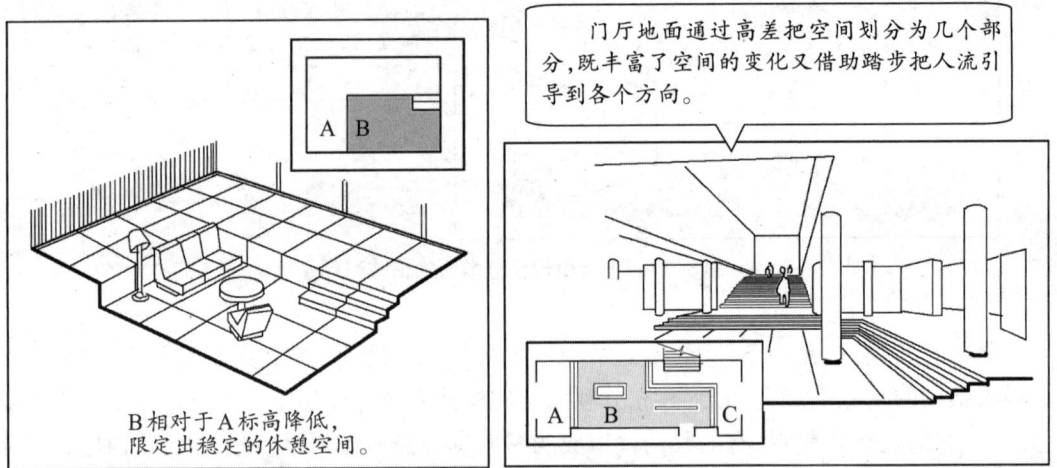

门厅地面通过高差把空间划分为几个部分,既丰富了空间的变化又借助踏步把人流引导到各个方向。

B相对于A标高降低,限定出稳定的休憩空间。

图3-73　利用高差限定空间

　　(3)墙面

　　墙面是组成空间的垂直界面要素,墙面处理对空间完整统一性的影响很大。由于在墙面上大至门窗,小至灯具、通风孔洞以及细部装饰,只有将这些协调统一完整,才能获得理想的空间效果,因而在墙面处理过程中,应注意整体到细部的比例、尺度、虚实、韵律等关系的协调与处理。

　　墙面处理中门窗关系组织应根据建筑风格与墙面形态,采用门窗与墙面虚与实的对比和变化,利用重复或交替,形成韵律美感。墙面处理也应注意尺度感,各要素大小和尺寸合理,避免产生失真感。墙面形态分割处理中,应考虑视觉平衡性,低矮墙面多竖向分割,高耸的墙面可加强水平向关系。需要注意的是,应避免把门窗当作孤立要素对待,而是应将其纳入墙面或者整个空间体量的关系处理,在削弱其独立性的同时,也更利于建立整体秩序(图3-74)。

高直教堂内墙,由各种形式的尖悬窗组成,形成大小、虚实的对比与变化,由于组织得有条理而获得了优美的韵律感,正确显示出空间尺度。

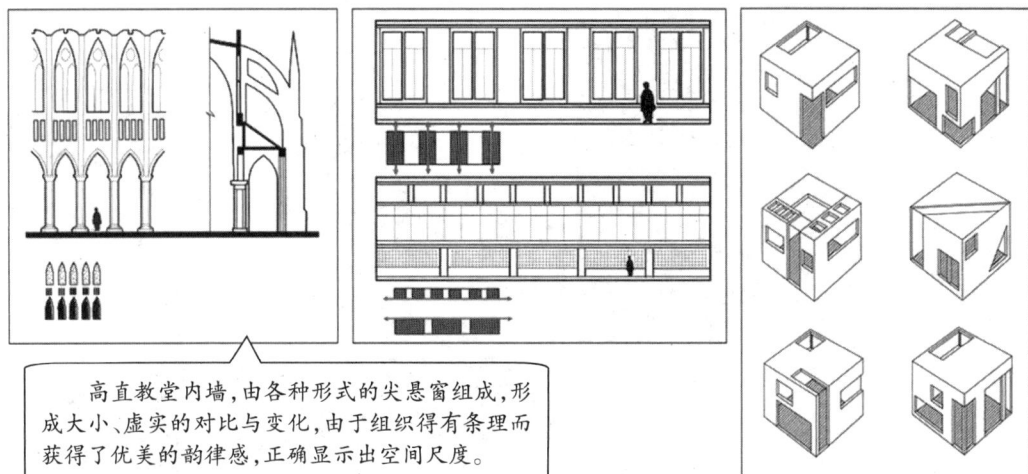

图3-74 墙面门窗元素的组织关系

2.色彩与质感的处理

围合成空间的顶面、地面和墙面都是由物质材料做成,它必须具有色彩和质感,处理好色彩与质感的关系,对人的精神感受具有重要意义。

色彩对人心理影响很大,一般来说,由于暖色可以使人产生紧张、热烈、兴奋的情绪,而冷色则使人感到安定、宁静、幽雅。因此,建筑空间不同的功能属性对色彩有着不同的需求,如商业建筑的游艺用房、剧院建筑的观众厅、体育建筑比赛厅等适合选用暖色调;而病房、阅览室、办公室等,适合选用冷色调。

内部空间色彩一般多遵循上浅下深的原则来处理,自上而下,天花最浅、墙面较深、踢脚和地面最深,这是由于色彩给人的重量感不同,上浅下深给人上轻下重的感觉,符合稳定的审美原则。

从建筑材料的质感来讲,由于室内空间和人的关系更加密切,在视觉和触觉方面,更容易影响人的情绪感受。因此,形成内部空间的墙面、地面、天花,相较于室外材料质地,更加细腻、光滑、松软。尽管室内材料质感偏细腻松软,但每个部位还是有所差异。如天花与人的直接接触很少,易于保持清洁,因此可以选用松软的抹灰粉刷类材料。地面与人接触最频繁且不易清洁,因此可以选用坚硬质地材料,如水磨石、大理石等。某些特殊房间,如比赛厅、舞厅,可选用弹性地面材料,如塑胶或木地板等。

墙面可分为两部分处理。上半部与人接触不到的地方,可选择粉刷类材料,下半部可选择光滑易清洁的坚硬材质,如墙面砖、护墙木板等。某些视听类用房,为保证较好的视听效果,墙面可选择适合声波反射或吸收的材料,如各类吸音板等。

空间内界面的处理任务,就是在满足功能的前提下,巧妙地将不同色彩质感的材料组合在一起,利用各方面的对比与变化,获得良好的效果。如某机场候机厅,利用大理石、水磨石、木材、金属、塑料板、墙纸、地毯多种材料搭配组合,不仅满足舒适的候机功能,也形成丰富的视觉体验(图3-75)。

图3-75彩图

冷(暖)色调应适用于空间的功能属性

在空间界面色彩调和关系中,只有调和没有对比让人感觉平淡而无生气,但过分强调对比则容易破坏统一感

金属扣板　涂料　墙纸(布)

天花

墙面

木贴面　内墙面砖　内墙涂料

地面

木地板　大理石(水磨石)　瓷砖　弹性地面

图3-75　建筑空间界面色彩与质感的处理

3.4.3　空间围合与穿插

在多空间并存的情况下,空间与空间之间的关系可以存在多种形式,如空间的"围合"与"通透",多空间之间的"穿插"与"贯通",等等。有了这些处理手法,可以更加方便地研究空间组合中所涉及的各种问题,有利于创造出更加丰富有趣的空间。

1.空间的围合与通透

围合与通透是处理两个或多个相邻空间关系的常用手法,围与透是相对的。一个房间,如果四面墙壁,会给人沉闷、封闭的感觉;反之,如果四面临空,则给人开敞、明快之感。因此,空间的围与透,会影响人们对空间的感受和情绪(图3-76)。

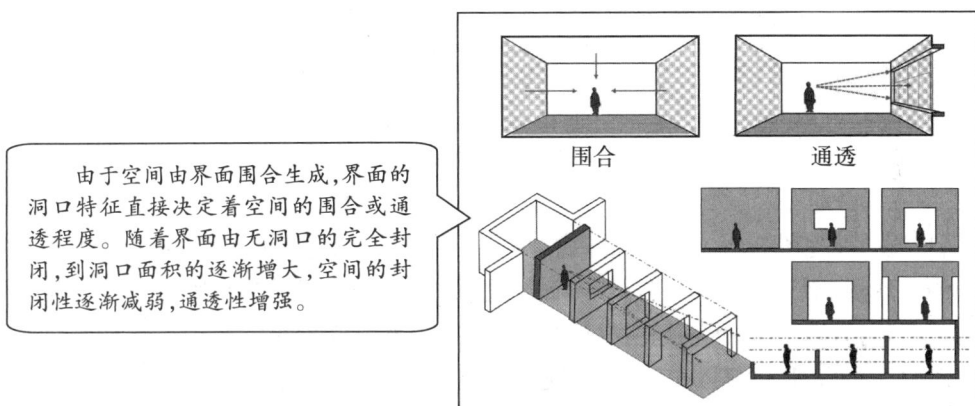

由于空间由界面围合生成,界面的洞口特征直接决定着空间的围合或通透程度。随着界面由无洞口的完全封闭,到洞口面积的逐渐增大,空间的封闭性逐渐减弱,通透性增强。

图3-76　空间的围合与通透

在建筑空间中,围与透是相辅相成、相对出现的,应妥善处理好围与透的关系,创造出围中有透、透中有围的丰富空间层次。如图3-77所示,相邻两空间之间的连接分隔关系,表现为不同程度的围合与通透。随着空间连接分隔构件由实变虚,两空间通透感增强,封闭感减弱。

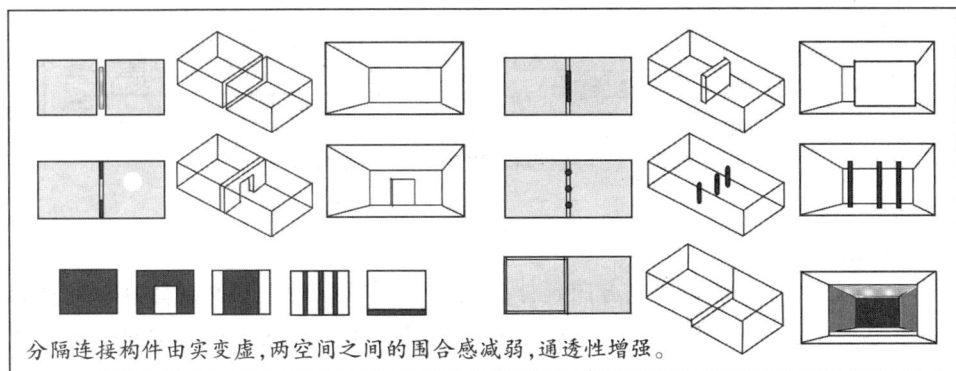

分隔连接构件由实变虚,两空间之间的围合感减弱,通透性增强。

图3-77　相邻空间的围合与通透

空间关系中围与透不同程度的处理,为建筑空间艺术的表现提供了广阔的天地。如威尼斯圣马可广场建筑群,广场四周以拱券为母题的墙面富有极强的韵律感和连续感,围合出曲尺形的广场空间,广场转折处的钟塔以高耸的体量强化出这一空间;而面对海岸的广场一端,以两根石柱划分出广场边界,并朝向大海完全开放(图3-78)。

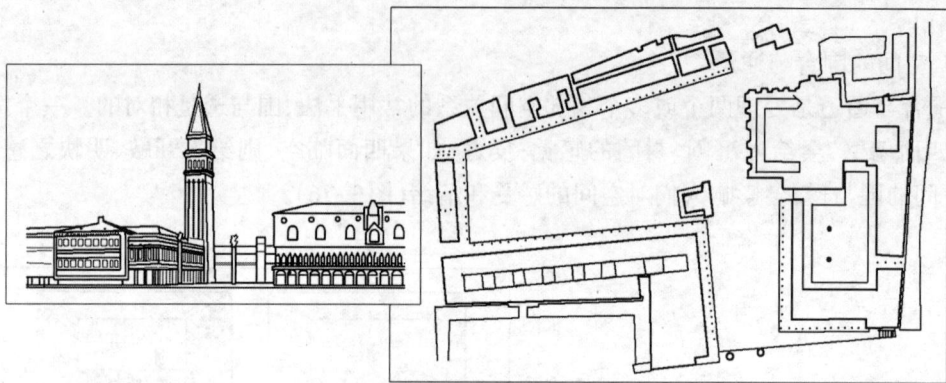

图3-78 威尼斯圣马可广场

围与透的处理还与朝向和周围环境有关。凡是对着朝向好的一面,或者环境优美的一面,应当争取透;而对着朝向不好的一面,或者景观环境不好的一面,则应当使之围。本着"趋利避害"的原则,可以将空间围与透关系处理得巧妙。某公园茶室营业部分两面围两面透,朝南的一面临湖,自然风景优美,最透;朝北的一面对着庭院,也透,但稍次于南面(图3-79)。

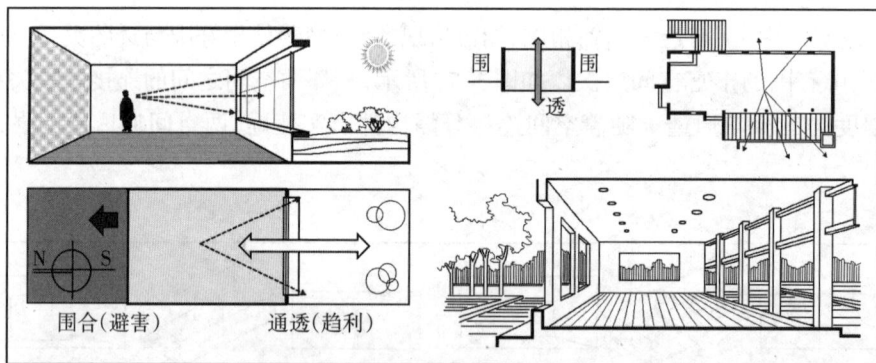

图3-79 环境与朝向对空间围与透的影响

2.空间的穿插与贯通

空间的穿插指界面沿某水平方向延伸、生长,由此可以为空间的划分带来更多的灵活性,使得被划分的各局部空间具有多种强弱程度不同的联系,从而增加空间的层次感和流动感。

空间穿插中的交接部分,可因处理手法的不同,产生不同的效果(图3-80、图3-81)。图

3-80所示是两个空间相互穿插后所呈现的三种状态：①两个空间共同拥有重叠部分空间；②一个空间被另一个空间所减缺；③产生出第三个独立的空间。

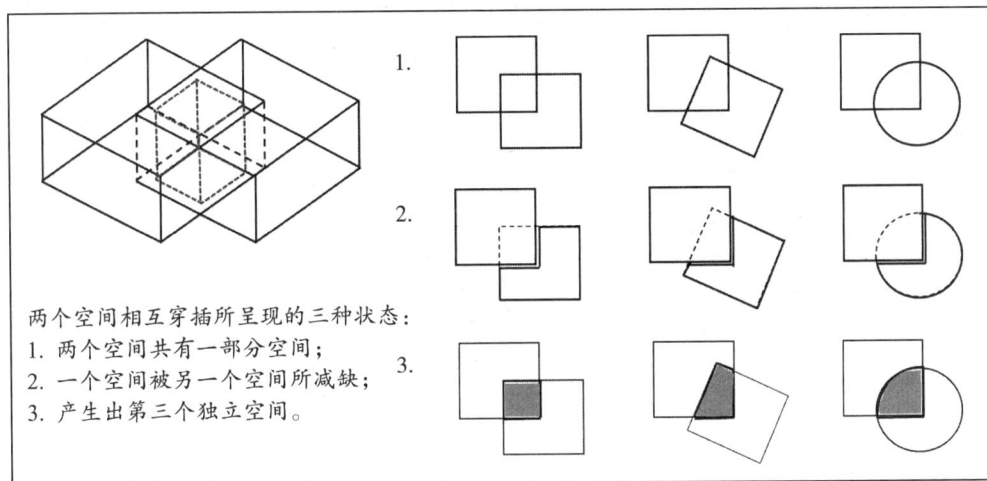

两个空间相互穿插所呈现的三种状态：
1. 两个空间共有一部分空间；
2. 一个空间被另一个空间所减缺；
3. 产生出第三个独立空间。

图3-80 两空间穿插的交叉部分处理

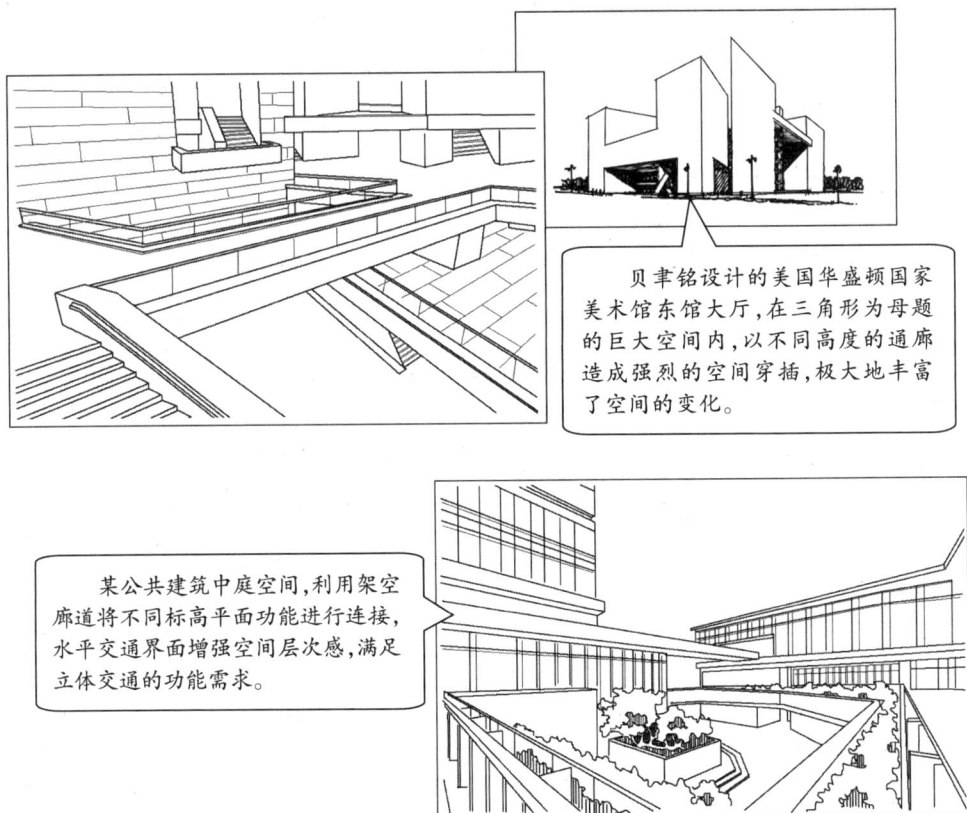

贝聿铭设计的美国华盛顿国家美术馆东馆大厅，在三角形为母题的巨大空间内，以不同高度的通廊造成强烈的空间穿插，极大地丰富了空间的变化。

某公共建筑中庭空间，利用架空廊道将不同标高平面功能进行连接，水平交通界面增强空间层次感，满足立体交通的功能需求。

图3-81 两空间穿插关系实例

空间的贯通是指根据建筑功能和审美的需要,对空间在垂直方向所做的连通性处理。其与空间穿插的区别表现为空间延伸的方向不同,空间穿插以水平向为主,而空间贯通跨越不同楼层,表现为竖向空间关系(图3-82)。

某饭店餐饮街,利用斜坡形玻璃顶、垂直玻璃幕墙以及水平向挑台,形成一个上下贯通的流动空间,列柱与挑台相互穿插,空间丰富而灵动。

图3-82 空间贯通

现代建筑技术的进步为大型建筑空间在垂直方向的处理提供了充分的方式及手段。如大跨度结构体系、新型轻质高强的建筑材料、先进的垂直交通设备等,都成为空间贯通实现的必要条件。空间的上与下多层次的融合与贯通已经成为建筑师处理综合性建筑空间的一项重要方法(图3-83)。

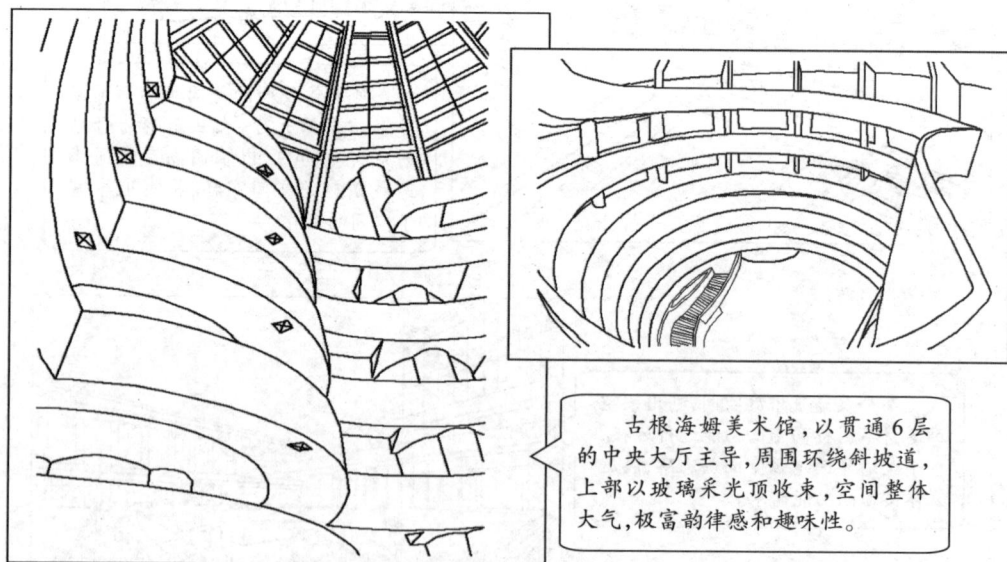

古根海姆美术馆,以贯通6层的中央大厅主导,周围环绕斜坡道,上部以玻璃采光顶收束,空间整体大气,极富韵律感和趣味性。

图3-83 古根海姆美术馆的空间贯通

现代建筑内部空间组合处理,往往是空间穿插和空间贯通综合协调的结果。水平向的空间穿插,空间随着人的行为流线不断展开,空间尺度变化以水平向为主;而空间贯通的尺度变化发生在垂直向,并且这种尺度变化的发生往往是突然的、出其不意的。只有这种空间在大小、方向、开敞与封闭等方面的强烈对比,才会创造出丰富而生动的空间效果。

3.4.4　空间导向与序列

空间限定、空间围合与穿插等手法,涉及的空间范围有限,仅是两相邻空间,或几个空间关系的处理,就整个建筑来说,依然属于局部问题。建筑需要一种统摄全局的空间处理手法,即"空间的导向与序列",以实现完整统一的空间组合效果。

1.空间导向

空间导向是指在建筑设计中通过暗示、引导、夸张等建筑处理手法,把人流引向某一方向或某一空间,从而保证人在建筑中的有序活动。墙、列柱、门洞、楼梯、台阶、坡道等建筑构件,都可以作为空间导向的手段。比如外露的楼梯、台阶、坡道等很容易暗示竖向空间的存在,引导出竖向流线;狭长的交通空间能吸引人流前行;空间之间适时增开门窗洞口能暗示空间的存在等等(图3-84)。

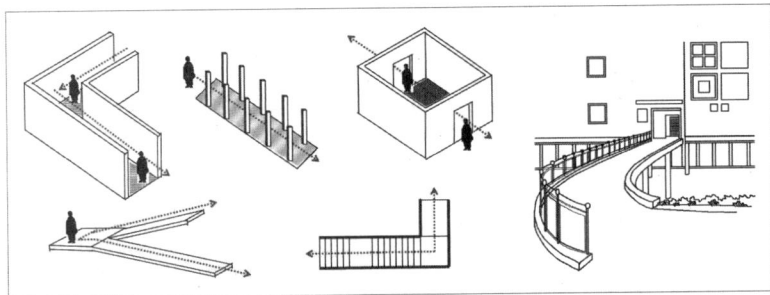

图3-84　可形成空间导向的建筑构件

导向处理是人们在一系列建筑语言的启发引导下,产生出与建筑空间环境的共鸣,将空间活动与建筑艺术有机地结合起来。赖特设计的流水别墅,由于入口位于建筑主体背后,建筑师运用了一系列的空间处理来加强对入口的导向(图3-85)。

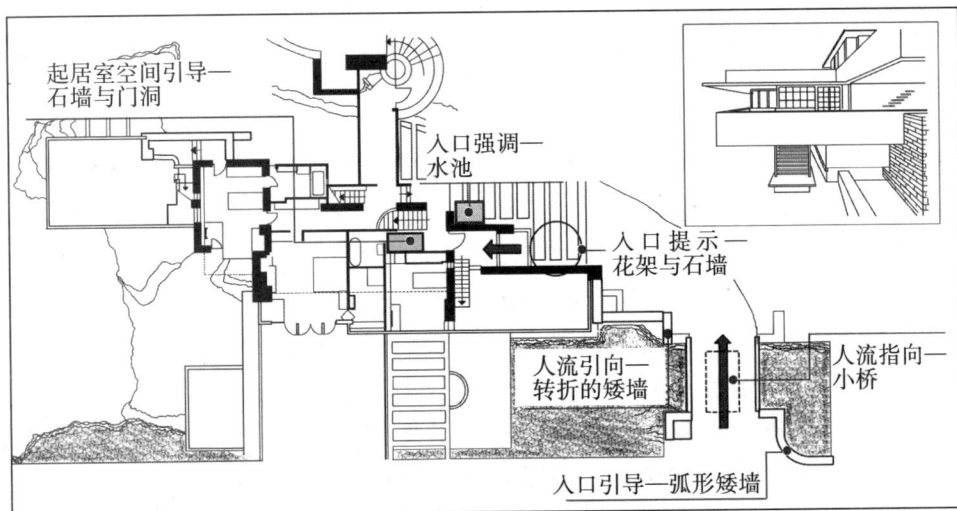

图3-85　流水别墅空间导向设计

2.空间序列

空间序列是指空间的先后顺序,是设计师按建筑功能关系给予合理组织的空间组合。各个空间之间有着顺序、流线和方向的联系(图3-86)。

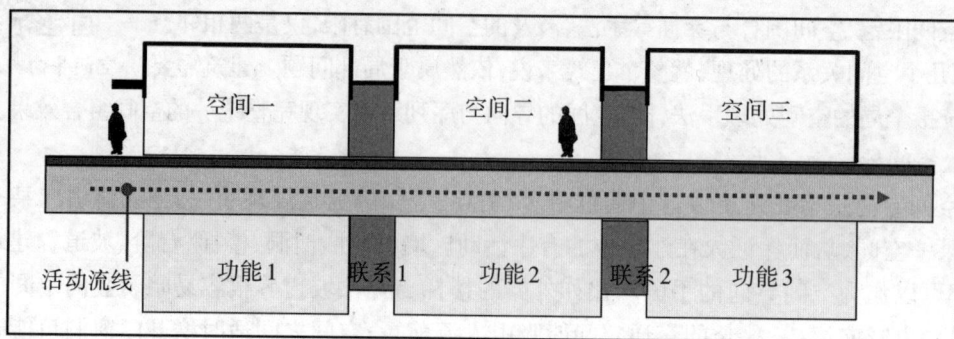

图3-86 空间序列组织关系

对于某些具有复杂空间关系的建筑或建筑群而言,序列是建立空间秩序的一项重要手段。当人们在具有三维空间的建筑环境中活动时,随着时间的推移,人们获得的是一种连续而又不断变化的视觉和心理体验,如北京故宫的序列空间组织(图3-87)。

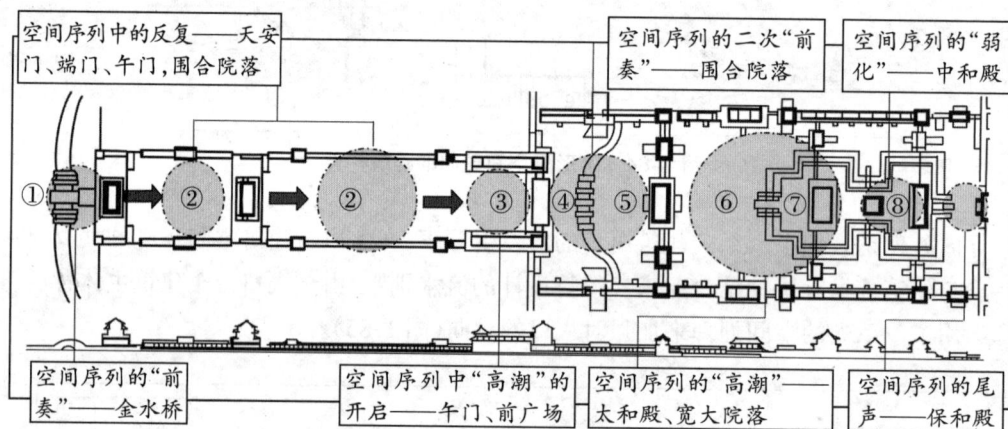

图3-87 北京故宫的序列空间组织

建筑艺术也是一种组织空间的艺术。若干个空间组织在一起,只有在运动中,即从一个空间走向另一个空间时,才能逐一看到相互联系的各个空间。于是就产生一个问题:怎样去组织空间序列才能在连续运动的过程中有计划地感受到空间的变化、起伏和节奏?空间序列的组织关系到建筑整体布局,它应当在保证功能联系合理、顺应主要人流规律的基础上,综合运用空间的对比、重复、过渡、渗透与引导等多种手法来建立。

(1)空间的对比与变化

在空间组织时,有意识地将大小、高低、形状以及开敞与封闭差别显著的空间连接在一起,凭借空间在以上方面的强烈对比,获得某种效果(图3-88、图3-89)。

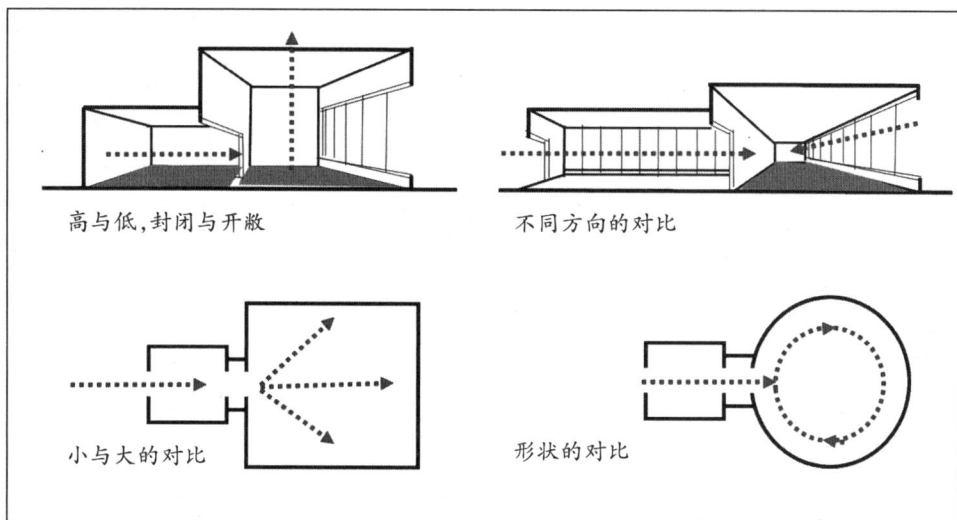

高与低,封闭与开敞

不同方向的对比

小与大的对比

形状的对比

图3-88 空间的对比与变化

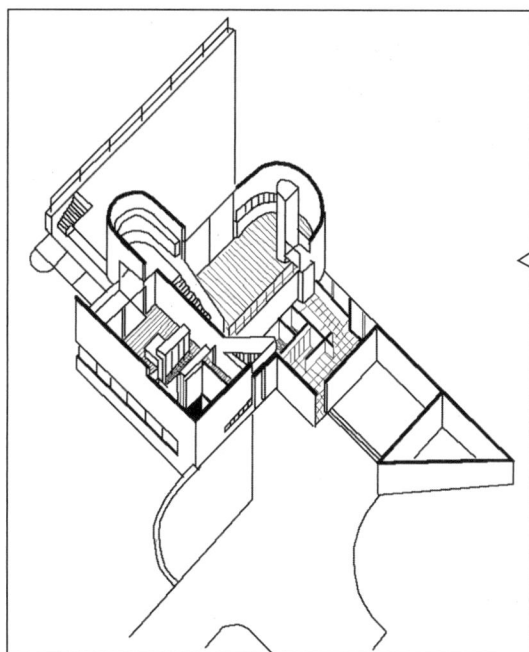

葛伯格住宅中,设计师利用不同体块的穿插处理,将三角形、矩形、半圆形等不同形态统一到空间中,形成虚与实、曲与直等不同的对比效果。

图3-89 葛伯格住宅中的空间形态对比

(2)空间的重复与再现

重复的艺术表现手法是与对比相对的。某种相同形式的空间在特定条件下,重复连续出现,形成具有韵律感与节奏感的视觉效果。但运用过多,容易产生单调感和审美疲劳。空间再现指相同形式的空间分散于建筑不同部位,不一定为连续重复出现,空间再现起到强调和突出相类似空间形态的作用(图3-90、图3-91)。

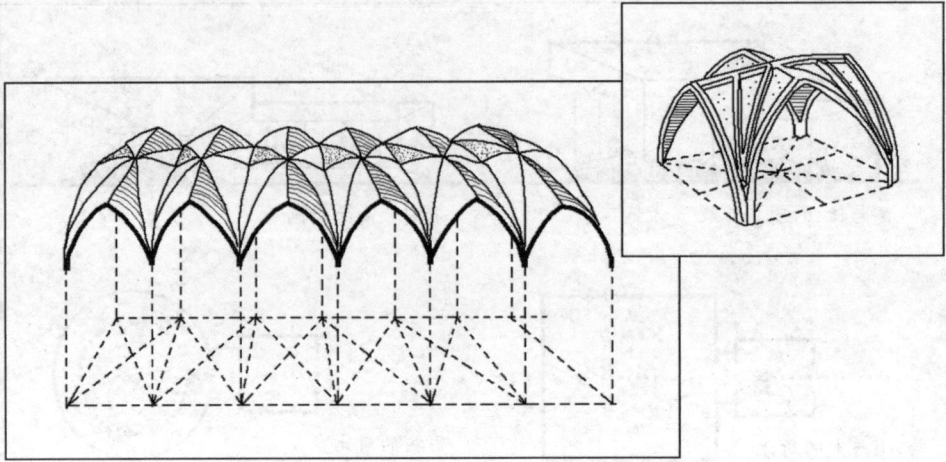

图3-90　连续重复的十字拱结构

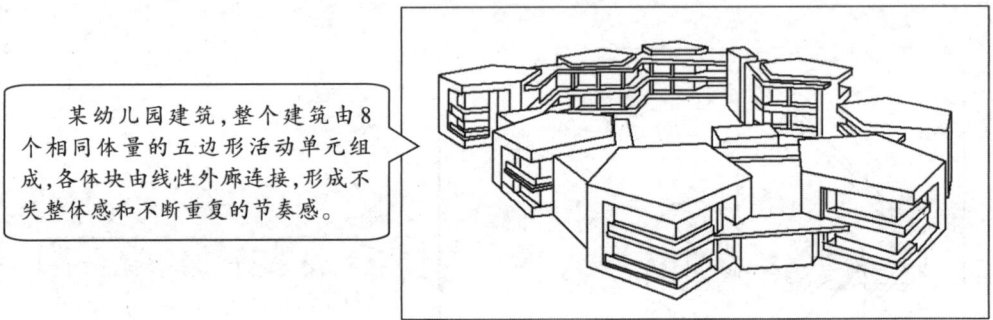

某幼儿园建筑,整个建筑由8个相同体量的五边形活动单元组成,各体块由线性外廊连接,形成不失整体感和不断重复的节奏感。

图3-91　幼儿园设计方案中的重复与再现

（3）空间的衔接与过渡

连接两个较大空间体量的空间部分,这个空间起到过渡和衔接的作用,它不具备实际的使用功能要求,通常体量较小,借此来衬托主要功能空间（图3-92、图3-93）。

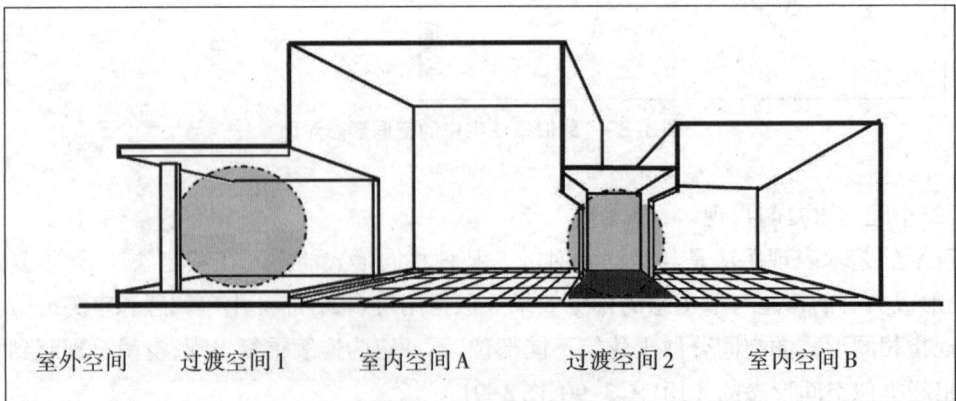

室外空间　　　过渡空间1　　　室内空间A　　　过渡空间2　　　室内空间B

图3-92　空间的衔接与过渡

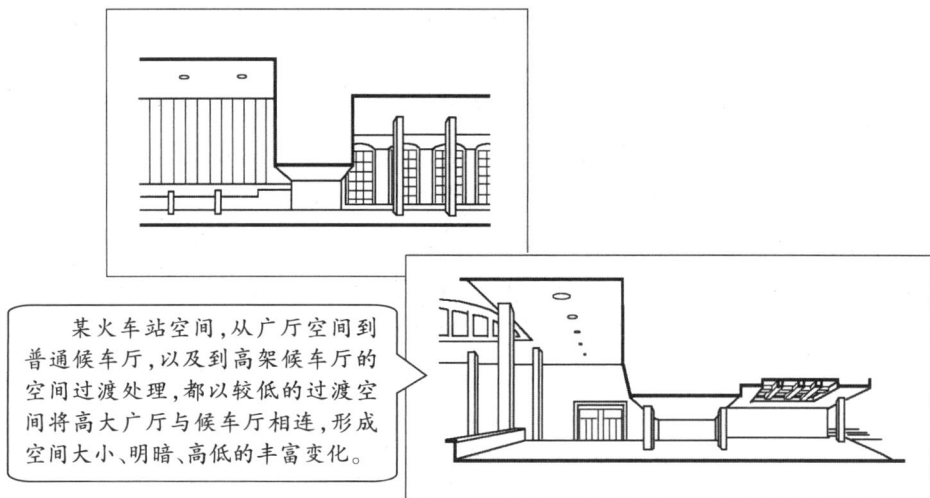

某火车站空间,从广厅空间到普通候车厅,以及到高架候车厅的空间过渡处理,都以较低的过渡空间将高大广厅与候车厅相连,形成空间大小、明暗、高低的丰富变化。

图3-93　火车站建筑各空间的衔接和过渡

(4)空间的渗透与层次

在分隔空间时有意识地使被分隔空间保持某种程度的连通,使不同空间彼此渗透、相互因借,从而大大增强空间的层次感(图3-94、图3-95)。

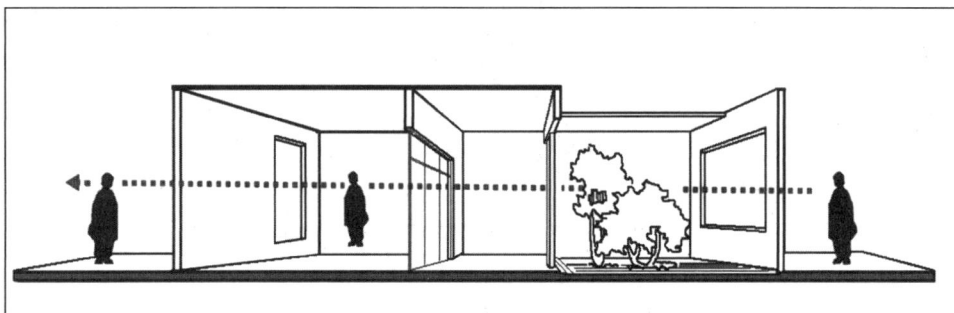

图3-94　空间的渗透和层次

某住宅以灵活不连续的墙面,及大面积玻璃隔断,实现了空间的渗透,使视线穿越不同空间,增强了空间的层次感。

图3-95　住宅空间的渗透和层次

以上几种空间处理手法,是实现空间序列组织的基本方法,现以具体建筑设计的空间关系组织,进行空间序列分析。

亚特兰大高级美术馆的空间序列具有戏剧性,从室外一座通向2层平台的引桥开始,引桥上的构架象征着博物馆的大门,观众到达2层后,转身进入形状自由的小门厅,经过门厅狭窄的通道,空间豁然开朗,来到博物馆的核心空间——一个4层高的1/4圆柱体中庭,观众沿着中庭圆弧处的坡道而上,从环绕中庭的过道进入周围的放行展室。参观结束后,乘梯而下,从门厅出口离开。这个空间序列的设计,起始有趣味,空间有收放,形状有变化,组织有高潮,让观众的参观产生了有趣的空间体验(图3-96)。

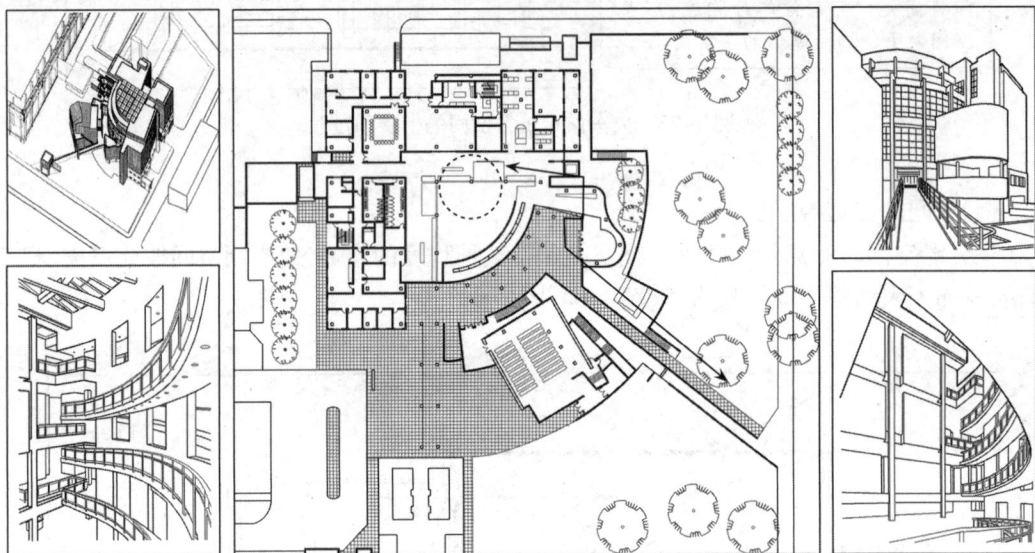

图3-96 亚特兰大高级美术馆的空间序列

中国美术馆的功能要求较为灵活,采取对称的空间布局形式(图3-97)。沿主轴依次排列的空间着重采用对比的手法以求得变化,两侧空间采用重复手法强调主轴关系。沿各主要流线依次排列的空间有大有小,有高有低,有的开敞有的封闭,加之形状和明暗的变化,具有鲜明的节奏感。

沿主轴线空间序列的组织为:自室外空间进入门廊意味着空间序列的开始。门廊起着室内外空间过渡的作用。由门廊至前厅空间处于收束状态,至广厅则豁然开朗,从而形成高潮。由广厅至展厅空间再度收束,而由展厅至圆厅则再次形成高潮。环绕着圆厅的环形展廊则相当于尾声。

沿副轴线排列的空间既有变化又有重复与再现,展厅、过厅、侧厅各重现一次,由广厅至展厅经历收束、开放到再次收束后转至侧厅,突现开朗,最后行至展厅整个序列结束。

该空间序列特点为主轴方向强调空间的对比与变化,副轴方向强调空间的重复与再现,两条轴线结合,形成有主有从、层次丰富的空间序列。

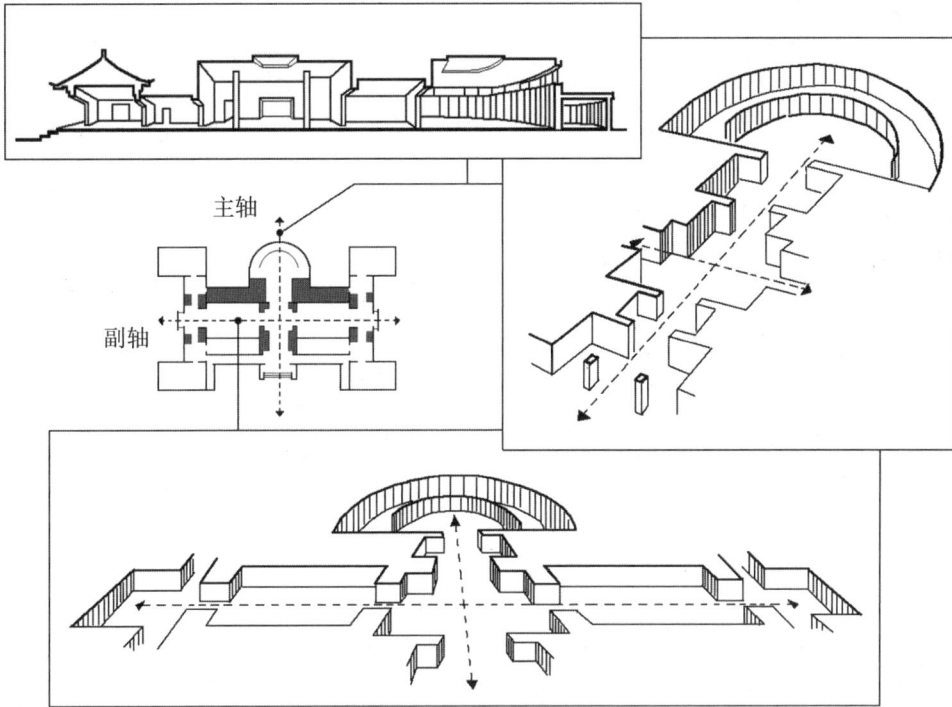

图 3-97　中国美术馆的空间序列

本章任务模块

"空间功能与尺度"任务模块包括"空间行为与尺度调研""展厅空间设计"以及"学习小屋空间设计"三个具体任务。

☞ **任务一:空间行为与尺度调研**

作业目的:

熟悉在既定单一建筑空间中,人的基本行为与活动特征,掌握与之相应的人体尺度的相关数据,建立根据人体尺度感知并设计空间的概念。

作业要求:

调研并完成测绘数据收集。

作业内容:

1. 人体尺度数据:自己的身高、肩宽、举手高、视高、一步长、双臂展长等;
2. 空间内家具:家庭卫生间(各种卫生间洁具尺寸及间距、层高);
   　　　　　　　家庭厨房(各种厨具尺寸及间距,层高);
3. 房间尺度:宿舍家具(绘出平面图,标出尺寸和间距);
4. 建筑构件:楼梯踏板、踢板、栏杆高度、室外台阶尺寸等。

作业形式:

1. A3绘图纸2~3张;
2. 以图像和数据表达为主,附以简单文字说明。

完成时间:课后一周内。

☞ **任务二:展厅空间设计**

教学目的:

以展厅功能为载体,结合行为、流线、尺度等设计因素,运用多种空间处理手法,实现空间序列的组织与空间形态划分。

任务要求:

1. 在7.8m×15.6m×8m的空间内,用楼板、隔墙、梁架、柱等构件布置展览大厅;
2. 突出展览空间的流动性与空间的穿插感。

作业形式:

1. 卡板草模(1:50);
2. 绘制设计方案定稿图(A2墨线尺规绘图)。

完成时间:

1. 设计构思与深化:1.5周;
2. 模型与图纸:0.5周。

☞ **任务三:学习小屋空间设计**

教学目的:

对三维空间的认知与人体尺度拓展运用,掌握单一空间设计与空间界面处理的方法。

任务要求:

1. 在一个长宽高分别为2m的空间内设计一个学习小屋;

2. 学习小屋设计需同时满足以下三种因素:

(1)动作:立,躺,坐;

(2)情景:交谈,聚会,独处;

(3)人数:1个人,2个人,3~4个人。

作业形式:

1. 小组合作(4~5人);

2. 绘制设计方案定稿图(2张A2图,墨线尺规绘图);

3.卡板草模(1:5)。

完成时间:

1. 设计构思与深化:2.5周;

2. 模型与图纸:0.5周。

第4章 建筑技术

建筑是人类物质性的创造活动,也是精神性的艺术创造活动,同时,更是理性的、科学严谨的建筑技术应用活动。建筑技术是指建筑用什么建造、如何建造以及怎样建造的过程,是建筑的实现过程和手段,建筑技术包括建筑材料、建筑结构、建筑构造以及建筑施工等方面。

4.1 空间与结构

由第3章的内容我们知道,建筑空间是人们凭借一定的物质材料从自然空间中围隔出来的,供人们生产、生活的各种行为活动的人造空间。而结构形式则是为达到特定的建筑空间而提供的一种技术手段,即结构是空间的骨架,是支撑,是建筑空间形成的必要条件(图4-1、图4-2)。同时,新颖美观的结构形式又可以激发空间的创作灵感,为丰富的空间形式提供更多的可能性。

空间与结构

任何一种结构形式都不是凭空出现的,它都是为了适应一定的空间功能要求而被人们创造出来的。只有空间功能的需求,它才有存在的价值,随着空间功能的发展变化,它自身也不断地趋于成熟,从而更好地适应空间的要求。

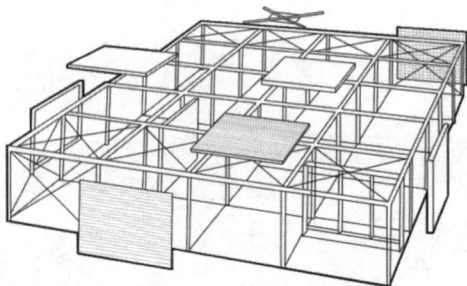

图4-1 工业化装配式建筑结构支撑骨架

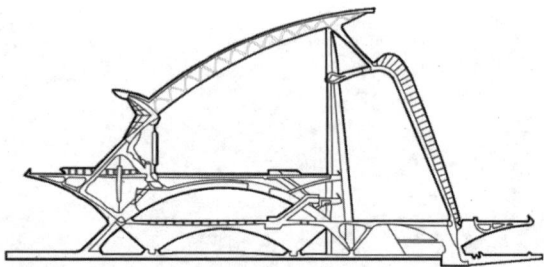

图4-2 西班牙巴伦西亚科学城结构支撑骨架

4.1.1 建筑结构概述

建筑结构是建筑空间的骨架,它为建筑空间的产生创造了可能和条件。建筑结构要承受建筑空间内外的全部荷载及抵抗由自然现象可能对建筑引起的破坏,其坚固程度取决于建筑结构的选材和结构体系,它直接影响着建筑空间的使用安全和使用年限(表4-1)。

表4-1　建筑结构使用年限分类

等级	建筑物的性质	耐久年限
一级	适用于重要的建筑和高层建筑	100年以上
二级	适应于一般性建筑	50~100年以上
三级	适用于次要建筑	25~50年以上
四级	适用于临时性建筑	15以下

建筑无时无刻不受到诸多外力的作用,如屋面雨雪的压力、外墙迎风面的侧推力、地震波的震动力等。除此之外,建筑也要克服自身重量,以及各层楼板、人、家具、器械等的重量。因此,作为建筑空间支撑系统的结构,要适应这些外力所带来的拉、压、弯、扭、剪的变形要求(图4-3)。如柱子应满足一定的抗压要求,梁应满足抗弯要求。如果受力后的建筑构件形变超过了构件本身所能承受的极限,它的形状、尺寸和材料性质就会发生变化,结构构件发生破坏,建筑的安全性则会受到威胁。

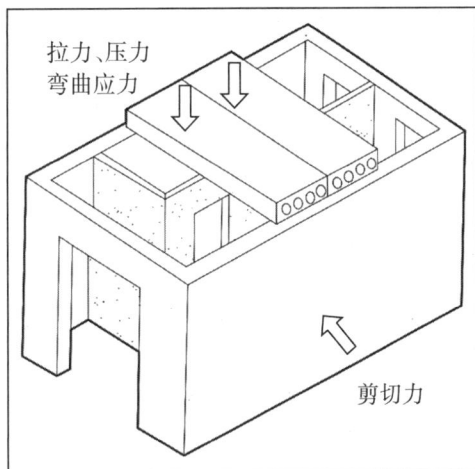

图4-3　建筑空间受外力示意图

用于结构体的材料性能决定着结构的强度和形态,结构形态又影响结构自身特性、建筑物的空间构成、美观及最优化等因素。所选择的结构材料不同,结构体的力学性能差异显著。如木材具有良好的韧性与弹性,砖石材料具有优良的抗压性能,钢材的抗拉性能极好,因此,结构的选择要统筹考虑力学、材料、施工技术和建筑空间要求等,合理利用不同材料构件组合成不同的结构形式,使空间结构体系变得更加稳定与坚固。

4.1.2　建筑结构的产生与发展

人类采用的最早结构形式是梁板结构、拱券结构,当时,因受到建筑材料和施工水平的限制,建筑的跨度、高度都有限,建筑空间形式单一而封闭。随着人类生产力的不断进步和发展,尤其是近代钢筋混凝土结构的广泛应用,建筑空间不论是外部形式还是内部空间容量,都能更加满足人们对于空间的多样化需求。随着现代科学技术的发展进步,建筑结构无论在建筑的跨度还是高度上,都有前所未有的突破和发展。

结构形式的分类可以有许多种不同的方法,但就与建筑的关系而言则可以分为三种大的结构体系:①以墙或柱承重的梁板结构;②框架结构;③大跨度结构。以下分别就各种结构体系的变化发展过程及特点进行讲述。

1.以墙和柱承重的梁板结构

(1)结构特点

这种结构的最大特点是墙体既用来围护、分隔空间,又用来承担梁板所传递的荷重,从而将受到结构的限制和约束,如图4-4所示。

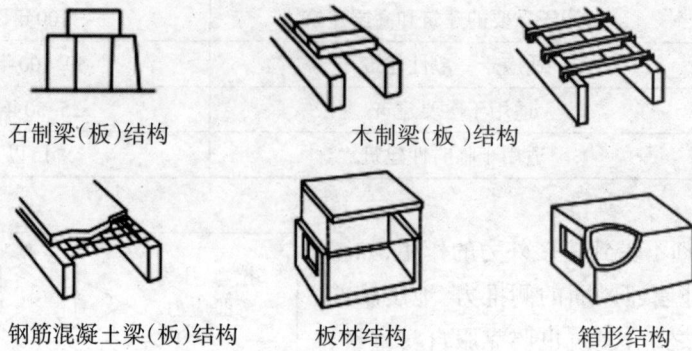

石制梁(板)结构　　　　木制梁(板)结构

钢筋混凝土梁(板)结构　　板材结构　　　箱形结构

图4-4　梁板结构形式

（2）发展过程

古埃及、古西亚建筑广泛采用石制梁板结构,是最早的梁板结构体系。古希腊神庙建筑中出现的大量木制梁板结构。由于无论是木制或石制梁,都不可能跨越较大的空间,且石梁自重很大,因而支撑它的墙或柱,就必然要受到严格的限制,使得当时的建筑不可能具有较大的或开阔的室内空间。如古希腊罗马的神庙建筑,内部空间大多柱子林立,神秘压抑。在对构件力学性能研究中,梁和板均属于受弯构件,由于木材的抗弯性能优于石材,古今中外许多建筑都是用木材来做梁和板的,如图4-5所示。

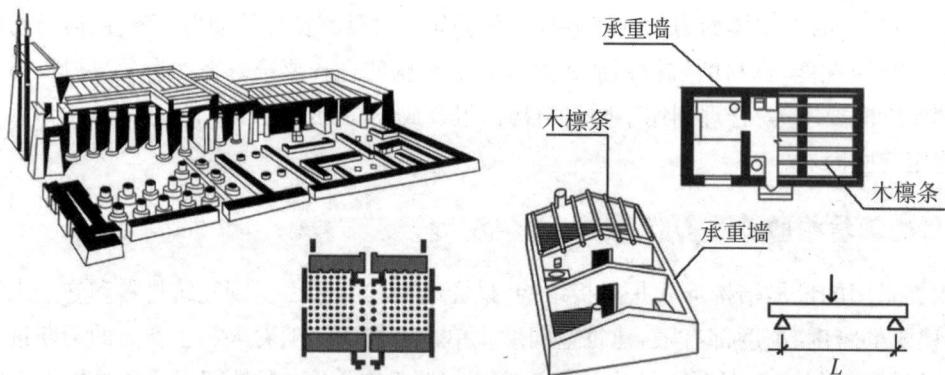

承重墙

木檩条

木檩条

承重墙

L

图4-5　古代欧洲石梁柱结构与中国木梁板结构

近、现代建筑中的钢筋混凝土或钢梁板结构,充分发挥混凝土的抗压和钢的抗拉性能,由这两者组合而成的梁是一种理想的受弯构件。因而,预制板结构、大型板材结构以及箱形结构（图4-6）,都曾以能提高施工效率而广泛出现在实际工程中。如蒙特利尔世博会住宅,由354个盒体组

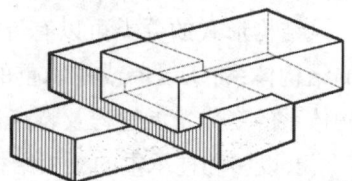

图4-6　箱形结构示意图

成,无论从内部空间或外部形体上,都表现得十分巧妙,如图4-7所示。

以墙承重的梁板结构体系,是一种传统的结构形式,但目前还未被完全替代,应当指出这种结构形式存在着许多缺点:它不利于机械化的快速施工,自重大,浪费材料、人力和运输;对于空间设计来说局限性很多,如多层砖混结构住宅(图4-8),墙既是围护结构,又是承重结构,因此,不能获得较大、开敞的室内空间,开间尺寸整齐划一,门窗洞口的开启可严格受到限制。

图4-7 蒙特利尔世博会住宅

图4-8 砖混结构住宅

2.框架结构

(1)结构特点

框架结构把承重结构和围护结构分开,选择强度高的材料作为承重骨架,然后再覆以围护结构,墙的设置更加自由灵活。

(2)发展过程

古代美洲印第安人居住的帐篷和中国古代原始社会"穴居"是最早框架结构的雏形,它们都是以树枝和树干为支撑骨架,并以树皮、树叶覆盖在"骨架"之上,形成具有遮挡风雨、防虫防兽的遮蔽空间。我国古代建筑所采用的木构架结构,具有悠久的历史和传统。"墙倒屋不塌"这句谚语生动地说明了这种结构的原则:由梁、柱组合而成的木构架作为承重结构,与围护结构是完全分开的(图4-9)。承重的构架仅仅通过立柱把屋顶荷重传递到地面,而围护结构如墙、隔扇等与构架完全分离。

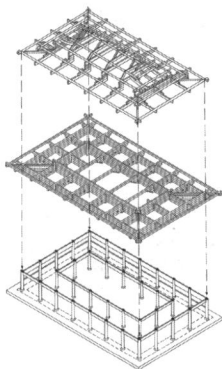

图4-9 中国古代木构架结构

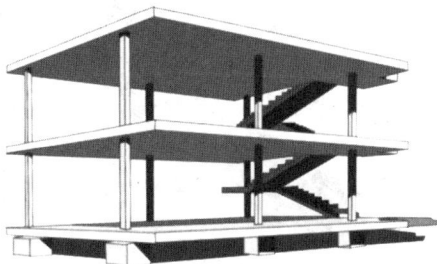

图4-10 多米诺住宅结构

现代著名建筑师柯布西耶设计的多米诺住宅(图4-10),以钢筋混凝土材料,出色地表现出这种结构所具有的连续性优势,双向跨薄楼板被直接支撑在柱网上,楼梯在两个主方向上提供结构支撑。

柯布西耶归纳的"新建筑五点",也产生于框架结构这一优良的结构体系,他的经典设计作品"萨伏伊别墅"(图4-11),则是该现代建筑理论的全面阐述:①自由平面;②自由立面;③横向长窗;④底层架空;⑤屋顶花园。整个建筑自由通透,内外空间交融渗透,从而使建筑物完全融合在大自然的环境中。自此,柯布西耶提出了建立在钢筋混凝土框架结构基础上的"自由平面"的基本概念,并由此认识到"框架结构"与"开放空间"之间的天然联系。

框架结构同样为"开放空间"与"流动空间"理论提供了技术支撑。承重墙体被聚集为承重柱,

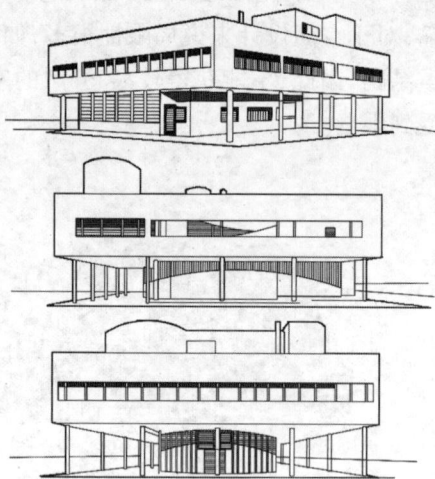

图4-11　萨伏伊别墅

室内外空间界面被打开,空间的划分变得不再刻意,声音、空气及视线在空间中"随意"穿行,人的行为变得更加开放与流动。与此同时,框架结构建筑的围护结构形式也因此有了更多的可能性。

密斯在1929年设计的巴塞罗那博览会德国馆[图4-12(a)、(b)],空间中十字形钢柱支撑屋顶与楼板的重量,墙体已完全失去了承重功能,由玻璃和价格昂贵的天然石材制成,划分空间的屏障与给予自由平面一定秩序感的钢框架结构结合在一起,具有开放重复的秩序感的框架结构,使平面获得自由,并具有流动性和空间丰富的表达性。

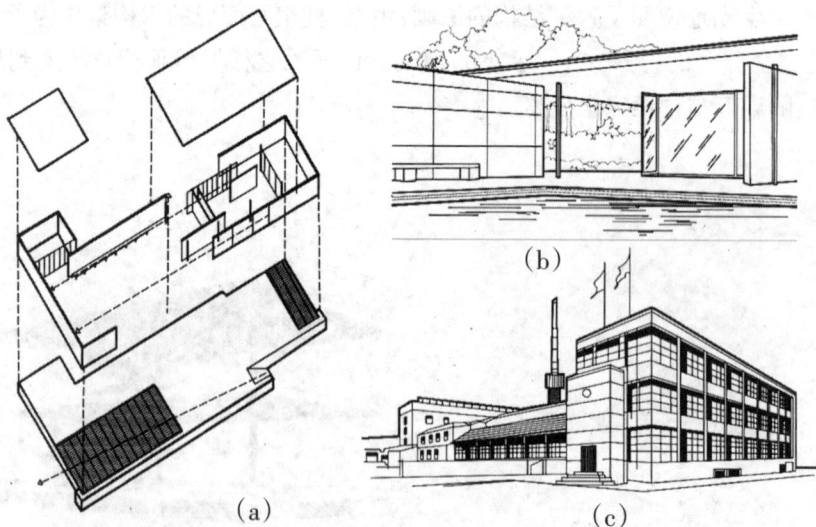

(a)

(b)

(c)

图4-12　巴塞罗那博览会德国馆与法古斯工厂

格罗皮乌斯于1911年设计的法古斯工厂采用钢框架结构体系[图4-12(c)],这座长矩形的三层建筑,缩减成狭长钢带的支柱形成外部结构分明的框架,框架柱间以玻璃和钢材镶板,转角处不设支柱,用悬臂支撑挑出楼板,围以全玻璃外皮,这种处理在20世纪初具有创新性。由于建筑自重与荷载全部传递到钢框架上,大面积的玻璃消解了传统建筑室内外界限,为光线和空气自由穿透建筑外墙提供可能,它营造了轻盈、明净、光亮、冷静与精确的空间形象。

3.大跨度结构

(1)结构特点

大跨度结构可以跨越巨大空间以适应某些特殊的功能要求。这种结构形式从古代的拱券结构发展而来,随着科学技术与建筑材料的发展,出现了多种形式。

(2)发展过程

拱形结构是一种具有悠久历史的结构形式,古代欧洲最早出现的三角拱,将垂直荷载下横梁的弯曲变形转变为斜梁的压应力,发挥石材本身的力学优势,实现比梁柱结构跨越更大的空间。罗马时期筒形拱较之三角拱更加优越,但需要增加结构下部两侧的厚墙,来平衡和承担上部拱的重力和水平推力。交叉拱逐渐摆脱下部厚实墙的限制,将荷载集中于四角,用立柱支承,空间被再一次扩大(图4-13)。

工业时代新材料推动新的结构形式进一步发展,如在砖石和金属材料在空间结构的应用上,建筑师充分了解金属材料特性,赋予材料以符合建造要求的功能与强度,使建筑能够呈现出金属结构独特的美感,如尤金·维奥莱·勒·杜克在他的《建筑学谈话》中设想的音乐厅设计(图4-14)。

图4-13　拱结构的发展

图4-14　尤金音乐厅设想方案

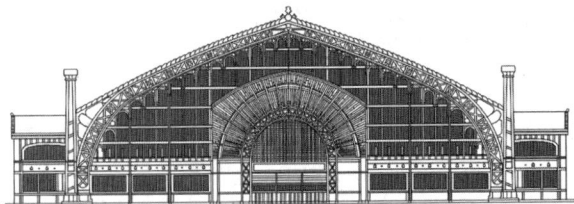

图4-15　巴黎博览会的机械馆

1851年伦敦世界博览会展出的由约瑟夫·帕克斯顿(Joseph Paxton)设计的水晶宫,完全由铁构架与玻璃板装配而成。精确而轻盈的铁构件被重复组合形成空间结构骨架,墙和屋顶均由玻璃填充。水晶宫在形式上，创造简练清晰、开阔明朗的建筑外形与内部空间。

随着熟铁以及其后钢材的普遍应用，这种轻质高强的建筑材料带给了建筑结构全新的形式，实现了建筑空间跨度的飞跃。如由建筑师杜图特（Dutert）和工程师康泰明（Contamin）于1889年设计的巴黎博览会的机械馆（图4-15），大厅长430m，宽120m，顶高45m，其结构由钢制拱形三铰桁架构成，四壁与顶面完全由玻璃覆盖，空间开阔，形象轻巧。

钢筋混凝土良好的材料性能，在大跨度、大空间建筑上表现出色。如用钢筋混凝土制成的拱顶、网状平板、预制折板，以及壳体等结构形式，覆盖大型厅堂空间的建筑形式。

随着混凝土、钢等金属材料的广泛应用，现代大跨度结构形式随之出现，如北京体育学院田径馆（图4-16），全部裸露的抛物线形钢筋混凝土拱形结构，富有和谐的韵律感。钢筋混凝土材料制成的拱，不仅可以大大降低甚至还可以完全消除拱内的弯曲应力，从而使拱只受轴向压力，充分发挥材料的潜力，并可以加大结构的跨度。

图4-16　北京体育学院田径馆拱形结构

北京体育馆比赛厅（图4-17），采用了跨度为50多米的三铰拱形钢桁架结构来覆盖其比赛厅巨大的室内空间，把原来的受弯构件改为受轴向力构件，并利用三角形特有的刚性特点，充分利用材料的力学性能，以跨越大空间，但结构的高度较大。

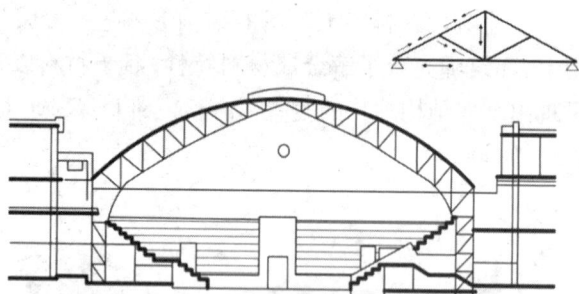

图4-17　北京体育馆比赛厅桁架结构

华盛顿杜勒斯机场候机楼，屋顶采用单向悬索结构，由下部斜置的柱子平衡受力，使空间实现较大跨度的同时，形成独特优美的流线型外观，如图4-18所示。

图4-18　华盛顿杜勒斯机场候机楼悬索结构

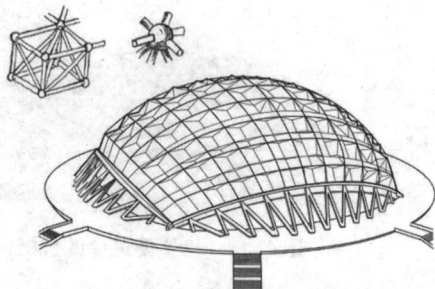

图4-19　墨西哥体育宫网架结构

墨西哥体育宫屋顶采用穹隆形金属空间网架结构（图4-19），覆盖平面直径124m、高39m的巨大空间，起伏转折的屋面在阳光照射下，给建筑增添了丰富的色彩。

从梁板结构、框架结构到大跨度结构，建筑结构体系经历了从简单到复杂的过程，建筑空间随之也更加开敞、灵活，特别是大跨度结构体系的诞生，使前人无法想象的建筑空间得以实现。一些结构体系本身特有的结构美，为建筑造型增添了更多的美感。

4.2 空间与材料

空间与材料

任何一座建筑的建成，都要耗费大量的人力和物力，"大兴土木"毫不夸张地反映了建筑建造过程中对建筑材料的使用及消耗情况。因此，一定数量、质量的建筑材料是建筑由蓝图到现实必不可少的物质条件之一。

4.2.1 建筑材料概述

空间建造的技术和系统是多种多样的，但每一种都是由其使用的材料形成的。与建筑结构相同，建筑材料是实现建筑空间的必要条件。它存在于建筑物的支撑体系和包裹体系中，建筑生成的每一步，都由其使用的材料得以实现。在建筑各组成部分中，使用不同的材料，可以展示出不同的形态和质感。如承重部分使用砖石或混凝土，给人稳定坚固之感；建筑围护结构表皮设计中，玻璃给人轻薄透亮之感，石材砖块给人封闭厚实之感，金属外墙则给人现代科技之感，如图4-20所示。

图4-20彩图

图4-20 不同建筑材料的形态与质感

由于各类建筑材料具有不同的质感、色泽、光学性能等物理特性，热工性能、防水性能也具有较大差异。除此之外，当不同的建筑材料受到拉伸、挤压、弯曲、扭转、剪切等应力时，所表现出的力学性能也各不相同。如钢筋具有较好的抗拉性能，混凝土与砖石则具有较好的抗压性能，玻璃材质较脆，木材耐火性较差，金属材质延展性较好等。因此，建筑师运用不同的材料来表达与建造建筑空间之前，应熟悉各类材料的性能特点（表4-2），合理选用建筑材料应用于不同建筑部位，或对不同建筑材料进行组合应用，如钢筋混凝土材料，就是充分运用钢材优质的抗拉性能和混凝土良好的抗压性能，达到力学性能的完美组合，广泛应用于梁、柱等空间支撑体系中。

表4-2　主要建筑材料的性能特点及用途

材料类型	性能特点	用途与分类
钢材	品质稳定、强度高、塑性和韧性好,可焊接和铆接,能承受冲击和振动等荷载,耐火性差	钢筋混凝土结构用钢、钢结构用钢、建筑装饰用钢
混凝土	易塑性好、耐水性好、抗压强度高、耐久性好,抗拉强度低、延展性差、自重大、体积不稳定	结构混凝土、装饰混凝土、特种混凝土、混凝土制品
砖(砌块)	耐久性好、耐火性好、保温隔热性能好、自重大、抗拉、抗剪、抗弯能力低、抗震性差	普通烧结砖、烧结多孔砖、多孔砌块、烧结空心砖和空心砌块、保温砌块等
石材	天然石材强度高、耐久性好,色泽自然。人造石材轻质高强、耐腐蚀耐污染、施工方便	结构与装饰石材。花岗岩、大理石、砂岩、板石、水磨石、人造合成石
玻璃	透光性好,能调节光线、化学稳定性好、热稳定性差、急冷急热易炸裂、艺术装饰性好	平板玻璃、安全玻璃、特种玻璃、节能装饰型玻璃等
竹木	自重轻、易加工、柔韧性及抗冲击性较好。防火性能差、抗拉强度较好、抗压强度低	结构木材、装饰木材。以板材、方材、薄切片应用于建筑装饰与施工

建筑师对建筑空间的良好构想,除了对建筑材料性能、功能以及局限性充分了解之外,还应熟知建筑空间的建造方法。通过材料在建筑不同位置的合理运用,揭示建筑空间背后的建筑逻辑与理念,并以不同材料满足建筑内外部的多重需求。例如一座建筑用砖来砌筑墙体,以混凝土梁柱支撑屋面,最后以金属瓦覆盖屋面形成防水与饰面层。材料选择突出了砖砌体与金属瓦的性能优势,使材料质地与构造处理真实显露在建筑外观上。因此,在建筑各部位的处理中反映所使用材料的特征,将不同材料组织在一起,并使它们优势互补,和谐共存,实现材料最"真实的"表达,是空间设计与材料选择的基本原则(图4-21、图4-22)。

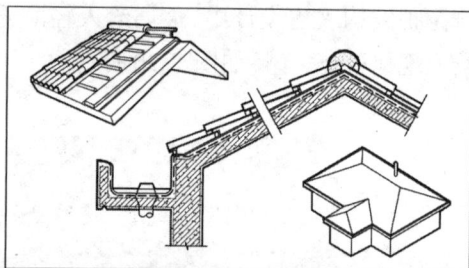

图4-21　不同建筑材料在墙体与屋面上的应用

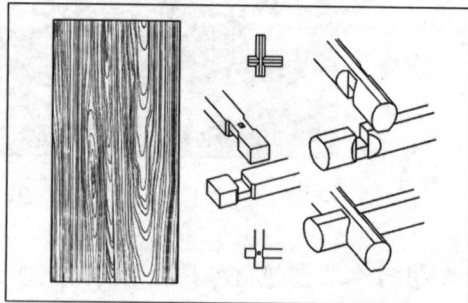

图4-22　木材的纹理与构造

4.2.2　建筑材料的分类与发展

1.木材

木材是应用最广泛且最久远的建筑材料之一,在有文字记载之前,木材就已经被用于建造房屋了,它不仅可用于室内,也可以用于室外。由于木材有着良好的抗压、抗拉性能,因此被作为梁、柱等结构构件用于建筑支撑体系,如果维护良好,其耐久性也可得到保证,也常常被用作外墙等建筑围护结构中。木材作为天然的建筑材料,由于取材、加工方便,容易运输且便于组装,是人类早期建筑采用的主要材料。我国传统的大木作结构体系就取自木材,传承至今。如我国辽代的应县木塔(图4-23),全部由木材建筑完成,除了细腻美观的造型,整个塔的结构优良,经多次地震仍屹立不倒。对木材性能的熟悉,提高了木材在建筑上的利用率,在挪威传统木结构住宅中(图4-24),木料的规格决定了空间的尺度与布局方式,木料的品质决定空间内外部的形象与质感。

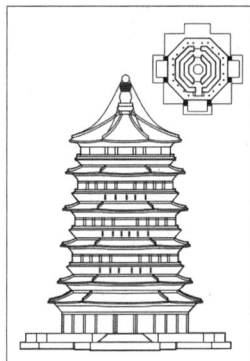

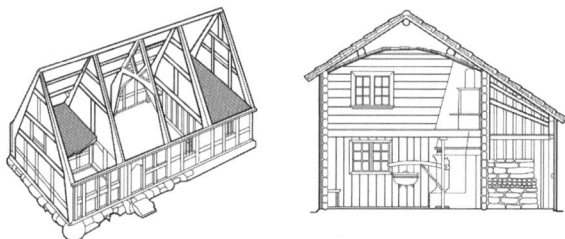

图4-23 应县木塔　　　　图4-24 挪威传统木结构住宅

由于木材取材方便,拥有自然美观的色泽与纹饰,它坚硬、质轻、温暖的质感给人亲切之感,因此常被用于室内装饰用材。除此之外,木材是一种可再生建筑材料,如果控制好其生长周期,可以实现材料的可持续性且更加环保安全。

木材因其尺寸的限制,不能够实现大跨度空间结构。木材常被加工成标准尺寸,与其他预先建造的构件(如门、窗)进行现场组装,如图4-25所示。随着工艺和技术的发展,木材性能不断得到增强。与其他材料进行合成,极大地提高了它的力学性能和防火性能,实现更大跨度和更复杂结构体系的建造。

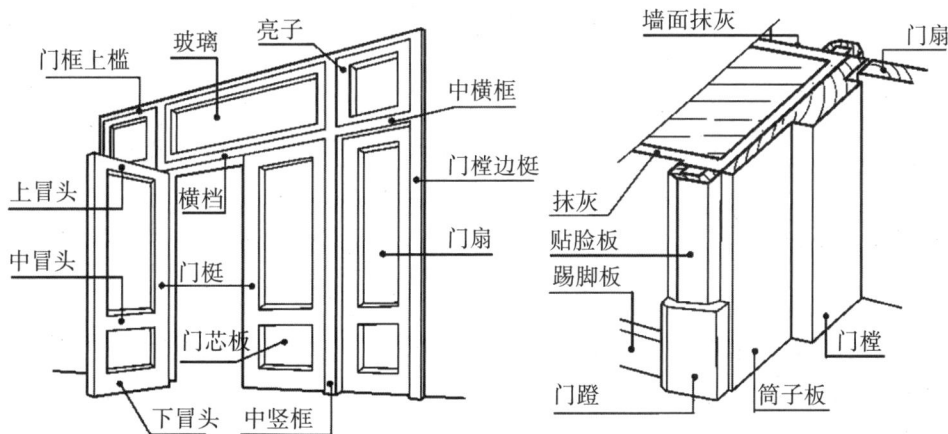

图4-25 木制门窗

木材种类的多样性,决定了木材的质感十分丰富,有的粗犷木纹清晰,有的平滑细腻,其自然的颜色和纹理可做成一系列的饰面材料,可以根据具体需求选用。利用现代工艺如磨砂、抛光、打蜡、上色等,对木材进行加工处理,进一步发掘了木材的美感,扩展了木材装饰应用的多样性。

2000 年汉诺威世界博览会瑞士馆(图4-26左、右上),由云杉和

图4-26 诺威世界博览会瑞士馆和赖特早期美国风住宅内部

冷杉木料砌筑的墙体,既是建筑的支撑结构,也表现出材质和砌筑方式带来的特殊质感。同时,作为短期的展览馆,在展览结束后这些木材仍可以在其他地方继续被使用。

从木材的自然属性角度,木材天然生长形成的美丽的纹理,以及人工使用时的加工工艺,都是在建筑上需要着重加以表现的。赖特曾认为木材是最有人情味的材料,在他的早期美国风住宅中,赖特匠心独运地大量使用木材作为建筑的上部结构,充分表现了木材的构造方式与节点、自然典雅的色彩与纹理,构成了充满独特韵味的内部空间(图4-26右下)。

2.砖石

砖石是典型的来自地表的构造材料。与木材一样,石材也是最古老的建筑材料之一。石材从开采到用于建筑,需要被加工成较为方整的砌块,以便于运输和建造。在空间建造过程中,砖石以堆叠的方式,将较重的砌块放置在较低的层面,较轻的则竖向应用于空间围护结构或屋顶。为便于建造,砖石构造多呈模数化,因此需要用特殊的形式表现出来。例如,在砖墙上开窗洞,则需要能够支撑洞口上的砖砌体。特殊砖石结构(图 4-27),如楔形或圆锥形石材砌筑的拱门,成就了下部完美曲线空间的同时,也实现了上部所需的支

图4-27 砖石材料在建筑中的应用

撑。掌握石材的性能,对利用这种材质实现建筑空间具有重要作用。例如,当石材墙面达到一定高度时,需要额外加支撑,否则它将不稳定。石材源于自然,砌筑尺度近人,易获得亲切感。石材砌筑方式多样(图4-28),不同的堆叠方式和不同颜色的石墙面,形成不同空间界面肌理效果(图4-29)。

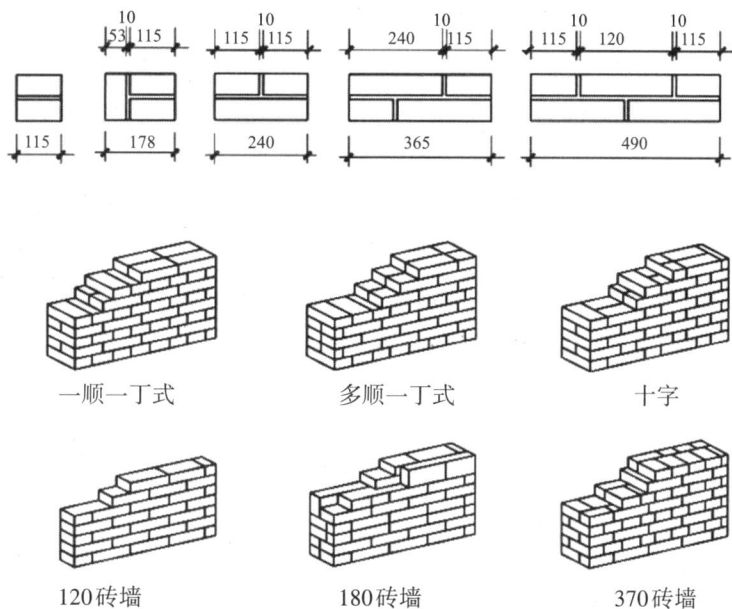

图 4-28 砖石材料的砌筑方式

砖作为一种砌块,与纯天然的石材不同,它是人工制作的建筑材料。砖按照制作工艺分为烧结砖和非烧结砖,烧结砖主要指黏土砖,最早出现在我国春秋时期,曾被大量使用。砖的颜色根据组成材料与加工方式的不同,多分为红砖与青砖两种。由于破坏土地资源,黏土砖现在已经被混凝土砌块所广泛替代,在建筑中已经很少使用。由优质砖经过严格砌筑工艺砌筑的墙体,进行勾缝后,不做任何装饰的清水砖墙,以表现细腻古朴的传统质感,被大量应用于建筑设计中(图 4-30)。

沿街外立面由下至上依次使用了非常粗犷的毛石大石块、平整但有缝隙的石材以及严丝密缝的石材砌筑,充分表现出砖石材料永恒和沉稳的特质。

图 4-29 文艺复兴时期的美第奇府邸

红色砖墙嵌入混凝土框架中,突出不锈钢玻璃窗与砖石表面形成的对比效果,并取得三种质感的平衡统一,古典建筑精神透过现代空间与材质处理展现出来。

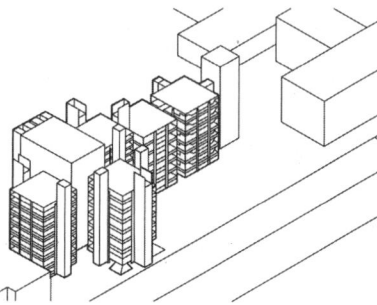

图 4-30 路易斯·康的理查德医学研究中心

3.钢筋混凝土

混凝土是由胶凝材料(水泥)将集料(骨料)胶结成整体的工程复合材料的统称。自古罗马开始,火山灰作为胶凝材料的天然混凝土被用于建筑中,罗马万神庙实现了跨度43.3m的巨大穹顶结构(图4-31)。在建造的过程中,混凝土需借助模板,经过固化后被塑造成各种形状。混凝土的力学性能与石材相似,抗压性能良好,它与具有优良抗拉性能的钢材形成较好的受力互补,形成钢筋混凝土材料(图4-32)。以钢筋"加固"过的混凝土,能够获得更大的强度和稳定性,实现更大空间的结构跨度,并使结构整体具有弹性。而被混凝土"包裹"的钢材,同样解决了钢材防火性能差与成本高昂等缺点。

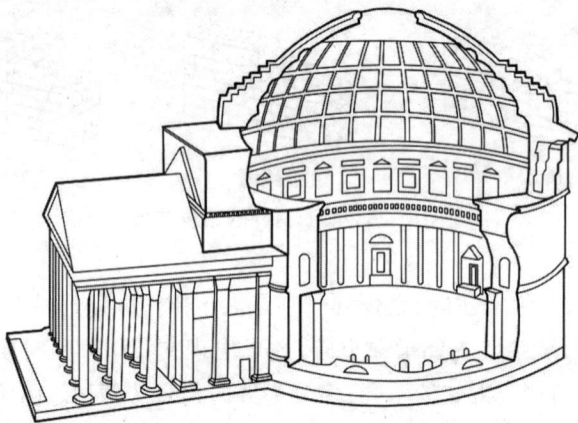

图4-31　古罗马万神庙的混凝土穹顶

自20世纪初,钢筋混凝土以其经济、可塑、力学性能良好的特性成为使用最广泛的建筑材料。钢筋混凝土材料在使用方式上分为装配式和现浇式两种。装配式指钢筋混凝土在工厂里进行浇筑制作成各类钢筋混凝土预制件,然后在施工现场迅速组装建造(图4-33)。现浇式是将拌和好的混凝土在施工现场进行浇筑施工,有利于创造出各种实体形态,不同于传统材料提供具体和可以预见的表达形式,这种灵活性使得许多新的建筑空间与造型得以实现。

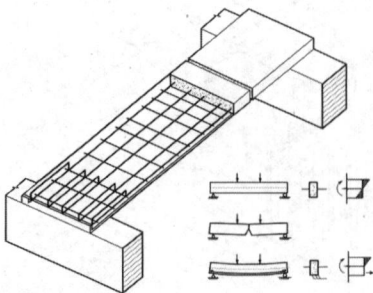

图4-32　钢筋与混凝土材料的组合　　　图4-33　装配式钢筋混凝土材料构件

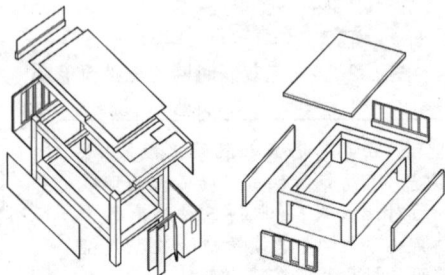

混凝土不仅适用于结构上,它本身的材料质感就极具建筑表现力。由于混凝土集料本身的颗粒大小、质感和颜色的差异,使其材料表面具有丰富的细节变化。混凝土凝固后的形态受模具本身的形状尺寸、材质影响较大。建筑师在设计作品中,大胆尝试并积极探索着混凝土材料的空间表现力。

用于重型结构的混凝土多数是粗犷与厚重感的,但日本建筑师安藤忠雄擅长运用混凝土材料进行建筑创作,将沉重粗糙的混凝土处理得十分精致与细腻。在他的建筑中,当混凝土浇筑时,巧妙使用木遮板得到不同的建筑表面纹理。木遮板的木纹痕迹、模子上的螺栓或样板最终留在了墙面上(图4-34、图4-35)。

Panter Hudspith建筑事务设计的林肯郡博物馆,高质量的木纹理饰面,从上方射入的光和被照亮的混凝土墙面在室内营造出柔软的感觉。

图4-34　混凝土与模板形成的质感纹理

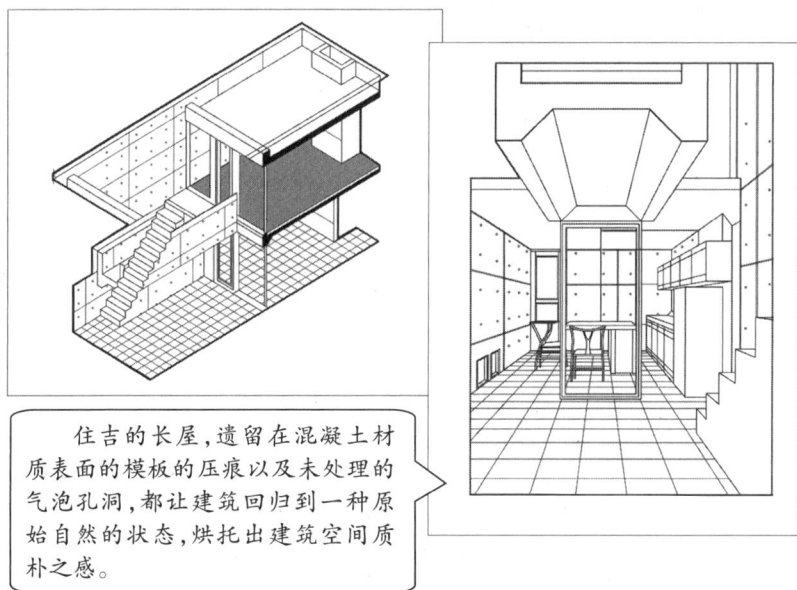

住吉的长屋,遗留在混凝土材质表面的模板的压痕以及未处理的气泡孔洞,都让建筑回归到一种原始自然的状态,烘托出建筑空间质朴之感。

图4-35　安藤忠雄的住吉的长屋

4.玻璃与钢

钢与玻璃在建筑上的广泛应用是现代建筑产生的一个关键要素。钢材以其优良的力学性能,可以用来建造支撑建筑的轻型框架,或者作为建筑空间的金属饰面,使建筑具有特色和耐久性。

在钢材普遍使用以前,建筑材料的自重及压力限制了空间结构及其空间形态的发展,而钢材为新建筑结构形式的出现开辟了崭新的道路。钢材是一种具有极好弹性和耐久性的材料,加工场地不受限制,方便组合装配,使建筑工程技术达到新的高度。

1851年英国伦敦世博会的水晶宫(图4-36),它带来了材料、建造与工艺三方面的巨大创新。巨大的金属框架与装配式玻璃系统创造出一种全新的通透建筑空间界面。作为现代美学的一部分,玻璃与钢两者通常一起出现。两种材料的结合为建筑带来了强度与精美的结合,使建筑显得纤细而轻盈。它们同时赋予建筑以更具人工化与现代感的形式与更加透明的空间(图4-37、图4-38)。

图4-36 伦敦世博会的水晶宫

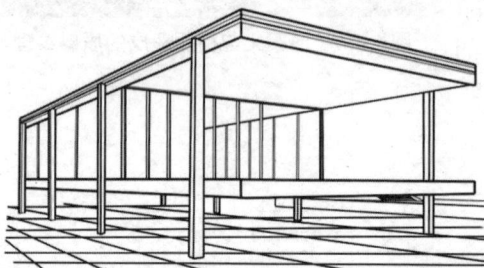

范斯沃斯住宅是玻璃与钢两种材料运用的典范。8根精美的工字钢支撑起两块混凝土板,用玻璃填充地面和天花之间的垂直界面,整个建筑被钢柱支撑起来,产生悬浮效果,全玻璃幕墙轻盈而通透,建筑整体优雅而纯粹。

图4-37 范斯沃斯住宅

柏林透平机车间,尽管其整体对称的厅堂式构图是古典主义氛围的,但其筒形屋顶与外墙显露的钢铁骨架、柱间镶嵌的大片玻璃,以及转角处采用石料,三种视觉强烈反差的材料相碰撞,体现出建筑空间的力量感与稳定感。

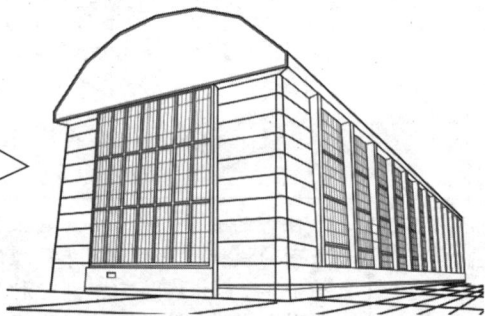

图4-38 柏林通用电气公司透平机车间

玻璃是一种十分特别的材料,它可以使空间具有多种可能性。由于玻璃是透明的,可以利用和过滤光线来创造阴影并使光进入室内。通过技术的革新,将玻璃应用于某些结构上,丰富我们对空间和外表面的观感。玻璃的使用改变了建筑的设计方法,它可以像墙体一样,划分出建筑的室内和室外,也可以界定出充满光的空间。

玻璃的制造与建造能力不断发展,它不再仅仅只是钢框架上的透明表皮,经过特殊处理的玻璃已经具备结构性能,能建造几乎完全透明的建筑,如苹果公司的纽约第五大道旗舰店。对玻璃表面进行磨砂、彩印、镀膜、镜面处理,以及在其表面使用其他材料来改变特性,如贴上木层、金属层等,可以对整个设计起到极大的提升效果。

5.其他材料

20世纪后期以来,许多新型材料陆续出现。这些材料具有新的、特殊的物理性能,提升了传统材料的特性并扩大了其应用范围(图4-39)。如利用高分子材料良好的耐久性和延展性,研制成张拉膜材料和充气膜结构,为建筑带来了轻质、透光的界面和更加自由的造型。另一些新型材料是将两种材料进行复合处理,如塑料、玻璃纤维、碳纤维、聚碳酸酯等材料,这样的合成材料提升了单一材料的灵活性。例如一种由结构玻璃和铝制成的材料,将铝的轻质和强度与玻璃的透明性结合起来,创造出能够承重的大型玻璃面板。在常用的空心混凝土砌块中填充轻质保温材料,既不增加自重,又提高了热工性能。由玻璃和聚合化合物制成的半透明或者透明的混凝土,除了突破混凝土具有被浇筑和模压的优点之外,还附加了透光性等优点,使用这种材料的结构自重也明显变轻。

理查德·罗杰斯设计的千禧教堂的穹顶,直径365m,中心高度50m,由超过70km的钢索悬吊在12根100m高的钢桅杆上。屋顶由带PTEE涂层的玻璃纤维材料制成,表面积达10万平方米,厚度仅为1mm的膜状材料,不仅强度和韧性极高,还具有卓越的透光性,可充分利用自然光。

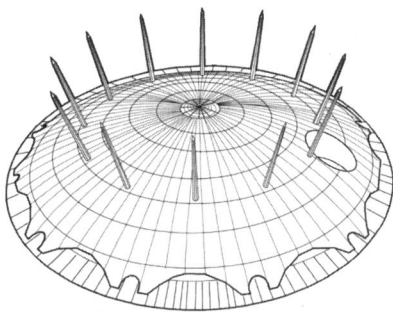

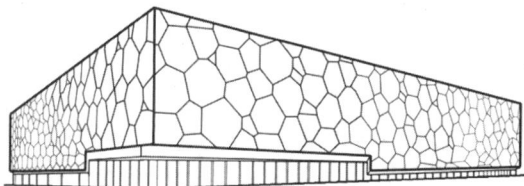

中国国家游泳中心最引人注意的就是空间网架结构外围形似水泡的ETFE膜材料。该材料与玻璃相比是一种非常轻盈的透明材料,能为场馆带来更多的自然光,减少人工采光消耗的同时,减少建筑自重。

图4-39 英国千禧教堂与中国国家游泳中心

4.3 空间与构造

空间与构造

构造是空间建造过程中实体与材料的组合搭接方式。我们日常所见到的一些建筑,从宏观上来看,通常由基础、墙体(或柱)、楼板(地面)、楼梯、门窗以及屋顶等六大部分构件组成(图4-40)。在这六大构件之中,还会存在一些不同部分的小构件,这些大小构件之间的关系,可以被看作是一台机器,通过一系列相互依存的部件和系统的共同作用,使其具有一定的功能,确保建筑空间的正常使用。

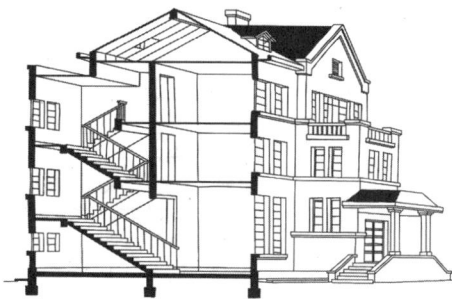

图4-40 建筑各部分的构造组成

4.3.1　建筑构造概述

建筑构造指建筑中各种构件之间的交接关系,即针对建筑细节不同部分所要面对的具体使用功能问题,选择不同材料,并将它们拼接到一起的设计过程。如窗扇的构造设计中,保温、采光与通风是其功能要求,因此选择双层中空玻璃满足透光和增强保温性能;并采用金属窗框、铰链等构件与墙体洞口进行固定连接(图4-41)。在构造设计的过程中,应综合考虑建筑材料、施工、经济以及美观等多方面因素。

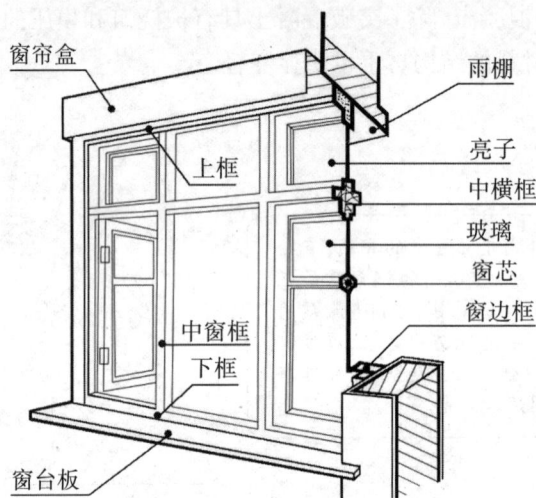

图4-41　窗的构造设计

在材料方面,应通过利用建筑材料的性能特点合理进行构造设计。如防水卷材具有防水性能好、施工简单等特点,可铺设在平屋面作为柔性防水构造处理。但防水卷材耐久性能较差,为防止卷材因日晒等原因发生老化,可在其上敷设保护层,这就是根据具体情况灵活地进行构造选择与设计(图4-42)。

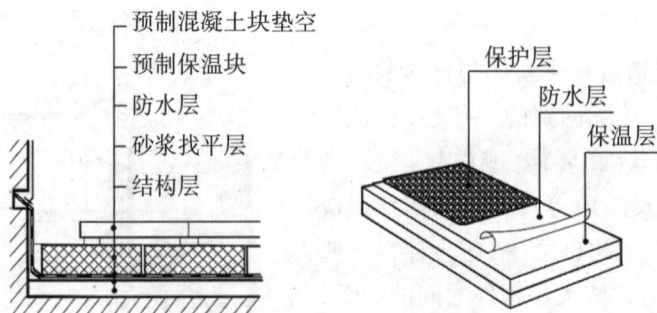

图4-42　屋面卷材防水层构造做法

在建筑施工方面,应考虑材料制作加工与经济性等因素。例如,在选择幕墙玻璃的分块大小时,较大的玻璃分块虽然施工方便,但会出现单块造价倍增、材料易损耗等问题;较小的玻璃分块虽然单块造价低,但会带来配套的金属框数量增加、工序复杂、施工周期长等问题,因此,需要根据实际情况进行综合考量(图4-43)。

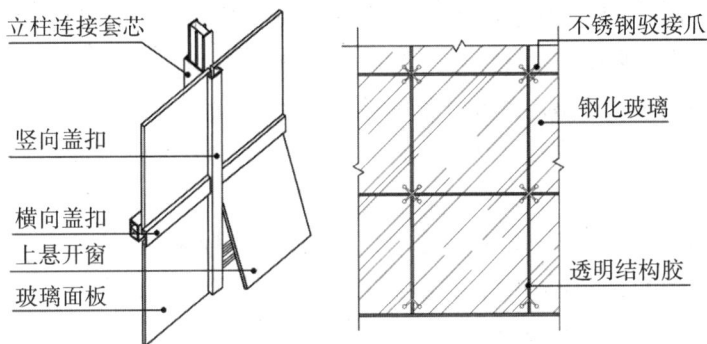

图4-43 玻璃幕墙分块构造设计

在美观方面,由于构造设计反映出不同材料的交接处理,应妥善处理材料之间的缝隙与连接。例如将构造节点隐藏,或进行适当构造外观设计,以期达到更好的视觉效果。

4.3.2 建筑细部构造

1.建筑底部

建筑底部的构造,主要包括基础、台阶、散水、排水沟等部分,如图4-44所示。

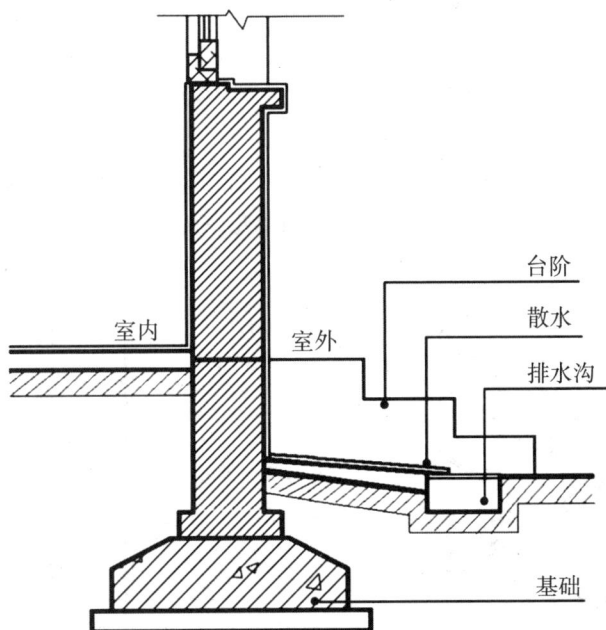

图4-44 建筑底部构造处理

基础属于建筑物下部的承重构件,它承受建筑物上部的总荷载,并传递给地基,起着上下平衡的作用,保证整个建筑的稳固。基础中砖砌大放脚条形基础和钢筋混凝土锥形基础的纵断面呈三角形,这样的基础形式更有利于上部荷载均匀下传。除此之外,还有桩基础、箱形基础等多种基础形式。

散水位于建筑墙基与室外地面的四周,做成以防水和排水为目的的外倾斜坡。散水将积水由建筑周围引导进入排水沟,用以保护建筑基础不受雨水侵蚀。台阶是连接室外与室内的过渡构件,以解决建筑室内外地坪处高差问题,为人员出入提供便利。外墙底部做勒脚处理,用以保护外墙不受雨水侵蚀和外力破坏,外墙勒脚常用抹灰、贴面或石砌的做法。

2. 建筑顶部

建筑顶部屋顶形式分平屋顶、坡屋顶、曲面屋顶等(图4-45),它们对建筑造型起着重要作用。建筑屋顶的设计通常是由功能决定的,如阻挡强烈的日照、保持空间内部的舒适性、快速排除雨水等。因此,屋顶构造除了起围护与承重作用以外,还应保证保温、防水、排水等功能要求。

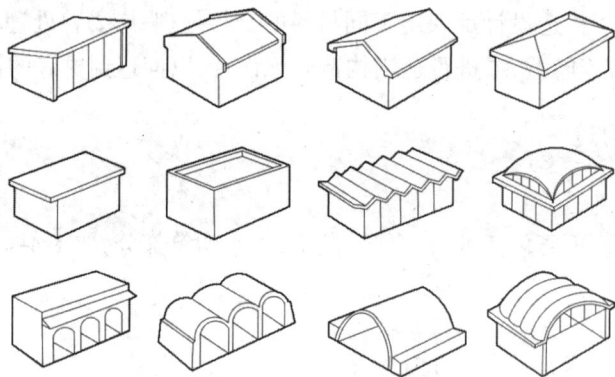

图4-45　建筑顶部屋顶形式

坡屋顶由于屋面坡度,雨水容易排除,不易发生渗漏,相较于平屋顶,构造相对简单,除了防水层、保温层之外,坡屋顶面层可采用小青瓦、机平瓦、压型钢板等(图4-46)。

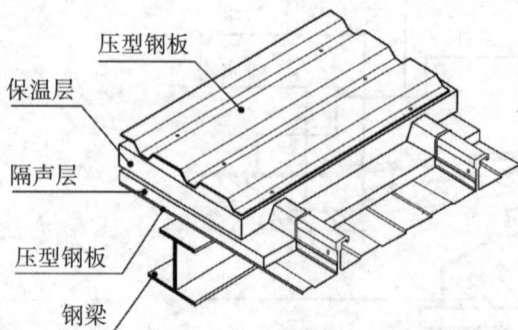

图4-46　坡屋面构造做法

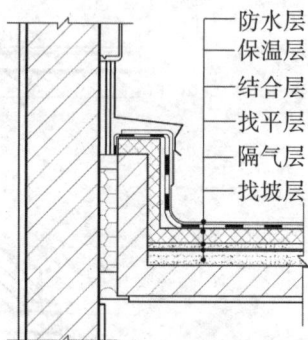

图4-47　平屋面构造做法

平屋面构造层次相对复杂,在结构层上应增设保温层、防水层、结合层、找平层、隔气层、找坡层等(图4-47)。防水层材料常用柔性防水卷材、涂抹材料、刚性细石防水混凝土或金属防水板材。柔性防水材料需在檐部或收头处做加强特殊处理。平屋面排水方式分无组织排水和有组织排水两类。无组织排水指雨水从檐口自由下落,但容易对建筑墙面与基础造成危害。有组织排水则通过将雨水收集、有序疏导并排放,因而可减少雨水渗漏对建筑物的影响,有组织排水是平屋面常采用的排水方式。

3.建筑墙体

建筑墙体属建筑物承重或自承重构件,以及建筑物的围护构件,起着承载并传递上部荷载和分隔室内外空间的作用(图4-48)。外墙体作为建筑空间的外界面,是建筑外观的重要元素。

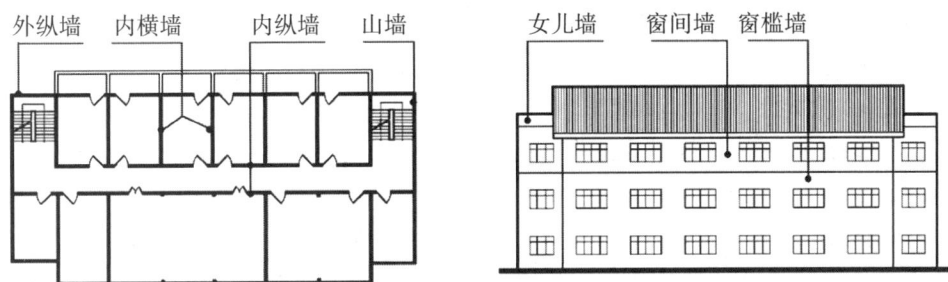

图4-48　建筑各部位墙体名称

墙体需要具有一定的强度,并满足围护、保温、美观等多重功能,因此,外墙由内而外分别有多个构造层次,如基层、保温层、面层等。基层包括建筑承重结构(梁、柱)和满足基本围护稳固度的填充墙,如钢筋混凝土框架结构和混凝土空心砌块。保温层以阻断发生在外墙面的热传递、保证室内舒适性及降低建筑能耗为目的,多采用传热系数小、自重轻的建筑保温材料,包裹在建筑外墙外部或内部。常见的保温材料有挤塑板、岩棉板等。饰面层是为达到一定的美观效果,在外墙最外层的构造层次。可通过涂刷、粘贴、干挂等方法,如用金属龙骨作为固定层,来固定各类外饰面板,并将饰面层重量传递至建筑承重结构。常见饰面层材料有石材、铝塑板、饰面砖等。

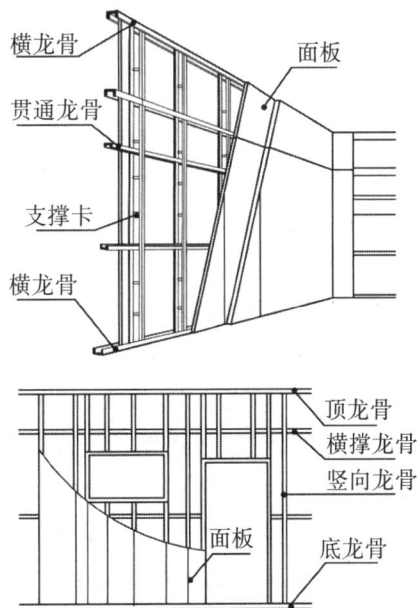

图4-49　轻骨架隔墙构造做法

建筑常利用隔墙进行内部空间划分,隔墙是分隔室内空间的非承重构件。隔墙按其构造方式可以分为块材隔墙、轻骨架隔墙及板材隔墙。如轻骨架隔墙由木或轻钢骨架作为支撑,外层附面板(图4-49)。轻钢骨架隔墙具有强度高、刚度大、自重轻、防火、防潮、易于加工和大批量生产的特点,还可以根据需求拆卸和组装,施工方便,因此被广泛应用。

4.门窗洞口

门与窗属于建筑内外墙的围护、采光以及人员物品进出的部件,其不仅是围护结构的一部分,也对建筑物外观起着很大的作用。门洞通常是建筑立面上最显著的地方,它提示着出入口的位置,并显示着建筑的等级与身份。门口设置门槛,抬高台阶或增加底座,可以进一步强调入口。门洞上多设置雨篷以方便人员进出。窗的形式与开启根据采光、通风、视野与使用者隐私的需求而发生变化。按照门窗的开启方式,门窗可分为平开、推拉、折叠、旋转等类型。

门窗均由门窗框与门窗扇两部分构成。门窗框又分为上槛、下槛、边框和中框等部分,用于安装和固定玻璃的框架。门窗扇由上冒头、下冒头、棂子、边框等组成。门扇框与墙体连接时,应采用密封连接和弹性连接,并需设置防水构造,以防止外部雨水渗入室内。

门窗材料分为木材、塑料或合金等。为改善金属门窗保温节能性差的问题,通常需要在金属门窗框材内设置断桥的构造处理,以空腔内的空气层阻断金属材料的热传导性,达到降低建筑能耗的目的。

5.垂直交通

楼梯、爬梯、踏步和坡道是建筑中常用的垂直交通设施。楼梯作为竖向交通和人员紧急疏散的主要交通设施,其设置数量、位置及形式应满足使用方便和安全疏散要求,并注重建筑环境空间的艺术效果。

楼梯一般由梯段、平台、栏杆扶手三部分组成(图4-50)。楼梯应便于人员通行和家具搬运,因此楼梯宽度和高度应满足合理尺寸。楼梯按主体结构所用材料分类,可分为钢筋混凝土楼梯、钢楼梯、木楼梯、钢木楼梯等。钢筋混凝土楼梯按照施工工艺分为现浇式和预制装配式。预制装配式楼梯工业化水平高,节约模板,操作简单,缩短建筑

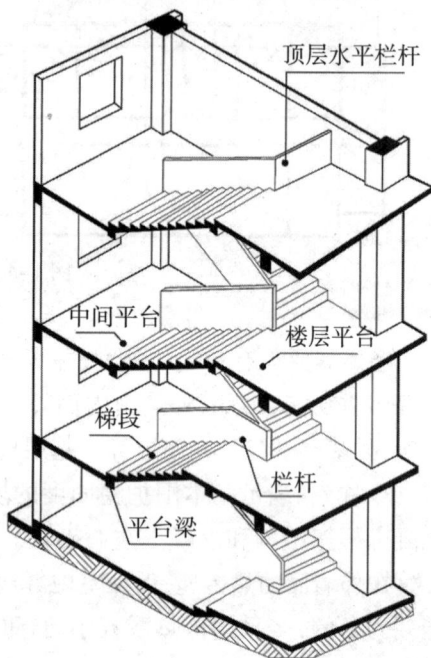

图4-50 楼梯的构造组成

工期。但预制装配式钢筋混凝土楼梯的整体性、抗震性、灵活性等不及现浇钢筋混凝土楼梯。

楼梯按结构形式分类,可分为梁式楼梯、板式楼梯、悬臂式楼梯、悬挂式楼梯、悬挑式楼梯等。楼梯形式的选择取决于在建筑空间所处位置、楼梯间的平面形状与大小、楼层高低与层数、人流多少与缓急等因素。

坡道是以连续的平面来实现高差过渡的形式(图4-51),常用的坡道形式有人行坡道、自行车坡道和供机动车行驶的汽车坡道。供轮椅使用的无障碍坡道可视为人行坡道的演变,对护栏及平面尺寸、连续坡长都有特殊限制要求。

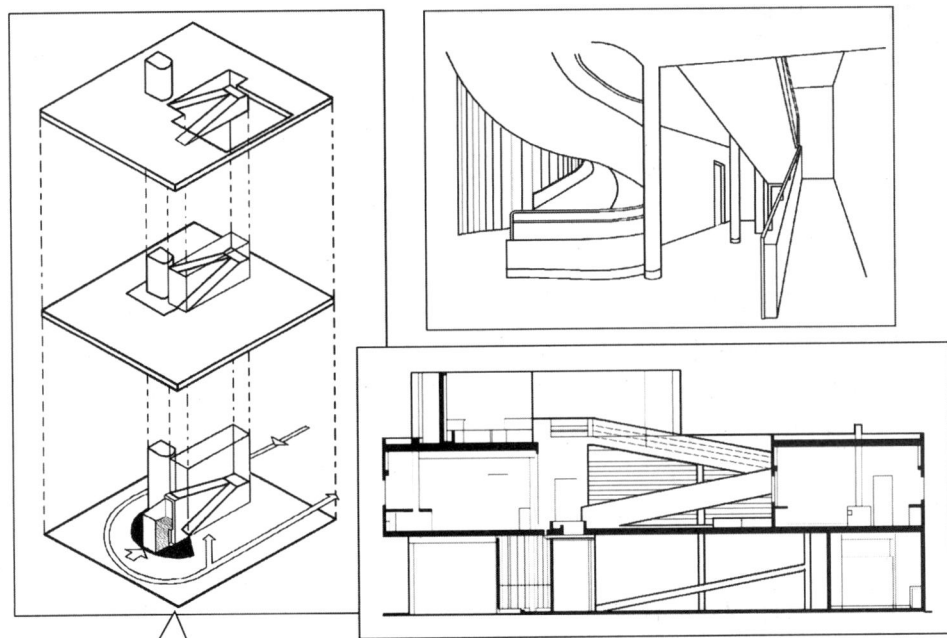

　　萨伏伊别墅中采用坡道,在空间中创造出一种和楼梯完全不同的行走体验,消解了层与层间的分隔,不仅让水平维度的空间进行流动,也做到了纵向空间的交流与联系。坡道因其自带的天然属性,在空间转换的时候显得异常流畅与自然。

图4-51　萨伏伊别墅中的坡道

本章任务模块

休憩空间设计与建构

☞ **教学目的：**

1. 材料形态与性能初步认知，结构力学概念建立，空间形态构成原理与方法运用；

2. 空间与尺度概念强化，结构支撑体系概念建立。

☞ **教学要求：**

1. 材料选择：从竹、木、纸、塑料等材料中选择1~2种，将其处理为块状、板片、杆件等形态要素。

2. 性能实验：运用建筑结构力学和建筑构造一般原理，对材料实体进行性能实验。关注如下方面：

(1)材料性能方面（材料的视觉与触觉效果、物理性质、加工方法、表皮肌理）；

(2)结构构造方面（结构稳定性、构造功能性、节点表现性）；

(3)建筑物理方面（防雨、防潮、通风、自然光照）。

3. 设计思路：充分发挥所选材料的材料特性，使建筑空间、结构和围护达到一体化。关注如下方面：

(1)使用功能方面（满足短暂休憩的空间功能）；

(2)空间尺度方面（满足休憩行为的基本尺度要求）；

(3)构成关系方面（基本结构单元与整体结构形态呈现清晰的逻辑生成关系）；

(4)体量控制标准（尺度为2m×2m×2m）。

☞ **作业形式：**

1. 小组合作(4~5人)完成设计构思，以图示语言或模型表达（基本单元—构造组合—性能实验—空间形态）生成过程；

2. 实体建构：以螺栓、黏接、绑扎等连接方法，在户外场地完成空间实体搭建。

☞ **作业时间：**

1. 结构形态构成与空间设计(2周)；

2. 选择材料与空间实体建构(2周)。

第5章 建筑表达

建筑设计不仅仅是建筑师对空间的创造,更是对生活的探究,对美的追求。但设计师头脑中这些抽象而复杂的思考内容,要通过何种途径和手段才能呈现出来呢？那就必须依赖二维图纸、三维模型以及文字说明等媒介的辅助,才能将设计意图以多维度、多层次的形式呈现给大家,并最终为建筑施工提供依据,付诸实践。同时,建筑设计的表达也是不断推动设计深化的一种手段,多元的表达形式可以帮助建筑师将头脑中原本混沌模糊的概念或一闪而过的灵感记录下来,并不断地自我修正,使设计方案逐渐变得清晰而深入。因此,建筑设计与建筑表达之间是相辅相成、互为依存的关系,表达作为设计的媒介,是设计过程必要的组成部分。

大学阶段建筑设计表达的重点区别于实际工程中的表达,在准确、严谨的基础上,更偏向于对美的展现、对艺术的追求。同时,受到篇幅的影响,在本书中,我们只能选择性地讲解低年级接触度较高的建筑设计表达方式。

5.1 建筑设计表达概述

5.1.1 建筑设计表达的缘由

建筑设计表达概述

建筑设计的目的是建造建筑,从抽象的设计构思到最终耸立的建筑实体,这个过程漫长而复杂。所以,在设计方和施工方之间,有大量的信息需要通过图纸、模型、文字等沟通方式准确无误地表达,从而传递设计意图和施工信息。

1.建筑设计的复杂性

建筑不仅要为人类活动提供一个尺度适宜的活动空间,还要确保这个空间的坚固性、稳定性,要在空间内配备给水排水、供电供气等设备,以确保使用空间的舒适性。同时,建筑还会涉及社会、心理、环境等多学科。因此,一个建筑的设计绝非单一的建筑专业就能独立完成的,而是要和结构、水、暖、电等多种专业配合才能实现。在复杂的多工种配合中,各专业既关联又矛盾。这就需要借助专业图纸和模型的信息沟通,对各工种加以综合协调。

2.建筑设计的双重性

建筑的艺术性,准确地描述了建筑在精神层面的属性。人对建筑的美学感知方式不完全等同于对普通艺术品的感知,这是由建筑物自身的巨大体量决定的。从城市的视角看,每一座建筑都不过是城市美学中的一个元素,街道、广场等公共空间的营造,都离不开建筑的外部体量、造型、风格、表皮等因素。从建筑自身的角度看,人们在使用内部空间时,也同时在感受空间的开阖变化、虚实对比、光影迁移之美,在优秀建筑中的使用体验,本身就是一次美的历程。

因此,建筑的功能技术性与艺术性并存的特点,就要求建筑设计的表达形式也能充分体现这一双重属性,不仅需要统一、严谨的工程技法,也需要不拘一格的艺术手法。

5.1.2　建筑设计表达的类型

建筑设计所要传递的技术信息是准确严谨的,所要呈现的艺术形态是生动具象的,并非单纯依靠文字语言就能清楚表达。所以,建筑设计的清晰表达要依赖于"图""模""文"三种形式的共同协作,其中,"图"即"图示语言",是指二维的表达形式;"模"即"模型展示",是指三维的表达形式;"文"即"文字说明",是指文字语言的表达形式。

1.图示语言

图示语言是建筑设计的一种二维表达方式,也是最重要、最常用的表达方式。"图"会贯穿运用于建筑设计的过程始末,从构思阶段的概念草图到展示阶段的效果图、分析图,再到建造阶段的建筑施工图。因此,学习并熟练掌握多种图示语言的表达技能,是建筑学专业课程中的基础内容和重要环节。

图示语言依据不同的表达目的,会选用不同的绘图工具,最终呈现的效果也会大相径庭,例如:严谨工整的工程制图、艺术氛围浓郁的建筑效果图、逻辑思维严密的设计分析图等等。

2.模型展示

建筑模型是介于二维图纸和真实建筑之间的一种三维表达形式,它以真实、直观的特性,弥补了图纸在空间深度上的表达局限性。建筑模型根据不同的表达目的,会选取不同的展示比例,分别用于表达建筑与周边环境关系、建筑外在的形体造型、建筑内部的空间形态以及建筑细部的构造节点等内容。

建筑模型分为实体模型和数字模型两种类型。

实体模型的存在历史几乎跟建筑图纸的历史一样悠久。早在建筑制图理论成熟以前,大型建筑物的推敲过程中就已同时运用图纸与模型展开讨论。实体模型不仅可视、可触,还能让人感知到有重力感,所以是最直观的表达形式之一。但实体模型受到制作比例、模型材料和加工工艺的限制,在展示精度和深度上比不上数字模型,而且制作耗时长,搬运、展示的条件受限多。

数字模型是指在计算机虚拟空间中呈现的可视化三维模型、动画等表现形式。数字模型的广泛应用,突破了实体模型的视角、精度的限制,大量复制、快速修改和传递便捷等特点,大大提高了信息交流的时效性。随着AR、AI技术在数字模型应用中的日趋成熟,这种凸显沉浸感、体验感的空间表达方式,摆脱了以往只能从上帝视角去观察模型的局限性。

但是计算机技术只能是对原有设计技能的补充和提升,不能替代传统二维图示和实体模型,更无法取代帮助建筑师表达思维的手绘图技能。

3.文字说明

文字说明是指用语言文字对构思意图、设计依据、设计说明、工程做法等图纸和模型都未能详尽表达的设计信息,加以详尽阐述和补充说明,是在图示表达的基础上展开的。例如,在施工图纸中出现的文字说明,更加清晰地对材料类型、色号、施工做法等技术问题,做出明确而详尽的补充说明。文字说明的表述要言简意赅,有严谨的语言逻辑和约定俗成的表达方式,体现建筑设计的工程应用性特点。

5.1.3 建筑设计表达的特点

建筑设计的实践性、复杂性、艺术性和公众性,使其区别于其他的工程设计,因此,建筑设计的表达具有鲜明的自身特点,主要体现在准确性、阶段性、多元性和动态性四个方面。

1.准确性

建筑设计是建筑施工的基础,建筑物必须依据准确、严谨的设计成果,才能得以建造实施。但建筑实物体量庞大,设计方案无法完整地用图纸或模型呈现出真实尺寸,需要通过缩小比例的方法才能实现信息的传递。

2.阶段性

工程项目的复杂性,需要建筑设计配合其进度,循序渐进地逐步深入下去。通常,建筑设计分为"方案设计""初步设计"和"施工图设计"三个阶段。在装配式建筑积极推广、建筑产业化程度不断深化的今天,许多项目还会在施工图设计之后,增加一个"深化设计"的环节,来实现建筑、结构、机电等不同专业技术信息的整合。

3.多元性

设计表达的多元性体现在表达内容、表达类型、表达形式、表达风格等多个方面。对一个建筑对象的设计表达,通常需要同时使用图示、模型和文字这三种表达类型来详尽表述设计信息。即使是同一种表达类型,也总会根据交流目的的不同,呈现出不同的表达风格。例如:建筑效果图会依据设计对象的建筑类型和设计构思,选用不同的表现风格,有的展现传统的地域文化,有的追求纯净的极简主义,有的彰显酷炫的解构主义。

4.动态性

建筑设计表达的动态性体现在两个方面:一方面,是指设计表达与设计对象的动态对应过程,在推敲建筑的功能、流线、空间、造型和表皮等不同对象时,需要动态选择不同的图纸、模型、文字来呈现和沟通。另一方面,是指设计表达随着技术的发展而产生的动态变化,越来越多的视频、虚拟现实等动态表达手段被运用到建筑设计表达中来,呈现出时间维度的表达特点。

5.2 建筑图纸表达技法

5.2.1 工程制图表达

工程制图表达

1.工程制图的基本原理

像建筑这类需要先设计再建造的工程项目,设计师与建造者之间需要用一种共同的"图示语言"进行表达和交流,即"建筑工程制图"。工程制图的本质就是利用二维图纸准确表达建筑物的形状大小、外观造型、内部布局、细部构造等各类技术信息。

图纸是二维的,建筑却是三维的,要如何利用二维图样来阐述空间形体在长、宽、高三个维度的复杂信息呢? 这就需要依赖"三维正投影"的基本原理来实现了。

(1)投影法

投影法分为两类:中心投影法和平行投影法。

中心投影法的投射线汇交于投射中心。其特点是投影被放大,此方法也称为透视投影法。

平行投影法则是假设把中心投影法的投射中心移至无穷远处,则各投射线成为相互平行的直线的投影方法。平行投影法又分为斜投影法和正投影法。投射线倾斜于投影面的是斜投影法,投射线垂直于投影面的是正投影法(表5-1)。

表5-1 投影法的类型

中心投影法	平行投影法	
	斜投影法	正投影法

建筑工程中常用到的投影法有三维正投影法、轴测投影法、透视投影法、标高正投影法等(图5-1)。

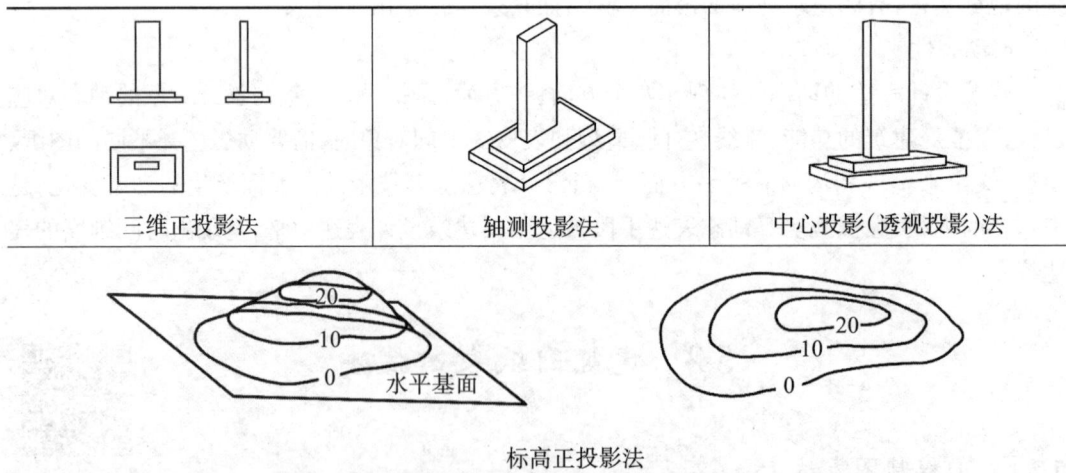

三维正投影法

轴测投影法

中心投影(透视投影)法

标高正投影法

图5-1 工程中常用到的投影法

(2)三维正投影法

正投影法的特点是投影大小与物体和投影面之间的距离无关,度量便捷,所以,工程图样大多数采用正投影法。但一个正投影只能反映一个物体的二维信息,不能完整、准确地表达其真实形态结构,如图5-2所示。

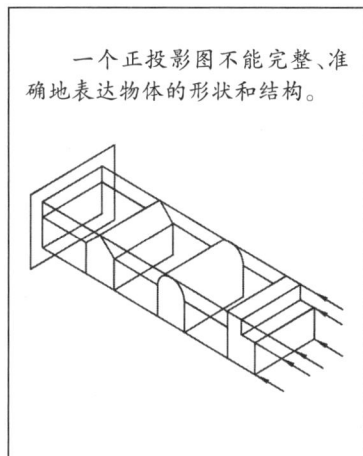

图5-2　一个正投影可以对应多种形体

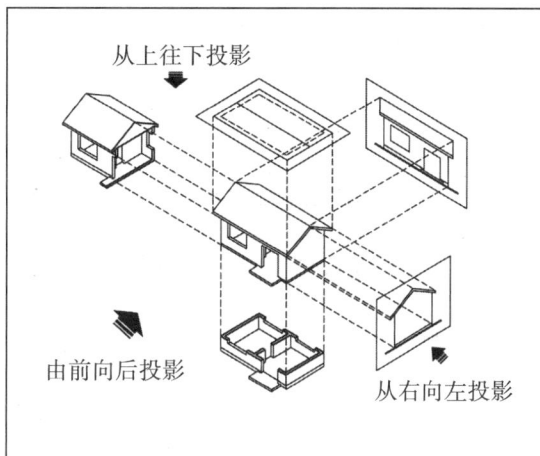

图5-3　建筑的平、立、剖面图

所以我们从正面、侧面和上面三个不同方向对同一个物体进行投射,就能够比较完整、准确地表达物体的外部形体了。

如图5-3所示,从无穷远看建筑正面所画的图样,称为正立面图。从无穷远看建筑侧面所画的图样,称为侧立面图。从无穷远看建筑屋顶所画的图样,称为屋顶平面图。通过建筑物的三面正投影图,我们就可以构想出某一角度的三维建筑形体。如果再加上水平剖切面、垂直剖切面等信息的辅助,我们还能够想象出物体的内部空间结构。

2.制图工具及其使用方法

(1)绘图板

图板表面须平整,用来固定图纸。图板的左侧边须平直,是丁字尺的上下移动时的导边。绘图前,抬起图板,与水平面倾斜20°左右,便于绘图,如图5-4所示。

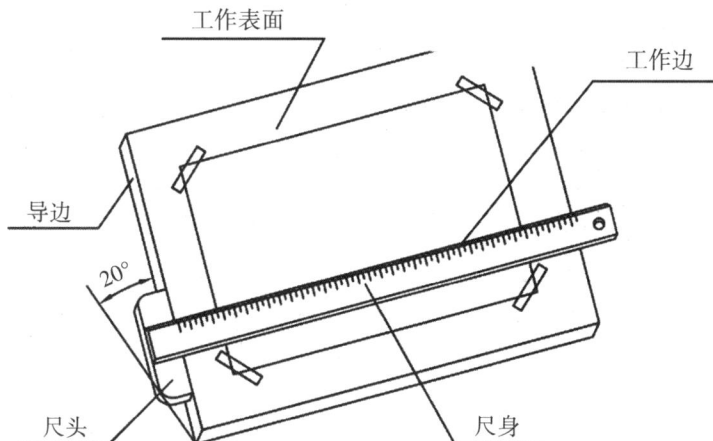

图5-4　图板的使用

（2）丁字尺

丁字尺与图板配合，自上而下依次画出水平线条。绘图时，尺头紧靠图板左侧导边，有刻度的一侧工作边朝上（图5-5）。

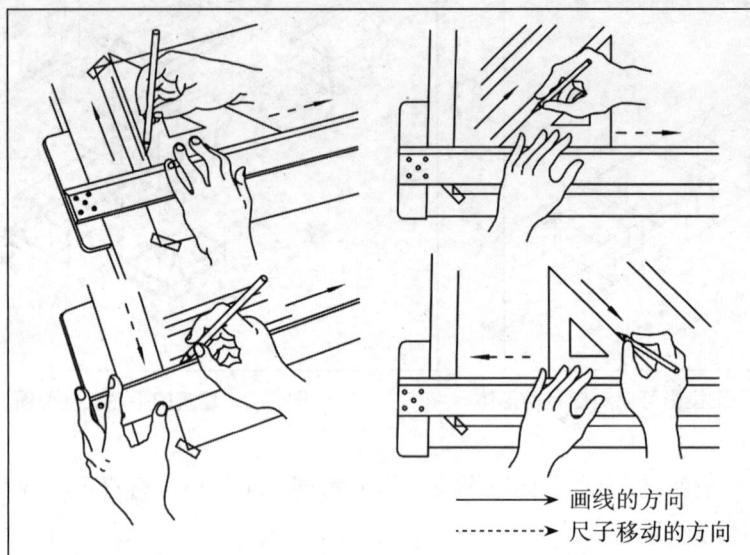

画线的方向
尺子移动的方向

图5-5　用尺规绘制直线

（3）三角板

三角板与丁字尺相互配合移动，可以从左往右依次绘制90°、45°、135°的线条。此外，还可以利用不同角度的角以及角的组合，绘制出30°、60°、15°、75°等多种角度的斜向直线条（图5-6）。

（4）铅笔

绘图铅笔的硬度是依据笔芯中的石墨含量进行区分的，通常用H、HB、B等代号标注在铅笔的尾端

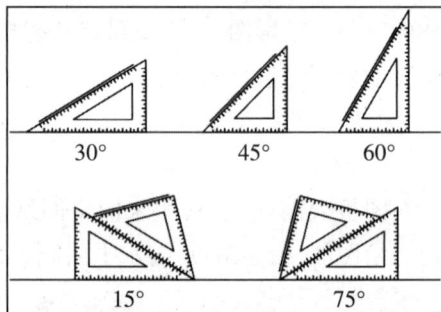

30°　45°　60°

15°　75°

图5-6　利用三角板绘制不同角度的线条

（图5-7）。"HB"代表软硬度适中。"H"是hard的意思，代表笔芯坚硬。"B"是black的意思，代表笔芯较为柔软，B前面的数值越大，线条越软。

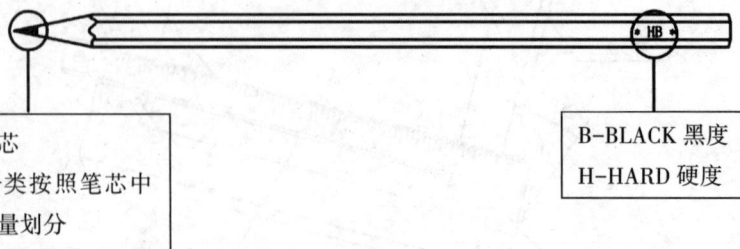

铅笔的笔芯
铅笔的分类按照笔芯中的石墨含量划分

B-BLACK 黑度
H-HARD 硬度

图5-7　认识铅笔

不同硬度的铅笔有不同的作用。H、2H 的铅笔常用来画底稿；2B 的铅笔常用来画草图和加深线条；HB 常用来写字。削铅笔的时候，应从无字的一端开始，以保留铅杆上的硬度标志。

（5）针管笔

针管笔是上墨线的绘图工具，分为灌墨针管笔和一次性针管笔。灌墨针管笔的笔身类似钢笔，笔头是长约 2cm 的中空钢制圆环，内藏一根活动的极细钢针，可以上下轻晃笔杆，能及时清除堵塞针头的纸纤维。比较推荐使用德国红环品牌的笔和墨汁。一次性针管笔不需灌墨，使用方便，但针头质量不稳定，花一段时间后针头容易弯折，线条变粗。

根据线条的粗细，规格有 0.05mm、0.1mm、0.2mm、0.3mm、0.35mm、0.4mm、0.5mm、0.6mm、0.7mm、0.8mm、1.0mm 等不同型号（图 5-8）。

图 5-8　不同型号针管笔的线条粗细

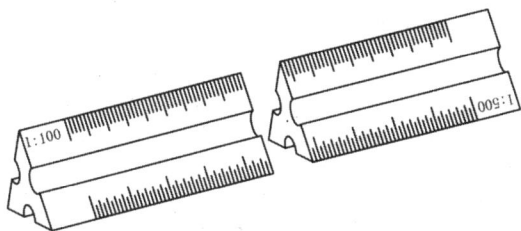

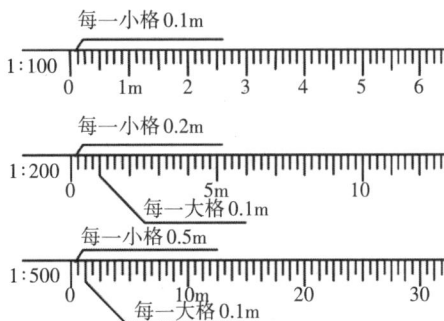

针管笔的使用技巧：

第一，针管笔笔身尽量与纸面保持垂直，以保证出墨流畅，画出的线条粗细一致，并保护笔尖不受伤害。

第二，针管笔作图的顺序是先上后下、先左后右、先曲后直、先细后粗，运笔速度和力度均匀平稳。

第三，落笔和收笔时，不要停顿，以免端点变粗。

第四，针管笔画曲线时，可以借助圆规。

第五，针管笔不使用时，请一定及时戴上笔帽，以免笔尖摔坏或墨水干结。一次完整的图纸画完后，还应及时清洗，防止墨水堵塞针管。

（6）比例尺

比例尺一般做成三棱柱形，故又称三棱尺。尺上刻有六个不同的比例，供度量时选用（图 5-9）。

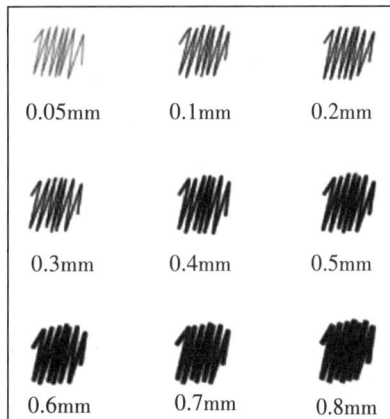

图 5-9　比例尺

（7）圆规

圆规用来画圆或圆弧，绘制原则是：圆心不动，先曲后直，节点位于切线。圆规的一条腿上有肘形关节，可装针管笔插腿，用来绘制弧形墨线，如图 5-10 所示。

（8）分规

分规两条腿端部带钢针，当两腿合拢时，两针尖应合成一点，如图 5-11 所示。分规可以用来量取段、连续截取等长线段、等分任意线段。

（9）曲线板

曲线板是用来画非圆曲线的，其廓线由不同曲率的曲线组成。画图时，先将非圆线上的一系列点用铅笔勾画出均匀圆滑的稿线，如图 5-12（a）所示；然后选取曲线板上能与稿线重合的一段线描绘下来（曲线至少含三个点），如图 5-12（b）所示，并依此类推。为了连接曲线时更光滑，前后相邻绘制的曲线段间应有一小段搭接区，再如图 5-12（c）所示，绘制上一段曲线段时，应少描一部分，留待本次画曲线段时与上次曲线段再次吻合后描绘。即每画一段应和前一段的末端有一段相重合，以保证曲线连接圆滑。

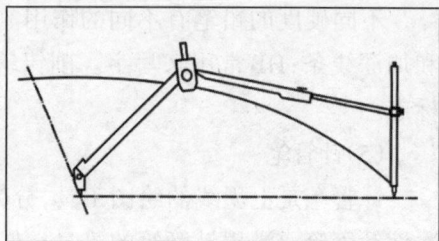

图 5-10　圆规

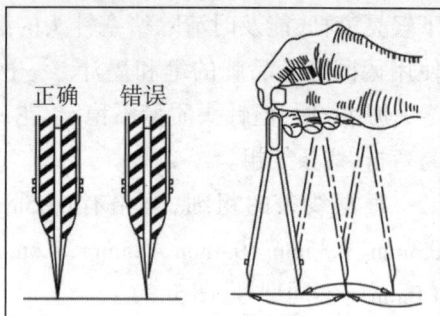

图 5-11　分规

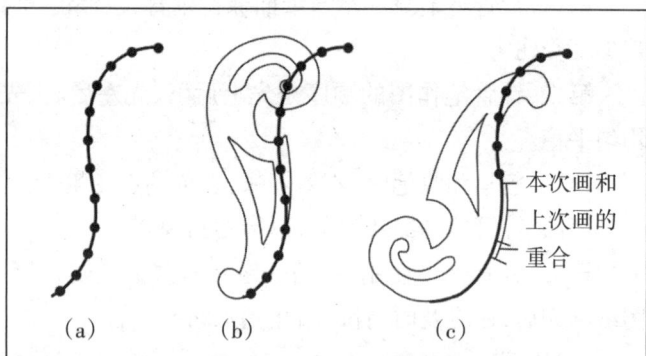

图 5-12　曲线板

（10）其他工具

除了上述绘图工具外，其他还有 4B 橡皮、蛇形尺、擦图片、模板、美纹胶、图钉等辅助工具。

3.建筑制图的基本规定

为了方便建筑图纸的阅读和交流，符合建筑图纸在设计、施工和存档过程中的要求，建筑制图在图幅、比例、线条和字体方面，都有统一的基本规定。

（1）图幅

图幅指的是图纸的大小，即图纸的长度和宽度（表 5-2）。

表 5-2　图纸幅面大小

尺寸代号	幅面代号（mm）				
	A0	A1	A2	A3	A4
B×L	841×1189	594×841	420×594	297×420	210×297

表5-2中显示的*B*和*L*分别表示图纸的短边和长边,单位统一为毫米(mm)。短边与长边之比是$1:\sqrt{2}$。最大的图幅为0号图纸,用"A0"表示,大小是1189mm×841mm,面积大小为1m²。A1图幅是A0图幅的对开,其他幅面以此类推(图5-13)。

图5-13 图幅的大小

(2)比例

图的比例是指图样与实物相对应的线条的长度之比。建筑制图中所用的比例,是根据图样的用途和所绘实物的复杂程度决定的,常用比例可从表5-3中选取。

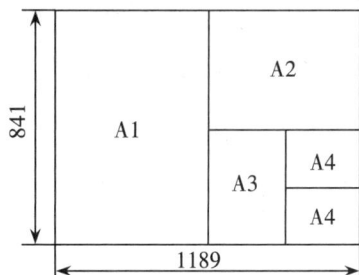

表5-3 建筑制图的比例

图名	常用比例
总平面图	1:500、1:1000、1:2000
建筑的平面图、立面图和剖面图	1:50、1:100、1:200
局部大样图	1:10、1:20、1:50
建筑构造图	1:1、1:2、1:5、1:10、1:20、1:50

图纸比例的大小应书写在图名的右侧,字的基准线应取平,比例的字高应该比图名的字高小1~2个字号,下面没有下划线,如图5-14所示。

总平面图 1:500

图5-14 图名比例的表达

(3)线型和线宽组

建筑制图中的线条按照不同形态与用途,分为实线、点画线和虚线三种(见表5-4)。

实线:实线为通长线,可以用来绘制主要可见轮廓线、剖切线、尺寸线、图例填充线和家具线等。实线线条的粗细可分为三等,分别用于结构剖切线,家具剖切线,可见线、尺寸线和轴线等。

点画线:线段与点彼此间隔而构成的点画线,用来绘制轴线、对称线等,为三等线。

虚线:由断续而较短线段组成的虚线,用来表示被遮挡的隐线,一般为三等线。

表5-4 建筑制图常用线型

名称		线型	线宽	一般用途
实线	粗		*b*	主要可见轮廓线、剖切线等
	中		0.5*b*	可见轮廓线、尺寸线等
	细		0.35*b*	图例填充线、家具线等
虚线	中		0.5*b*	不可见轮廓线,图例线
	细		0.35*b*	图例填充线,家具线
点画线	细		0.35*b*	中心线,对称线,轴线
折断线	细		0.35*b*	断开界限

每个图样,根据其复杂程度和比例大小,先确定基本线宽 b,再选择适当的线宽组,线宽组的常见搭配见表5-5。

表5-5　线宽组

线宽比	线宽组(mm)					
b	2.0	1.4	1.0	0.7	0.5	0.35
$0.5b$	1.0	0.7	0.5	0.35	0.25	0.18
$0.35b$	0.7	0.5	0.35	0.25	0.18	

（4）字体

图面中出现的汉字、数字和符号都应该排列整齐、书写清晰、字体端正。

图中出现的汉字要求写仿宋字,字的高宽比为4:3,字与字的间距为1/4字高,行间距为1/3的字高。长仿宋体的书写要领是:横平竖直、起落有锋、结构匀称、填满方格。

此外,大标题、图册封面上面出现的汉字,也可书写成其他字体,但应美观易辨认。

图中出现的字母和数字,可以写成直体或斜体,高度不小于2.5mm。斜体字的字头向右倾斜,与水平成75°角。

4.图纸内容和基本规定

日常生活中,我们通常是从透视的角度去认识一座建筑,但在建筑制图中,我们是通过二维的正投影图来表达建筑的。建筑方案阶段需要的表达图纸包括总平面图、平面图、立面图和剖面图。

（1）总平面图

总平面图用于定位建筑,展示建筑与周围环境的相互关系。

总平面图是指自上向下正视建筑所在的基地,将新建建筑及其周边一定范围内的地貌、地物用正投影法和相应的图例绘制出来的图纸(图5-14)。

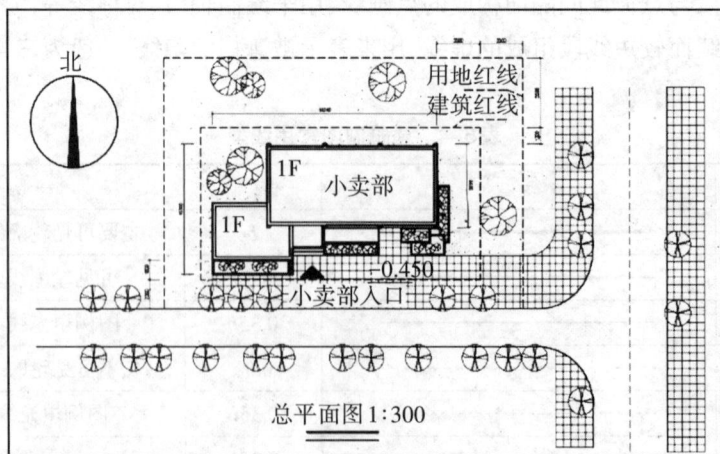

图5-14　小卖部总平面图

总平面图应按上北下南方向绘制。根据地形和布局的具体情况,可向左或向右偏转一定角度,但不宜超过45°。

总平面图中需要表达的内容及其图线规定如表5-6所示。

表5-6 总平面图的绘制内容及图线规定

线型		线宽	图例	图纸内容
实线	粗	b		新建建筑物±0.00高度的可见轮廓线
	中	0.7b/0.5b		新建构筑物、道路、围墙、挡土墙等的轮廓线
	细	0.35b		新建建筑物、构筑物±0.00以上的可见轮廓线,新建人行道,首层看线(包括台阶、坡道、花坛等)。 等高线、尺寸线、坐标线等 原有建筑物、构筑物、道路、围墙、挡土墙等的轮廓线
虚线	粗	b		新建建筑物、构筑物的地下轮廓线
	中	0.5b		预留扩建的建筑物、预留用地的轮廓
	细	0.35b		原有建筑物、构筑物的地下轮廓线
单点长画线	细	0.35b		定位轴线、对称轴、道路中心线等
双点长画线	粗	b		用地红线
	中	0.5b		建筑红线

建筑总平面中的标高、坐标、距离等以"米"为单位,取小数点后三位,不足时以"0"补齐。详图可以以"毫米"为单位。总平面中需要标注的基本内容及相关规定如表5-7所示。

表5-7 总平面图的标注内容及相关规定

标注内容	相关规定
新建建筑及其与周边距离	标注出新建建筑的总长度、建筑与建筑之间的距离、红线与退红线之间的距离、建筑与红线、退红线之间的距离。 主要用来表明符合消防间距和日照间距,符合规划要求的各类红线退让
标高	总图中的标高应为绝对标高。当为相对标高时,则应标明相对标高与绝对标高的相对关系
指北针	指北针圆直径24mm,指针尾部宽约3mm,指北针头部标注"北"字或"N"字
建筑出入口	建筑出入口包括建筑物出入口,地下室机动车、非机动车出入口等。 用高度300的等腰直角三角形表示
建筑层数	层数用阿拉伯数字表示,低层建筑也常用"点"的数量表示层数
建筑功能	把功能名称直接标注在建筑上

（2）平面图

建筑物的每一层都应当绘制平面图。沿水平方向剖切建筑，用以展现建筑各层的整体构架、平面布局、空间分隔与交通联系，用来明确表示该层建筑在水平方向上的整体关联。

某一层平面图是指在本层窗台上方（大致900~1200mm的高度），沿水平面横向剖切，自上而下正视该层的正射投影图，按尺寸和比例绘制出来的图纸（图5-15）。

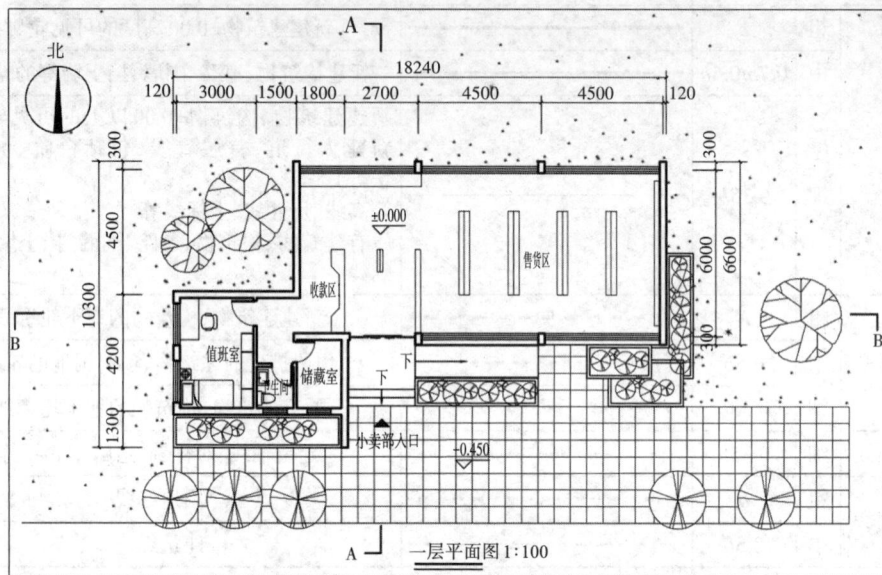

图5-15　小卖部一层平面图

平面图中需要表达的内容及其图线规定如表5-8所示。

表5-8　平面图的绘制内容及图线规定

线型		线宽	图例	图纸内容
实线	粗	b	——————	结构构件（墙、柱）的剖切线
	中	0.5b	——————	次要构件（门、窗等）和家具的剖切线
	细	0.35b	——————	一切可见线条（包括窗台、楼梯、台阶、雨篷、散水、厨房和卫生间的固定设施、家具、首层平面的室内外衔接方式）
单点长画线	细	0.35b	—·—·—·—	定位轴线、对称轴

每层都应注明本层的轴线、尺寸、标高，包括有变化处的标高以及每张图的图名和比例。首层平面图上还应标注指北针、剖切符号、室外地坪标高、室内外衔接方式和环境过渡。

（3）立面图

立面图就是建筑立面的正投影图，按尺寸及比例绘制的可见线条图，用来表示建筑的体量、外部轮廓和立面形象。为了强调建筑形象，将建筑的轮廓线及地平线加粗，其余线条为细实线。立面图除了反映建筑的体量、尺度外,还要重点表达门窗、入口、阳台、雨篷以及檐部、线脚等构件和细部的设计(图5-16)。

立面图应注明必要的尺寸和标高,写上图名和比例。

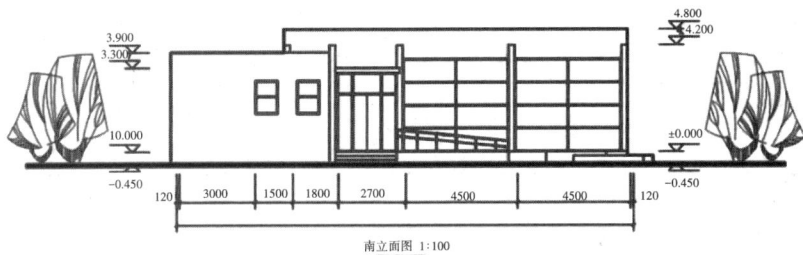

图5-16 小卖部南立面图

(4)剖面图

剖面图为建筑物垂直方向的剖切正投影图,反映房屋垂直方向上的内部结构、空间关联和竖向交通情况。剖面图需要根据首层平面图上标示的剖切符号,确定剖切的位置和正视的方向,再根据尺寸和一定比例绘制出正投影图(图5-17)。

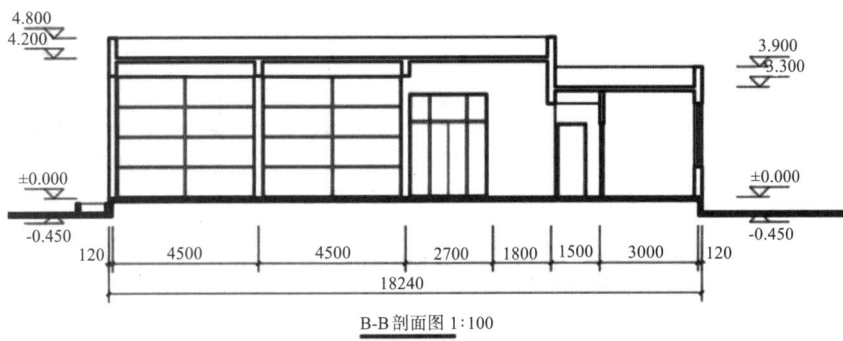

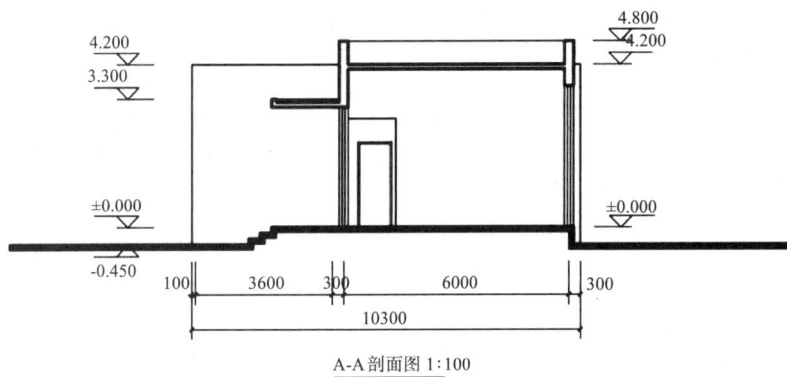

图5-17 小卖部剖面图

剖面图一般需要绘制剖切的主要构件、次要构件和其余可见线,还需要标注各层楼面标高、屋顶标高,室外地坪标高,阳台、挑檐和出挑物标高等,并注明图名比例(见表5-9)。

表5-9　剖面图的绘制内容及图线规定

线　型		线　宽	图　例	图纸内容
实线	粗	b		结构构件(地坪、楼板、屋顶、墙、梁)的剖切线
	中	$0.5b$		次要构件(门、窗、雨篷、栏杆等)和家具的剖切线
	细	$0.35b$		其余结构构件、次要构件和家具等的可见线条

5.绘制平面、立面、剖面的步骤示范

在建筑方案图的绘制时,通常是按照先绘制平面图、再绘制立面图和剖面图的步骤来进行。图纸绘制有一定的步骤和逻辑,下面就以小卖部方案为例,详细讲解一下工程图纸的绘制步骤。

(1)平面图的绘制步骤(图5-18)

a. 用点画线绘制所有墙、柱的中心线,即定位轴线。

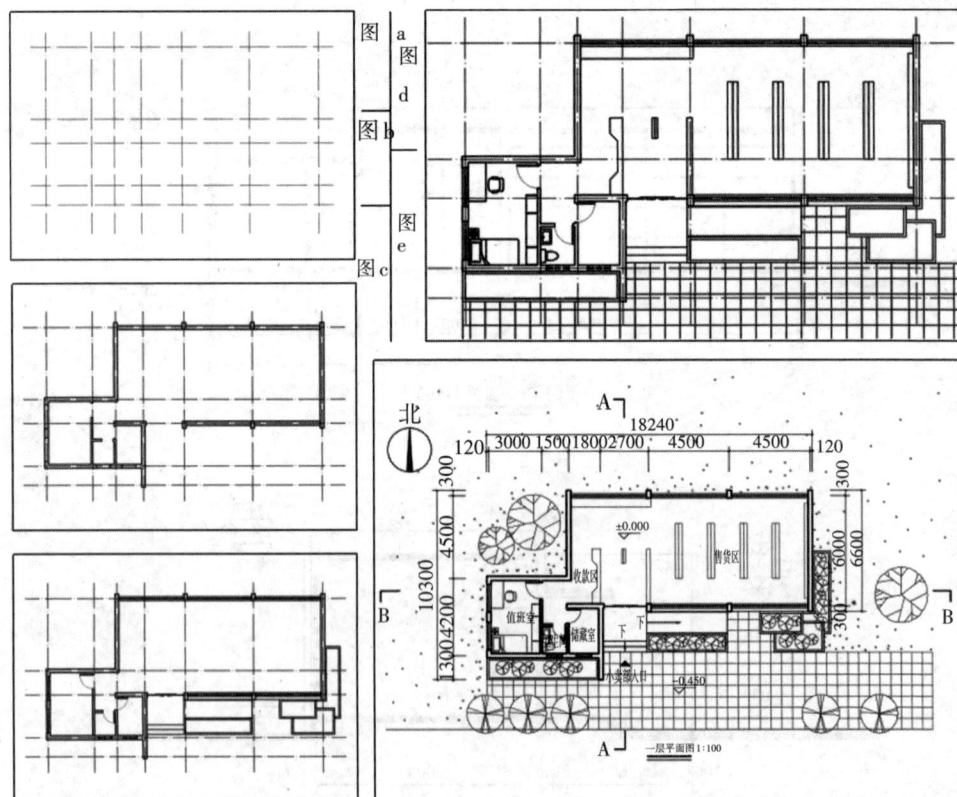

图5-18　小卖部平面图绘图步骤

b. 根据定位轴线,用细实线以定位轴线为中线,向内外两侧扩出半墙厚度,绘制内外墙线,并留出门窗洞口洞。

c. 绘制门、窗、栏杆与楼梯踏步、室外花坛等细部构件,其中门要表达出开启方向。

d. 画出室内家具、厨卫设备、地面铺装等建筑装饰细节。

e. 矫正无误后,上墨线并区分线型宽度,然后标注尺寸和符号,最后绘制建筑配景。

（2）立面图的绘制步骤（图5-19）

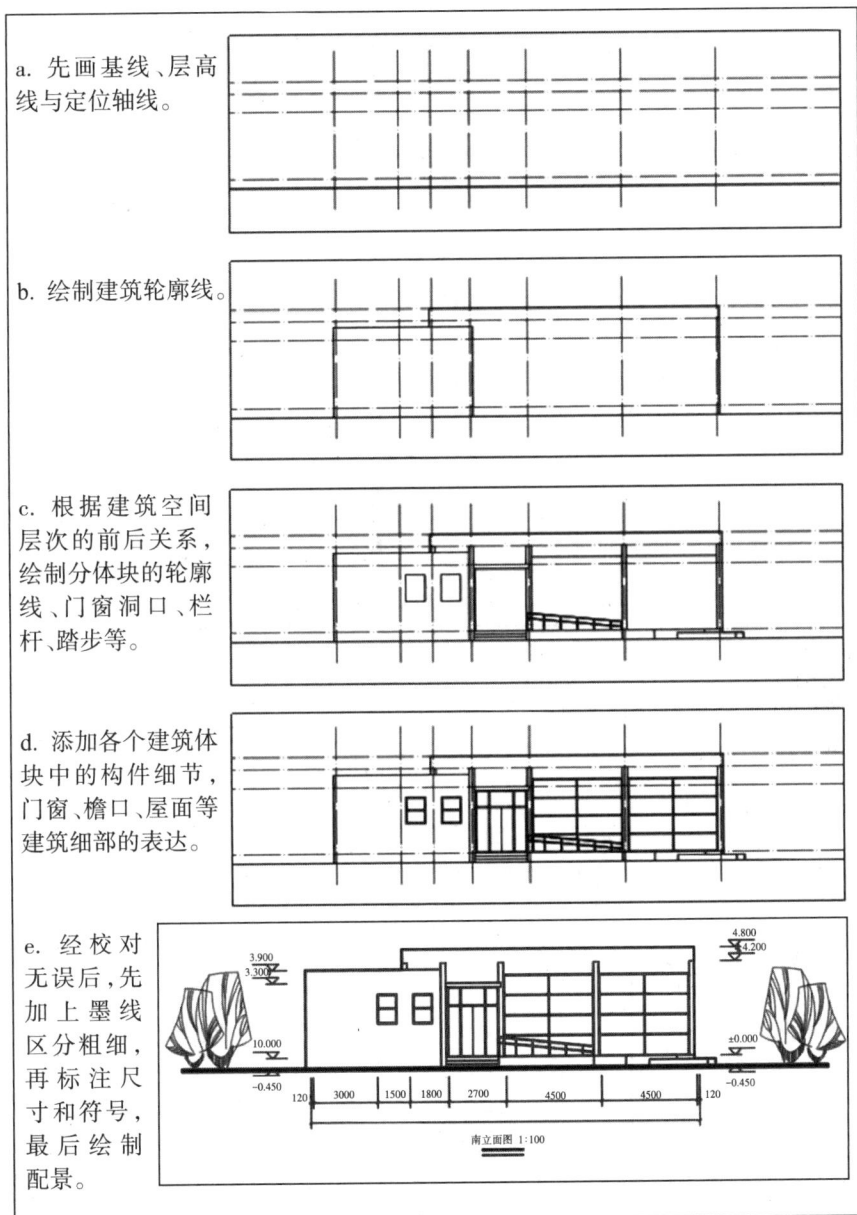

图5-19　小卖部立面图绘图步骤

（3）剖面图的绘制步骤（图5-20）

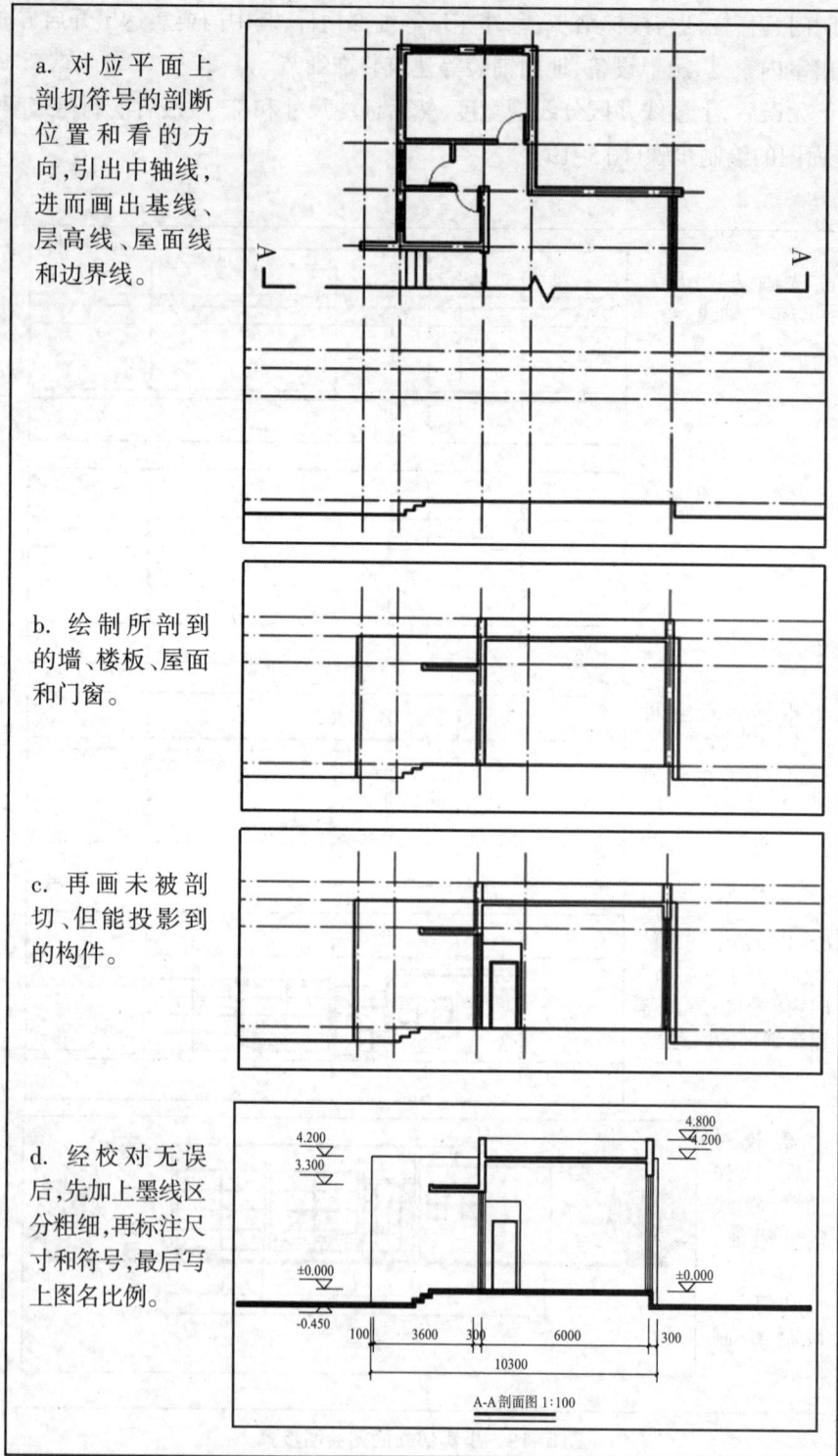

a. 对应平面上剖切符号的剖断位置和看的方向,引出中轴线,进而画出基线、层高线、屋面线和边界线。

b. 绘制所剖到的墙、楼板、屋面和门窗。

c. 再画未被剖切、但能投影到的构件。

d. 经校对无误后,先加上墨线区分粗细,再标注尺寸和符号,最后写上图名比例。

4.200
3.300
±0.000
-0.450
4.800
4.200
±0.000
100 3600 300 6000 300
10300

A-A 剖面图 1:100

图5-20 小卖部剖面图绘图步骤

6.绘制图纸的步骤

建筑图纸绘制的大致步骤是按照"准备—排版—底稿—墨线—标注"的流程完成的(见表5-10)。

表5-10 图纸绘制基本步骤

步骤	工作内容
准备	准备纸、笔等工具,将纸张平整地固定在图板上
排版	做好排版,根据读图的认知习惯和图样的大小,合理规划好整体布局,包括标题、尺寸标注、说明等所有内容
底稿	用2H的铅笔,以可见为度打底稿,底稿线条交叉时,可以交叉、出头
墨线	墨线绘制应该先细后粗; 先用细实线全部描一遍,可见线、尺寸线和轴线等一次即可完成; 再用中实线加粗,最后绘制粗实线
标注	最后标注文字、尺寸、标高和标识符号,写图名、比例和图纸标号

注意:绘制粗线条时,线的外边皮需用细线精准控制线宽尺寸,线的内侧则用粗笔尺规填充。

5.2.2 建筑效果图表达

建筑效果图表达

建筑效果图是以建筑平面、立面、剖面设计为依据,来表现建筑形象,因此,它既具有准确、真实的科学性,又具有艺术性,其中艺术性是建筑效果图较为突出的特点。

建筑效果图是以表达建筑外观形象、造型风格特点为主的图。

建筑效果图与工程图不同,虽然不具备很好的度量性,但能够准确表达建筑的相对尺寸,表现更具张力,能够强化建筑的优点和重点,可以营造建筑场景,善于烘托建筑氛围,以此获得人们对设计意图的理解和认同(图5-21)。

图5-21 效果图的作用

建筑效果图展现的建筑形象都是三维形象,其绘制原理就是综合利用正射投影的三维数据,求出显示建筑空间和体积的三维形体——透视图和轴测图(图5-22)。

在透视图中，我们看到某些平行线组不再平行了，而其延长线会交于一点。但轴测图仍然具有正射投影图的特点，不仅以平行线来表达建筑的平行线，而且以三维轴线来表达形体的绝对尺寸(图5-22)。

图5-22 透视图和轴测图

1.建筑透视图的表达

(1)透视图的基本概念和术语

透视投影是用中心投影法将建筑形体投射到画面上，从而获得比较接近人眼观察的视觉效果，即近大远小、近高远低、近疏远密等特点的一种呈现效果。如果将建筑简化为立方体，那么，建筑中凡是与画面相平行的线组，在透视中仍然保持平行，凡是与画面不平行的线组，在透视图中必然交于一点(即灭点)，且这个点的位置位于与观察者眼睛等高的水平线上(即视平线)上(图5-23)。

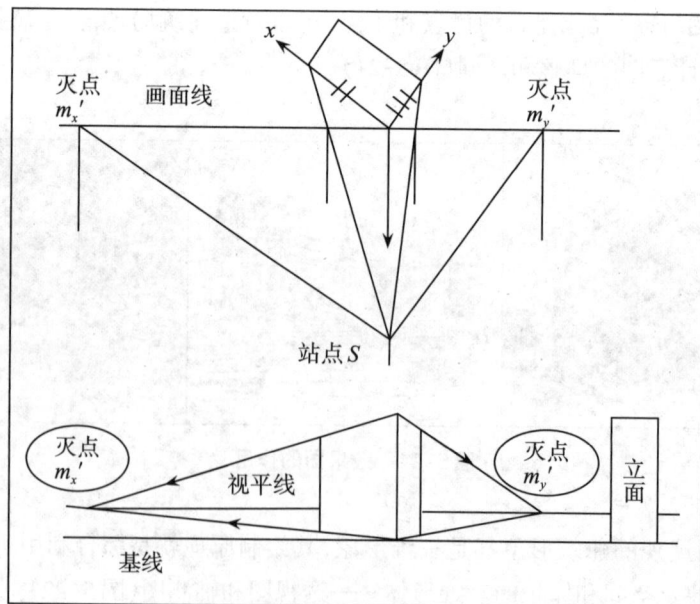

图5-23 两点透视的基本概念

透视图是人在特定视点观察物体的图像,影响这种成像效果的最关键因素在于视距、视角和视高。视距就是观察者与被观察对象之间的距离,也就意味着观察者离物体的远近。视角是指观察者观察建筑物的角度。视高是指观察者眼睛离开地面的高度,由此伸展的水平线就是视平线。

(2)透视的分类

透视图根据透视关系,也就是灭点数量,可以分为一点透视、两点透视和三点透视。

一点透视用于表现有特色的立面或有进深感的场所,主要用于室内空间的表达,也会在街景或庄重的纪念性室外场景中运用。会选择一点透视表达的建筑方案通常有一个良好的主立面或一个有进深感的空间(图5-24)。

两点透视是室外效果图运用最普通的形式,也最接近人们日常观察的角度(图5-25)。

三点透视通常用于展示特别高大的建筑物。平视角度人没办法看到建筑的全貌,为了避免仰视或者俯视,就选用三点透视。也会用于物体本身并不与水平面垂直的情况,如坡地、直跑楼梯等。三点透视可以表达出那种建筑宏伟高大的感觉,仰视通常给人一种挺拔、险峻之感,俯视又时常给人动荡欲覆的深邃感(图5-26)。

图5-24　一点透视效果图

图5-26　三点透视效果

图5-25　两点透视效果图

（3）两点透视的绘制要点

两点透视图中仅有铅垂轮廓线与画面平行，而另外两组水平的主向轮廓线均与画面斜交，形成了两个灭点。

两点透视在建筑效果图中运用得最多，相对于一点透视，它呈现的效果更直观、更真实，画面处理也更灵活多变。选择合理的视角、视距和视高，是成功绘制透视图的关键所在。

视角是指观察者观察建筑物的角度。随着观察角度的左右移动，建筑物的不同立面会呈现出相对大小和形状的变化。光源对不同立面的投射角度也会发生变化，进而影响形体的光影效果。通常我们会选用30°和60°的视角，使立面有主次之分，突出设计重点（图5-27）。

	a. 两点透视角度的选取
	b. 灭点过于靠近透视体块而导致侧面太小，体积感不强
	c. 灭点适中，正面透视与侧面透视比例协调，这时建筑的体积感最强
	d. 左右灭点接近对称，正侧面透视基本相同，建筑被1/2等分，体量失真
	e. 灭点太靠近正面，侧面面积很大，正面面积很小，不利于整体表达

图5-27 透视角度对透视效果的影响

视距越大，灭点越远，建筑轮廓的透视效果就越薄弱，越接近正投影面。相反，视距越短，灭点越近，建筑的透视效果越夸张。通常，选取视距的大小为建筑物高度的3倍，具体需视建筑形体特点进行调整（图5-28）。

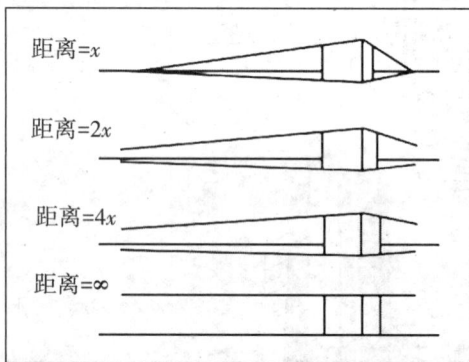

图5-28 视距对透视效果的影响

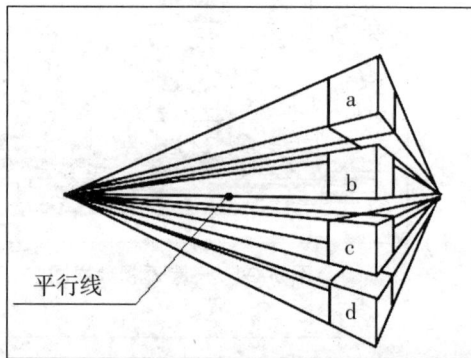

图5-29 视高对透视效果的影响

视高是指观察者眼睛离开地面的高度，由此伸展的水平线就是视平线。视高意味着观察者位置的高低，一般选择1.5~1.7m。视高变低，渐趋仰视；视高变高，渐趋俯视。当视高高于建筑物高度时，就成为鸟瞰（图5-29）。

2. 建筑轴测图的表达

轴测图是一种单面投影图，在一个投影面同时反映物体三个坐标面的形状，并接近人们的视觉习惯，形象而逼真，富有立体感。轴测图与透视图不同的是，透视图有灭点，导致物体有些平行的线最终消失于灭点，而轴测图没有灭点，物体上互相平行的线段在轴测图上仍互相平行。

轴测图既可以表现建筑的外部形体，又可以表现建筑的内部空间（图5-30、图5-31）。

（1）轴测图的基本术语和特点

轴测图并不是轴测投影直接生成的投影图，而是用简化了的轴倾角和变形系数画出的具有轴测投影特点的图。在轴测图绘制中，常常提到的术语有轴测角、轴间角、轴倾角和轴向伸缩系数（图5-32）。

轴测图中的三个轴测轴分别对应空间坐标体系中的三个坐标轴X、Y、Z；凡是平行于坐标轴的直线，在轴测图中平行于相应的轴测轴；凡是平行于轴测轴的直线，可以按比例（轴向伸缩系数）绘制。

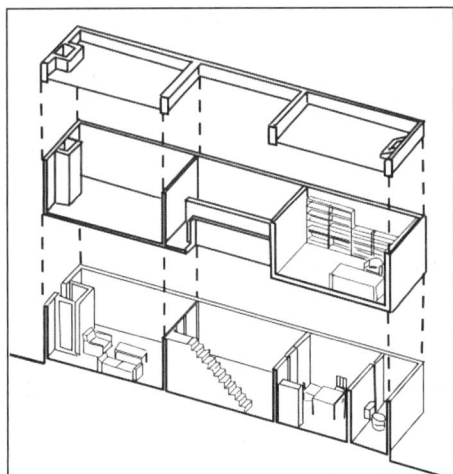

图5-30　轴测图展示建筑内部空间

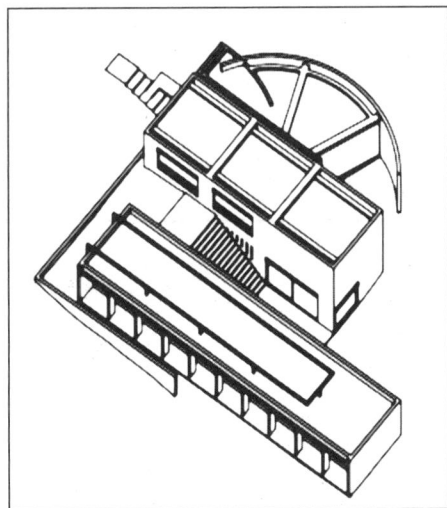

图5-31　轴测图展示建筑外部形体

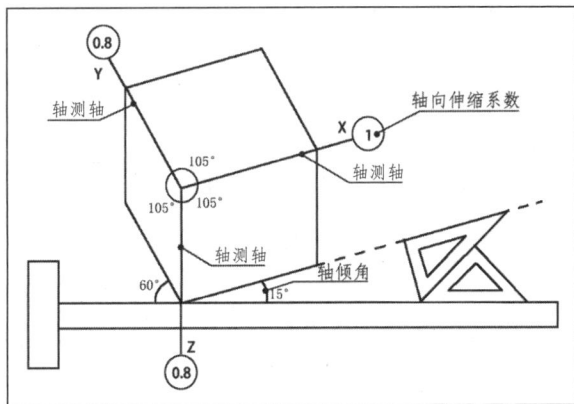

图5-32　轴测图的基本术语和特点

（2）轴测图的分类

轴测图按投射方向与轴测投影面是否垂直，分为正轴测图和斜轴测图。在正轴测图中，假设观察者位于无限远处，视线与物体连线平行，物体垂直投影于投影面，但几个面都不平行于投影面。斜轴测图是指物体一个面平行投影面，观察者位于无限远处，视线与物体平行，但与投影面形成一定角度（图5-33）。

轴测图相对透视图而言，形体的透视趋势虽然减弱了，却增添了一分工程制图的理性。同时，良好的形体关系和丰富的

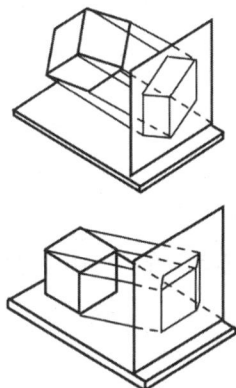

图5-33　正轴测图与斜轴测图

第五立面,都是绘制轴测图的加分项(图5-34)。

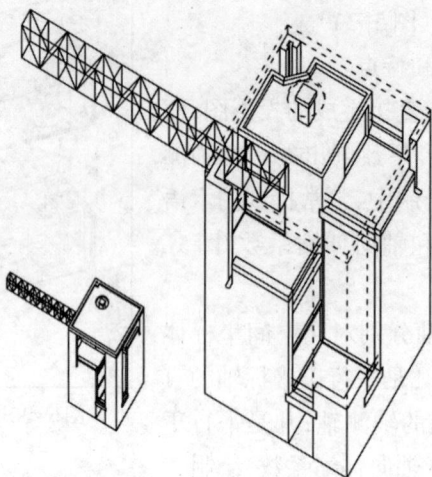

图5-34　丰富的第五立面是轴测图的加分项

不同角度的轴测图有不同的特点(表5-11),我们在工程表达中最常用到的轴测图是正等轴测图和斜二轴测图。

表5-11　常见轴测图的特点

正轴测图			斜轴测图	
正等轴测图	正二轴测图	正三轴测图	斜二轴测图	斜等轴测图
三个面变形程度一致,作图方便	两个面变形程度一致,第三个面不同	生动、逼真,但作图复杂	正立面反映实形	顶面反映实形
三轴伸缩系数均为1			X轴、Z轴伸缩系数为1,Y轴伸缩系数为0.5	三轴伸缩系数均为1

3.建筑配景的练习

为了烘托建筑、创造环境,也为了反映基地的地形地貌,建筑效果图中需要一定的配景设计。常用的建筑配景包括"树、人、车"。由于配景起到陪衬与烘托建筑主体的作用,因此不能喧宾夺主,不同的画面风格与配景所在不同的画面层次,配景的表现有很大的不同,如远景的配景景物应表达得概括,突出轮廓。抽象的表达风格可选择程式化的配景表达。

绿化作为使用频率最高的配景元素,不仅在效果图中会用到,在平面、立面的表达中也会使用。绿化的配置要具有层次感,区分近景、中景、远景的层次。远景虚化,只勾勒出轮廓即可;中景表现体量感,适当表现细节;近景必须能表现不同树种的特征,做到"形美"(图5-35、图5-36)。

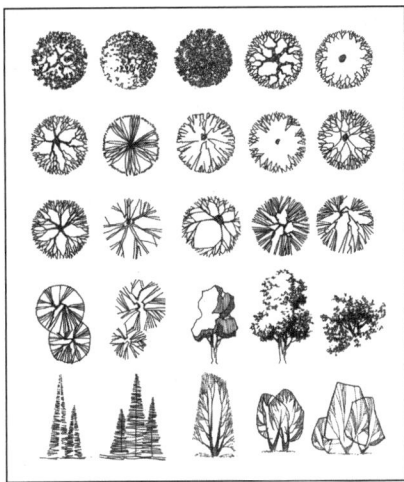

图5-35 配景树1

图5-36 配景树2

人在建筑效果图中起到一个特殊的作用,就是通过对比体现建筑的尺度。在人物绘制中,要特别注意视高与建筑的相互关系,人视角度的效果图,视高基本等同人高(图5-37至图5-39)。

图5-37 人物配景的不同表达方式(学生临摹作品)

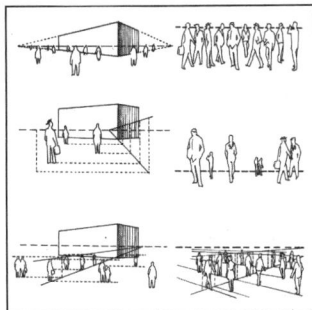

图5-38 不同视高的人物配景表达

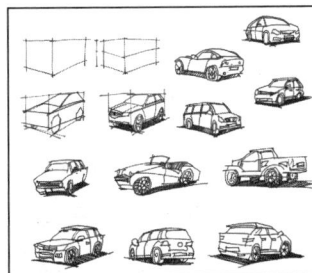

图5-39 汽车配景的不同表达

5.3　建筑模型表达技法

与图纸一样,模型也是设计表达的一种方式,但两者表现方式不同:图形是用图解的方式,以线条和平面等元素来记录和表达设计的意图和过程,综合利用二维图纸来表现三维的空间形体;而模型是以板片和支柱　建筑模型表达技法等建构元素来模拟设计者的创造和想象,并利用体量将其转化为三维空间形体的表达。

将模型推敲法引入建筑设计课程,就是将立体思维方式引入建筑设计过程。这种方法较之传统的草图设计更为直接,对处于"入门"阶段的学生来说,更易建立起直观的空间概念,且能突破传统图式思维在空间维度上的限制。以模型来进行建筑方案构思和设计,将完善建筑设计课程教学方法,改变传统的只注重二维图纸表达的局面,培养学生的空间感与立体思维能力。

5.3.1　建筑模型的分类

建筑模型分为建筑实体模型和计算机数字模型。实体模型可分为工作模型和展示模型,学生推敲建筑方案常用到的是工作模型。数字模型使用的软件很多,有 Sketchup、3Dmax、Autocad 等。学生方案构思和深入阶段目前常用的建模软件是 Sketchup(以下简称 SU)。不同阶段模型的功能、内容和制作方法也有所区别。

1.实体模型(图5-40)

工作模型:是指设计过程中,建筑师通过各种材料(常用纸板、泡沫板、泥塑等)快速展示设计各阶段的成果。工作模型在方案的不同阶段,体现的成果也不一样。在方案构思阶段,体现为概念模型,即采用简单工具和材料来塑造建筑的形象;在方案深入阶段,模型的表达更加具体和准确。工作模型是辅助设计者进行方案推敲和深入的有力手段,主要用来分析建筑与周边环境的关系、建筑的体量组合关系、建筑的虚实变化、建筑材质等。工作模型制作简单,表达直观,提供的是一种直接的空间接触和体验。

展示模型:展示模型表达最终确定的建筑设计,用于展示或展览。展示模型中的建筑形体、立面、建筑和环境的关系等表达应该准确,模型做工精细。可以用卡纸、木材等材质来表达建筑作品的风格和艺术效果。展示模型制作相对复杂些。

2.数字模型(图5-41)

数字模型能更加生动形象地模拟真实环境与建筑细部。以 SU 数字模型为例,它建模简单,修改方便,能够将形体与材质的关系可视化,帮助设计者同时综合考虑建筑形体、界面和材质的问题。SU 模型空间效果直观,设计者可以从任何需要的角度来观测建筑的外观形态、内部空间、细部设计等。SU 可以模拟真实环境,通过模拟人在建筑中的行走路线,以一种亲身体验的方式将建筑未来的使用状况展示出来。SU 具备强大的光影分析功能,可以模拟建筑在特定时间和地域下的日照阴影效果。SU 还能按设计者的要求方便快捷地生成各种空间剖切图。

虽然 SU 模型功能非常强大,但是仍然不能代替工作模型。尤其对于刚学建筑的学生来说,SU软件中放大和缩小的功能容易让其丧失对建筑真实尺度的判断。同时,SU模型在建筑设计方案展示与交流的方便性方面也略逊于工作模型。

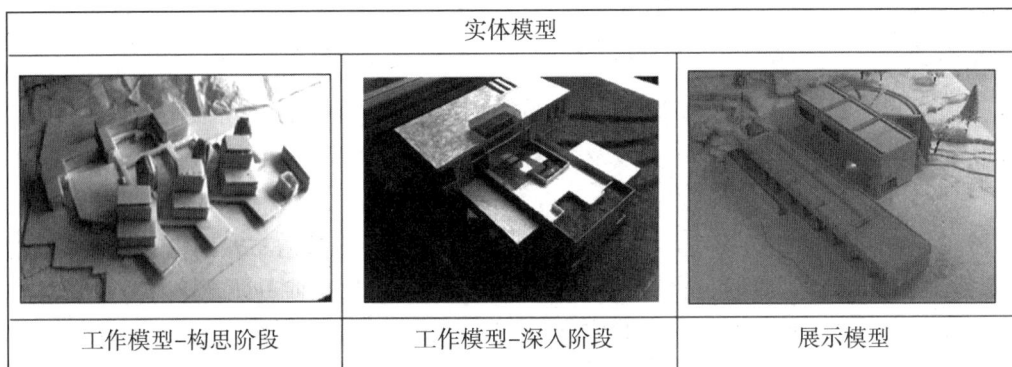

图5-40 实体模型

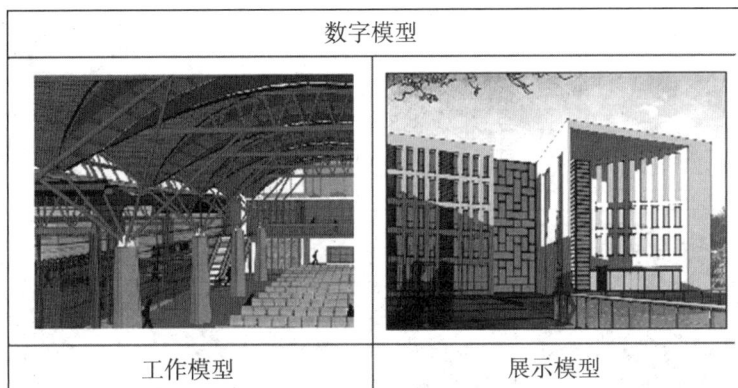

图5-41 数字模型

5.3.2 建筑模型的工具与材料

1.建筑模型材料(图5-42)

常用的建筑模型制作材料可分为纸类、塑料类、竹木类、金属类、配件类等。

（1）纸类

纸质模型材料最为常规和普遍,它有着种类多样、易于加工等优点,如卡纸、厚纸板、瓦楞纸等。纸质的材料易于切割和黏结,具有成本低、成型快速、效果良好的优点,但耐久性和牢固度一般。纸类材料的切割工具为工具刀。

（2）塑料类

塑料类材料包括硬泡沫、吹塑纸、ABS塑料板、PVC塑料板、有机玻璃及其他合成材料。塑料类材料易于切割,它最大的特点在于易于塑形与定型,可用来制作不规则曲面、异形和异体。塑料类切割工具为工具刀、电热丝切割器等。

（3）竹木类

竹木类材料包括实木、竹木、胶合板、复合板等。竹木类材料因坚固、稳定、易于获取与加工、效果自然而常被用于模型制作。加工所需场地大,加工常用工具为工具刀、锯、锉和打磨用砂纸等。

（4）金属类

金属材料包括铁丝、金属薄板、金属管和金属丝网等。由于金属材质硬度较高,加工工具常用钳子、剪刀、锐利的切割工具以及焊接工具等。

（5）配件类

除了以上常用的建筑模型材料外,还有制作环境景观或室内布置所需的配件类,如树木、草地、汽车、路灯等。配景可以用抽象或者具象表达方式,根据设计表达的需要来选择。

另外,黏结材料是用来组合模型各零件的,也是必不可少的。常用的模型黏结材料有双面胶、白胶、UHU胶等。

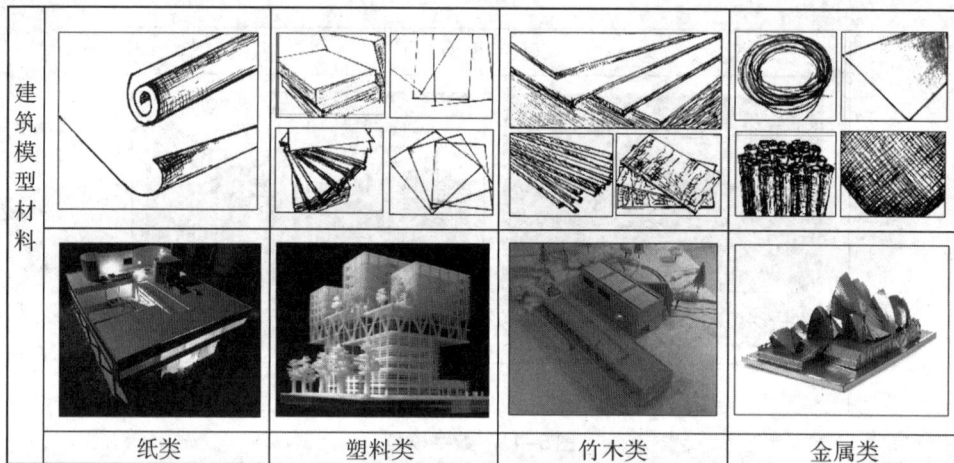

图5-42　建筑模型材料

2.建筑模型工具

制作建筑模型常用的工具包括尺类、刀类、锯切工具、打磨工具等。

（1）尺类

在建筑模型制作过程中,带量度的尺是必不可少的工具,它直接影响着建筑模型制作的精确程度。一般常用的尺类工具包括直尺、钢尺、三棱尺等(图5-43)。三棱尺又称比例尺,是测量、换算图纸比例尺度的主要工具。其测量长度与换算比例多样,使用时可根据需要进行选择。

（2）刀类

刀是模型制作中切削材料的工具,主要包括美工刀、刻刀、剪刀等(图5-43)。美工刀又称裁纸刀,用于裁切纸类或硬度不高的木制、塑料类材料,刀片可收入刀柄,用时推出,但注意不可推出过长,削切时应保持小角度,以免刮花纸板。刻刀刀锋锋利,硬度高,用于刻制细小线框和硬质材料。剪刀用于剪裁纸张、胶带、薄塑料及金属片。

（3）锯切工具

对于硬度较高的模型材料，无法用普通刀类完成裁切时，就需要借助特殊工具，具体包括手锯、线锯床、电阻丝切割器、电脑雕刻机等（图5-44）。

（4）打磨工具

凡塑料、木料和金属材料大都需打磨后才会使表面光滑，主要的打磨工具有砂纸、磨光石、打磨机等。对模型工件毛坯的粗加工，还可以选择用砂轮机（图5-44）。

此外，建筑模型制作中的工具，还包括笔、纸、画线器等画图用具，以及保护桌子和刀子用的切割垫等。

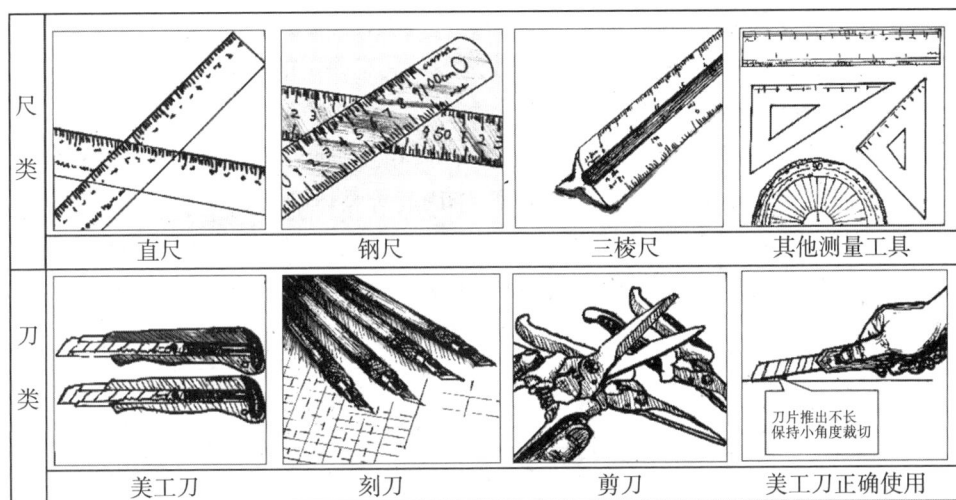

图5-43 建筑模型工具1

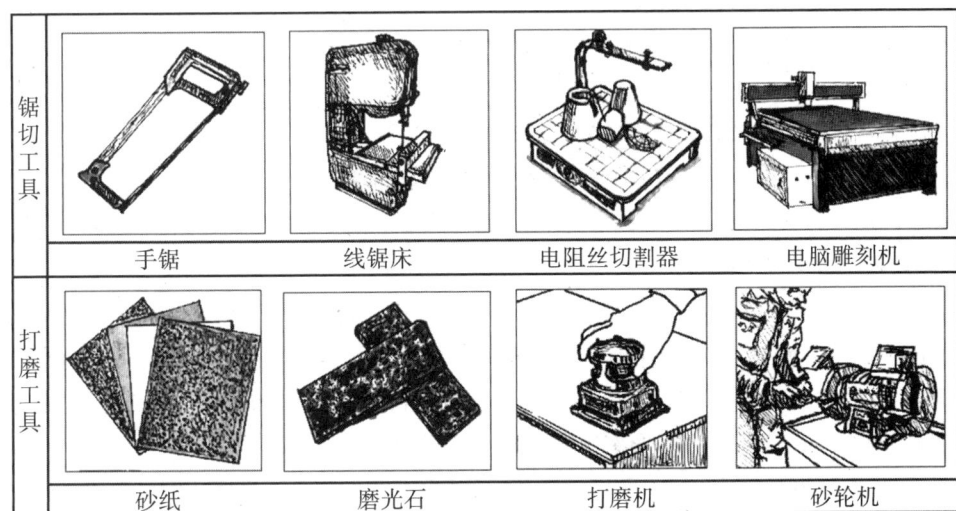

图5-44 建筑模型工具2

5.3.3 建筑模型制作基本技法

1.建筑模型制作基本步骤

建筑模型按照实体组成,可分为建筑、地形底盘和绿化三部分(图5-45)。制作程序一般为:分别制作建筑体与底盘,完成后将它们衔接好,再做绿化与配景。整个模型的用材往往采用多种材料,用料不同,具体操作也不同,制作时应注意以下三点。

(1)建筑与底盘的精确衔接

这是保证模型质量的关键之一,特别是当地段变化复杂时。需要对设计图纸进行精确的测量,以及对模型材料细致地裁切,避免在尺寸放样、材料裁切、黏结时出现误差。

(2)加强建筑模型的整体性、牢固性

建筑构成相对复杂,建筑模型需要大量细小材料进行屋顶、外墙、阳台、门窗等构件的制作,并相互组装完成。各部分衔接必须自然、严密,并具有一定的牢固度。

(3)注重模型整体效果

所有用材在色彩、质感与效果上均应统筹安排,相互协调。除了精致的建筑、绿化环境以外,还应标注指北针、比例,以及底盘的厚度、牢固度等具体细节。

由于建筑模型类型多样、用途广泛,按照需求定位,制作程序与工艺差别较大。下面以课程设计中常使用的体块模型与纸质材料模型为例,讲解建筑模型的制作步骤与技法。

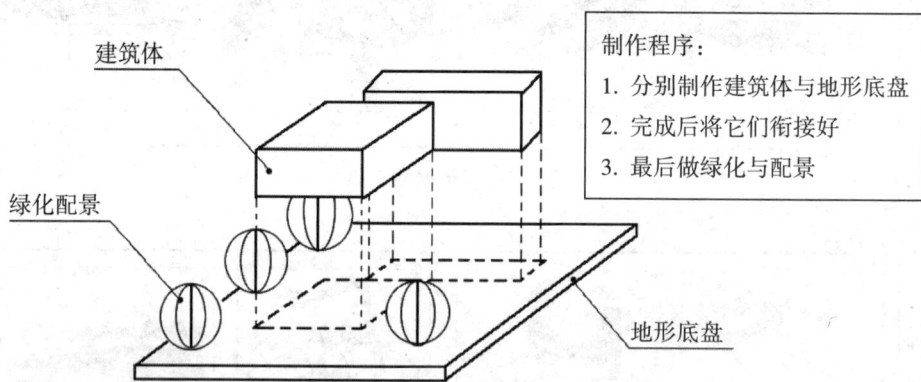

制作程序:
1. 分别制作建筑体与地形底盘
2. 完成后将它们衔接好
3. 最后做绿化与配景

图5-45 建筑与底盘、绿化的关系

2.体块模型基本做法(图5-46)

(1)切割法

对于形体关系较为简单的建筑模型,选择体量大小与质感合适的块状材料,如泡沫塑料,根据建筑形体各部分的基本尺寸,在材料表面进行尺寸测量与刻画,用美工刀或电热线切割机进行切割,形成目标体块形态。

(2)叠加法

对形体较为复杂的建筑模型,可根据形体组合的特点,将形体分为若干体块,每一块分别切割与制作,最后进行叠加黏结组合。

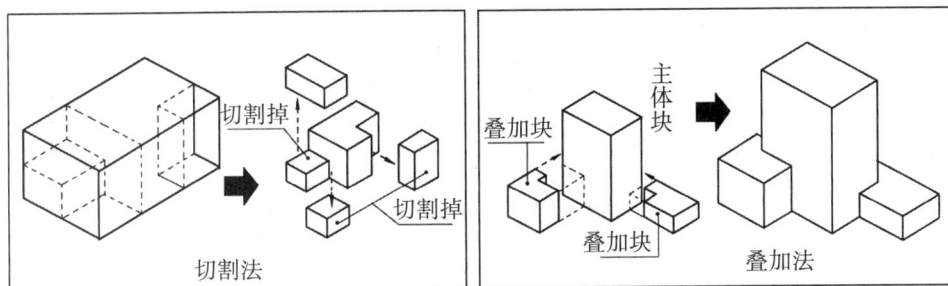

图 5-46　切割法与叠加法

3.纸质模型基本做法

(1)薄卡纸(1mm以下)模型(图5-47)

根据建筑方案图纸中原始图样的尺寸数据,按照一定比例准确绘制在卡纸上,将四个立面图连成一体,绘制成完整的展开立面,可以减少制作程序和降低误差,注意边沿外侧应留边进行黏结。屋顶及其他构件应以实际尺寸进行放样绘制。利用钢尺和刀具,沿着放样图边缘进行裁切。最后将各部分进行折叠和黏结。

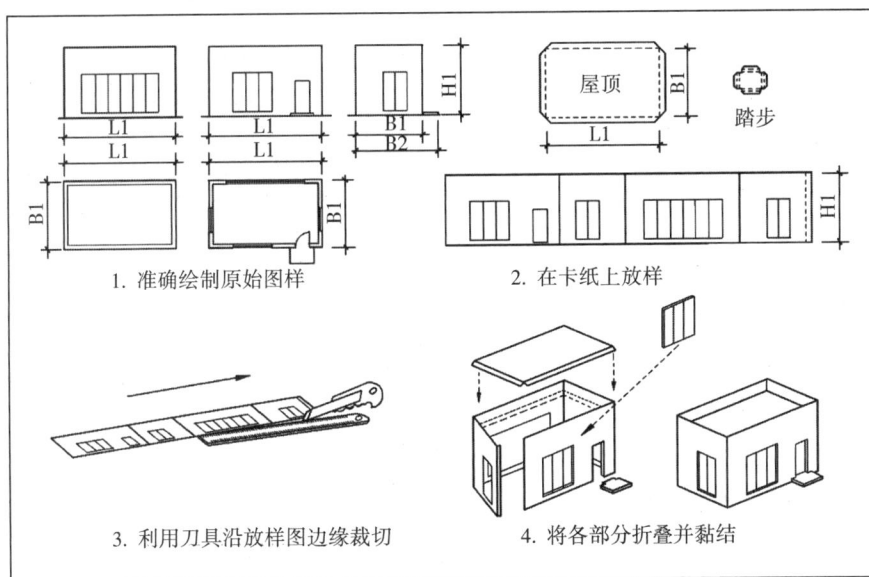

图 5-47　薄卡纸模型做法

(2)厚卡板(2~4mm)模型(图5-48)

利用较厚的卡板制作建筑模型,由于材料不易折叠,因此需要将建筑物各个面分别放样后,独立裁切,再进行拼装黏结。

制作步骤:首先,与薄卡纸模型的放样基本相同,但不需要留边作为黏结,而是靠卡纸厚度或倒角作为黏结面。然后将各个面独立裁切,并在两块相邻拼接处进行倒角处理。最后将所有面按照设计要求黏结固定。

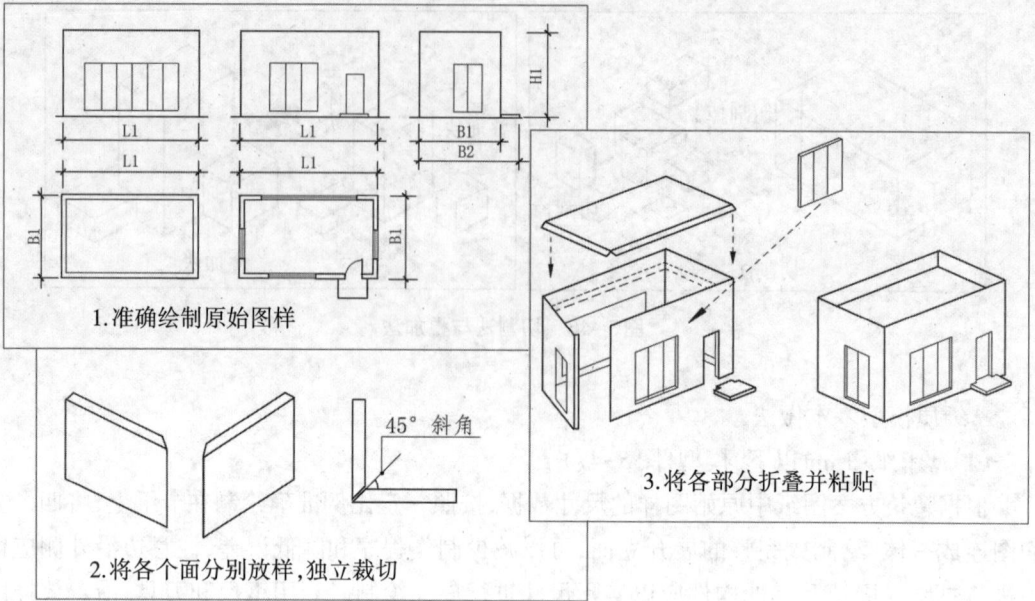

图5-48　厚卡纸模型做法

本章任务模块

抄绘和识读建筑图纸

☞ **教学目的：**

通过本次课内训练使学生了解和掌握《房屋建筑制图统一标准》的相关内容，明确建筑平面图、立面图、剖面图的形成、图示内容、识图方法和制图步骤，了解建筑图纸的基本绘制方法和程序，并能简单应用国家制图标准和相关规范，正确识读建筑平、立、剖面图。

☞ **教学步骤及进程安排：**

1. 教师讲解基本的制图规范、制图方法及步骤；

2. 学生理解和识读某传达室建筑的平、立、剖面图；

3. 教师指导，学生按照任务书要求抄绘传达室相关的建筑平、立、剖面图。

☞ **作业要求：**

1. 学生在识读理解传达室建筑平、立、剖面的基础上，按1∶100比例绘制；

2. 完成传达室建筑平、立、剖面图抄绘图1张，A3图幅(具体详见后面所附样图)；

3. 学生掌握使用尺规作图的正确方法，铅笔底稿要求可见度，墨线要求线型等级分明。

☞ **作业时间：**

1. 铅笔底稿(1周)；

2. 墨线成图(1周)。

☞ **参考资料：**

1.《房屋建筑制图统一标准》(GB 50001—2010)；

2.《建筑制图标准》(GB/T 50104—2010)。

☞ **抄绘样图：**

见下页。

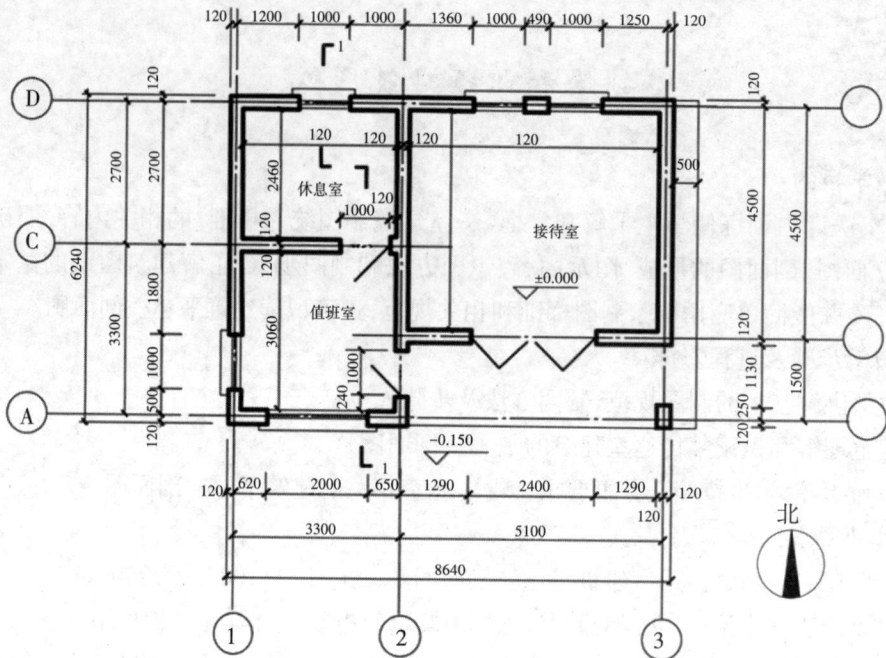

平面图 1:100

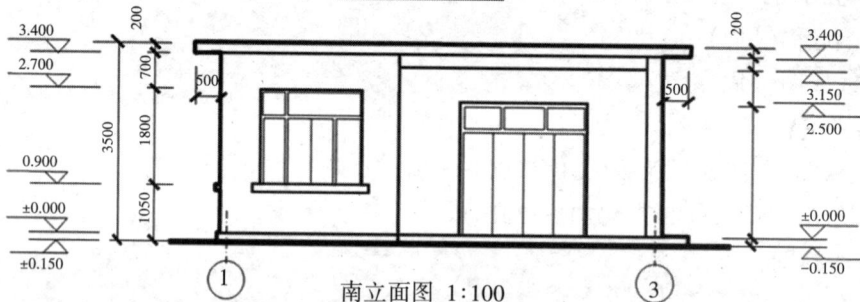

南立面图 1:100

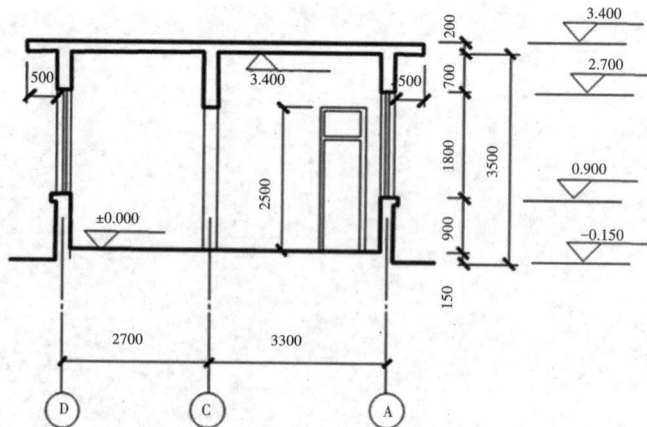

1-1剖面图 1:100

休息室

接待室

±0.000

值班室

-0.150

北

附录　优秀作业

优秀作业1　徒手线条练习

优秀作业2　平面构成练习

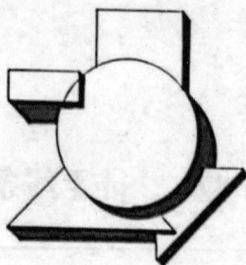

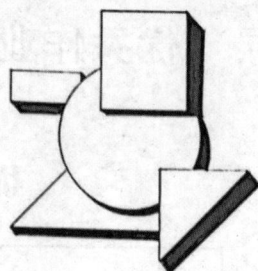

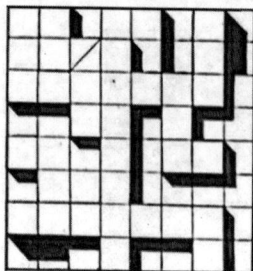

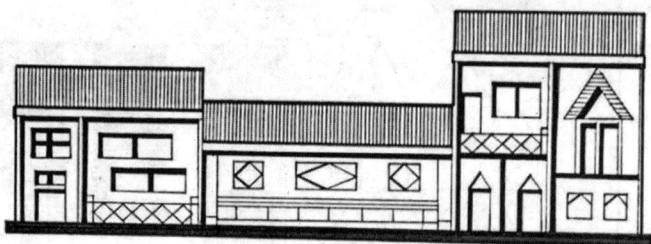

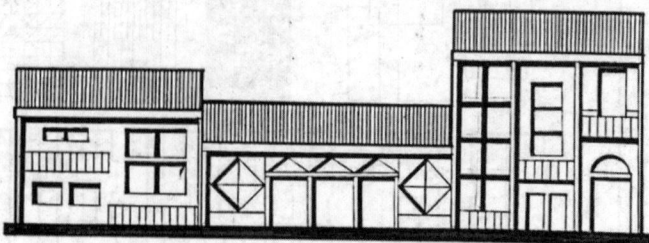

优秀作业3　平面构成练习

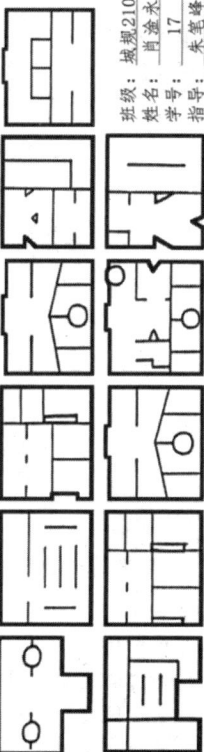

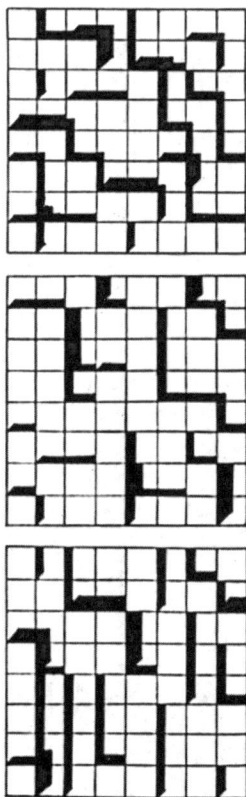

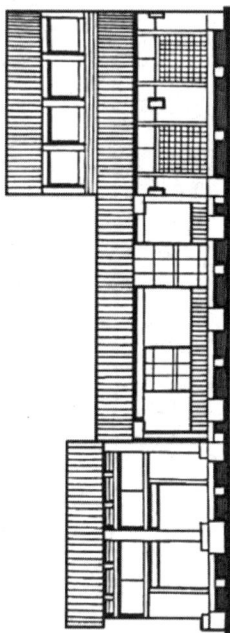

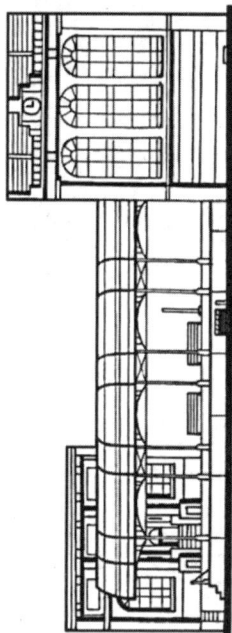

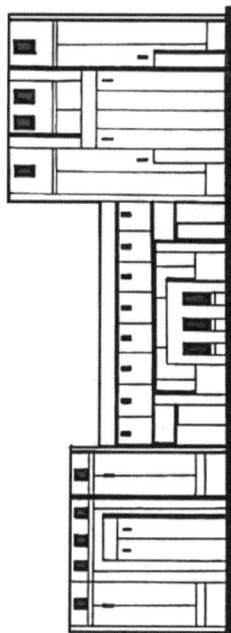

班级：城规2102
姓名：肖途承
学号：17
指导：朱堃峰

优秀作业4　建筑形态构成练习

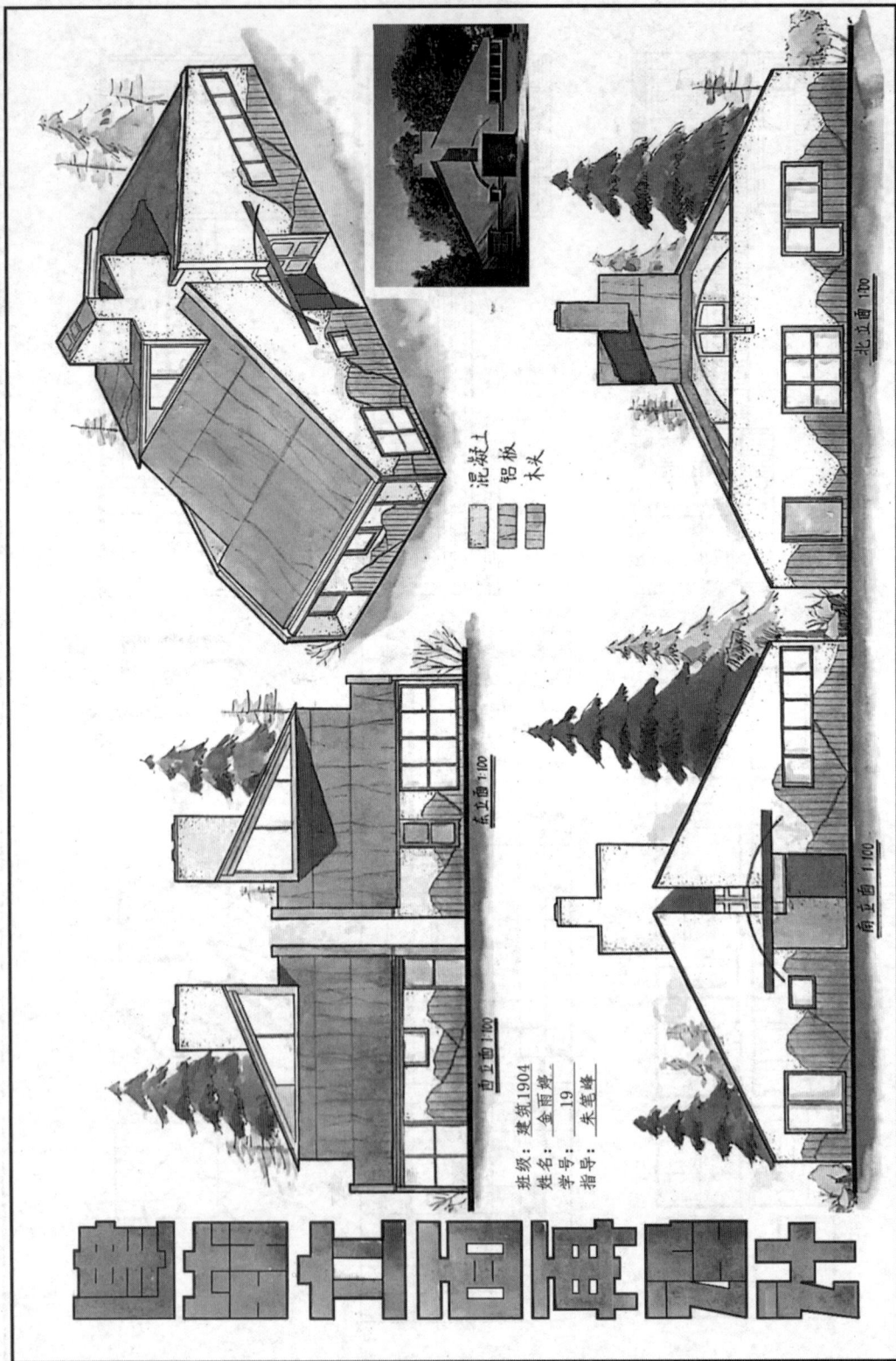

北立面 1:100

东立面 1:100

南立面 1:100

混凝土
铝板
木头

班级：建筑1904
姓名：金雨婷
学号：19
指导：朱竞峰

优秀作业5　建筑形态构成练习

室色·透视图

空间形态 再设计

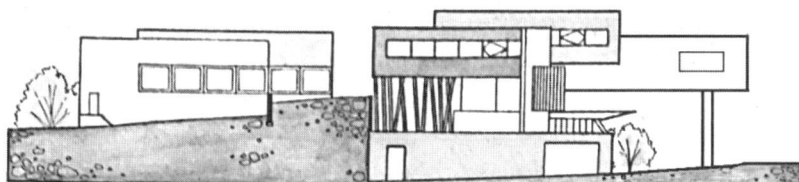

东立面图 1:240　　　　前立面图 1:200

班级：建筑1801
姓名：张旻琦
学号：31
指导：陈思

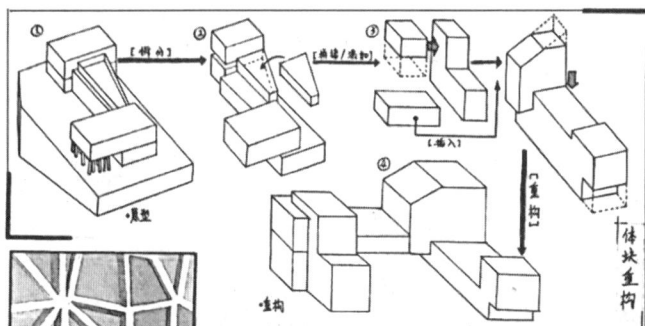

原物态

材料细节

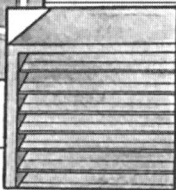

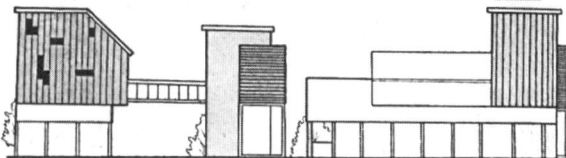

北立面图 1:200　　　　东立面图 1:200

空间再塑造

实体·透视图

优秀作业6　建筑形态构成练习

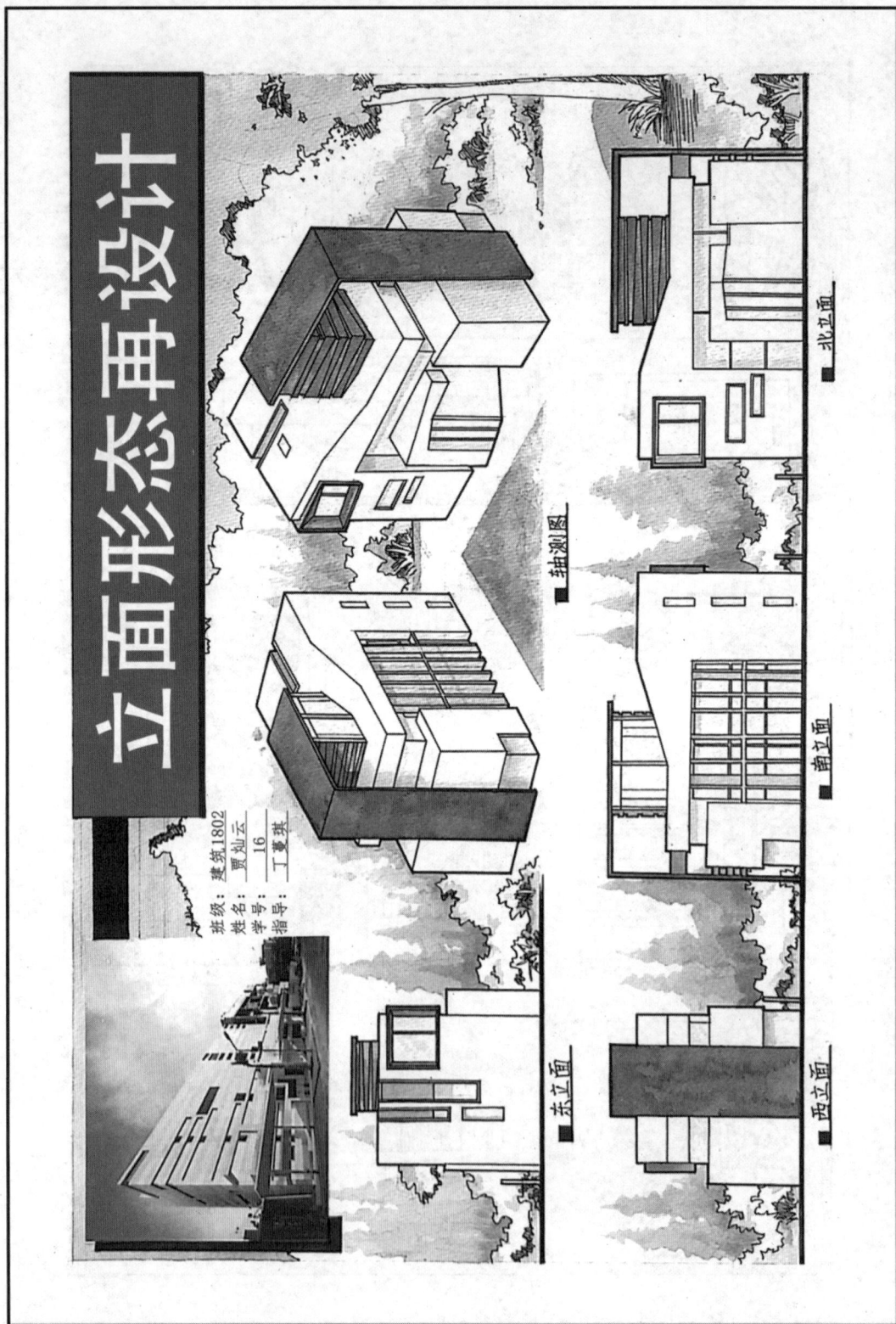

立面形态再设计

班级：建筑1802
姓名：贾灿云
学号：16
指导：丁菱英

北立面

轴测图

南立面

东立面

西立面

优秀作业7　空间形态抽象与提取

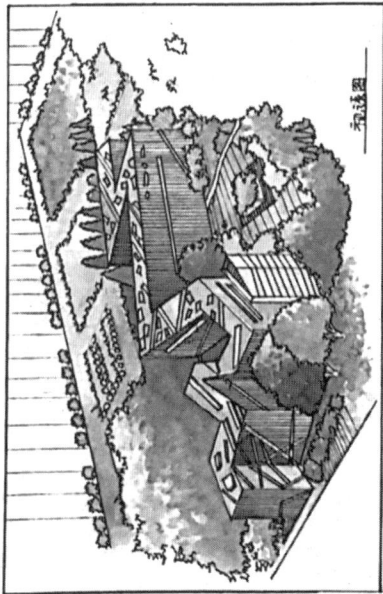

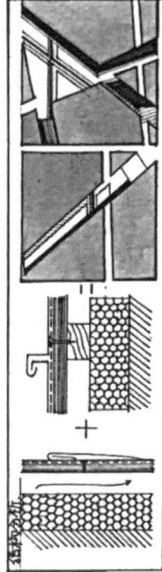

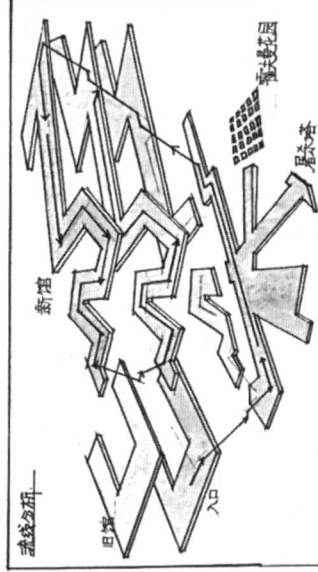

优秀作业7　空间形态抽象与提取

优秀作业8 教室平面测绘

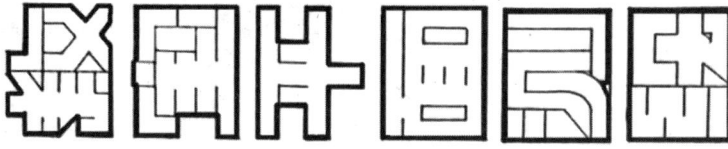

姓名：张青绘
班级：城规1901
学号：32
指导：丁夏琪

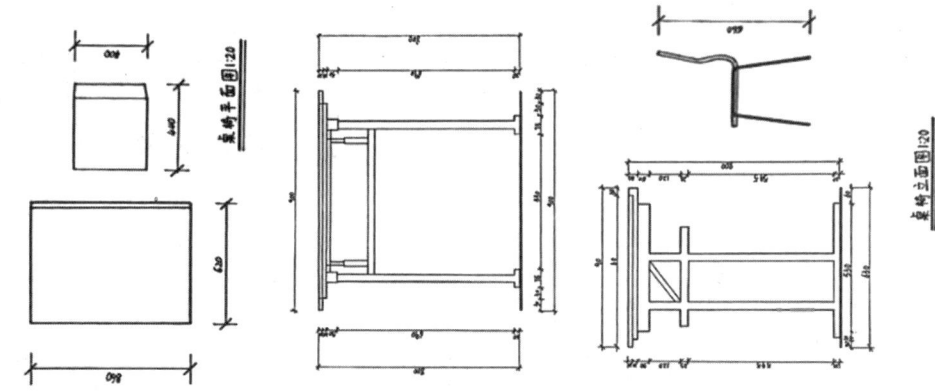

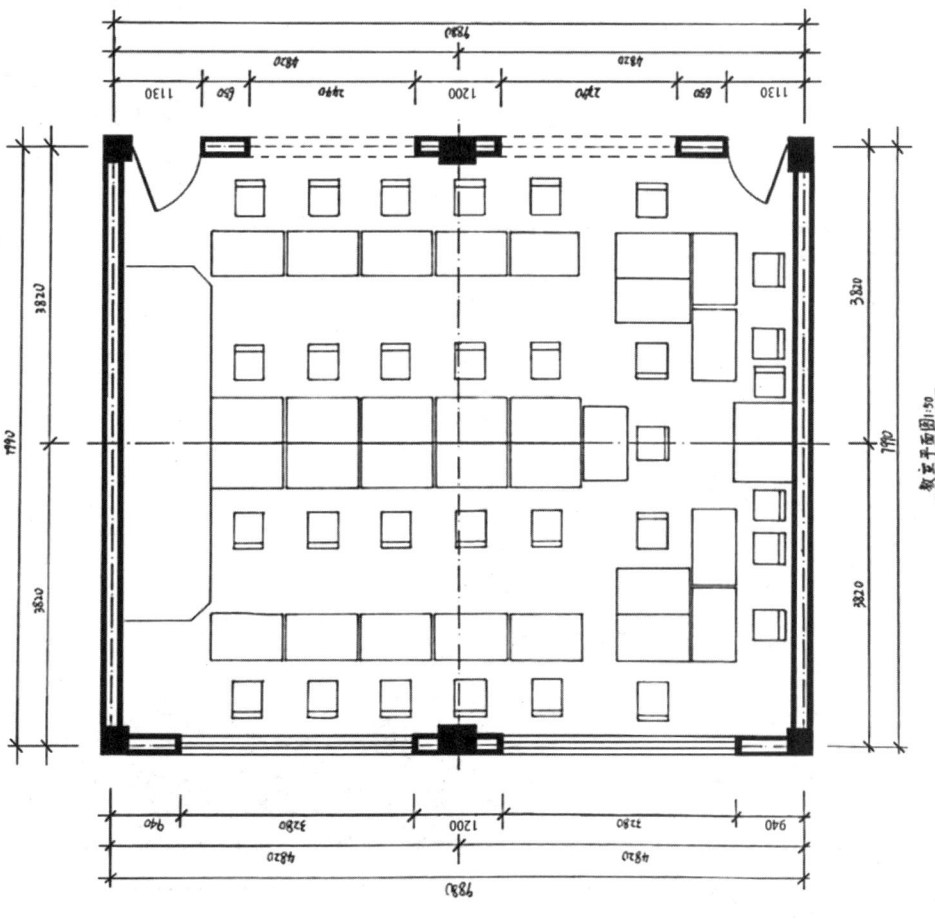

桌椅平面图1:20

桌椅立面图1:20

教室平面图1:50

优秀作业9　展厅空间设计

轴测图 1:100

立面图 1:100

一层平面 1:100

二层平面 1:100

正立面 1:100

姓名：夏陈浩　学号：21

班级：建筑1901指导：丁梦琪

优秀作业10　展厅空间设计

轴测图 1:70

展厅空间设计

姓名：郑一涵
班级：建筑1901
学号：29
指导：丁亮琪

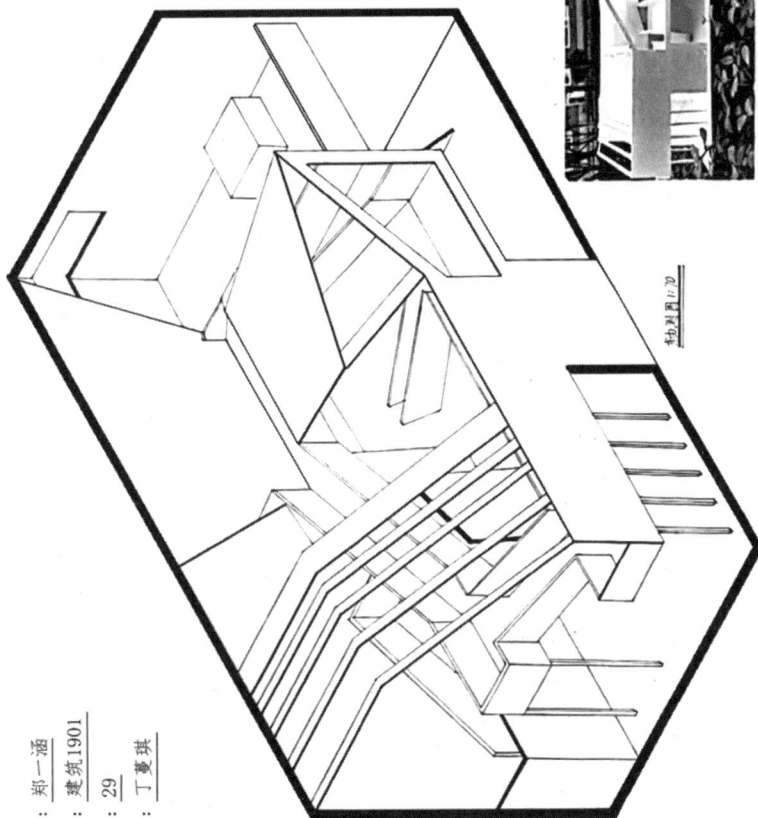

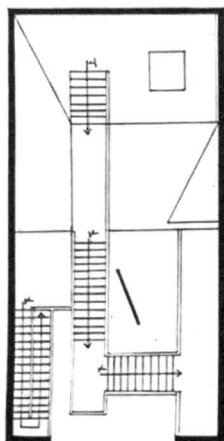

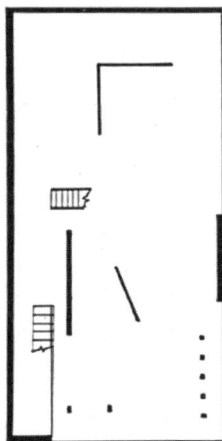

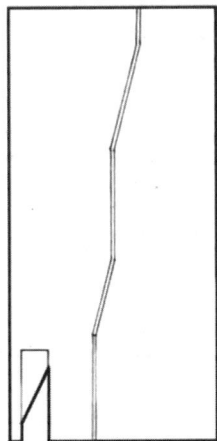

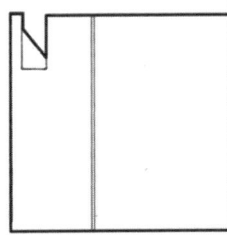

平面图及立面图

轴测图 1:70

一层平面 1:100

正立面 1:100

正立面 1:100

侧立面 1:100

优秀作业11　展厅空间设计

轴测图1:110

正立面1:100

纵立面1:100

姓名:陈金行　班级:建筑1804　指导:丁夏琪

空间感拓习展厅空间设计

二层平面1:100

一层平面1:100

优秀作业12　展厅空间设计

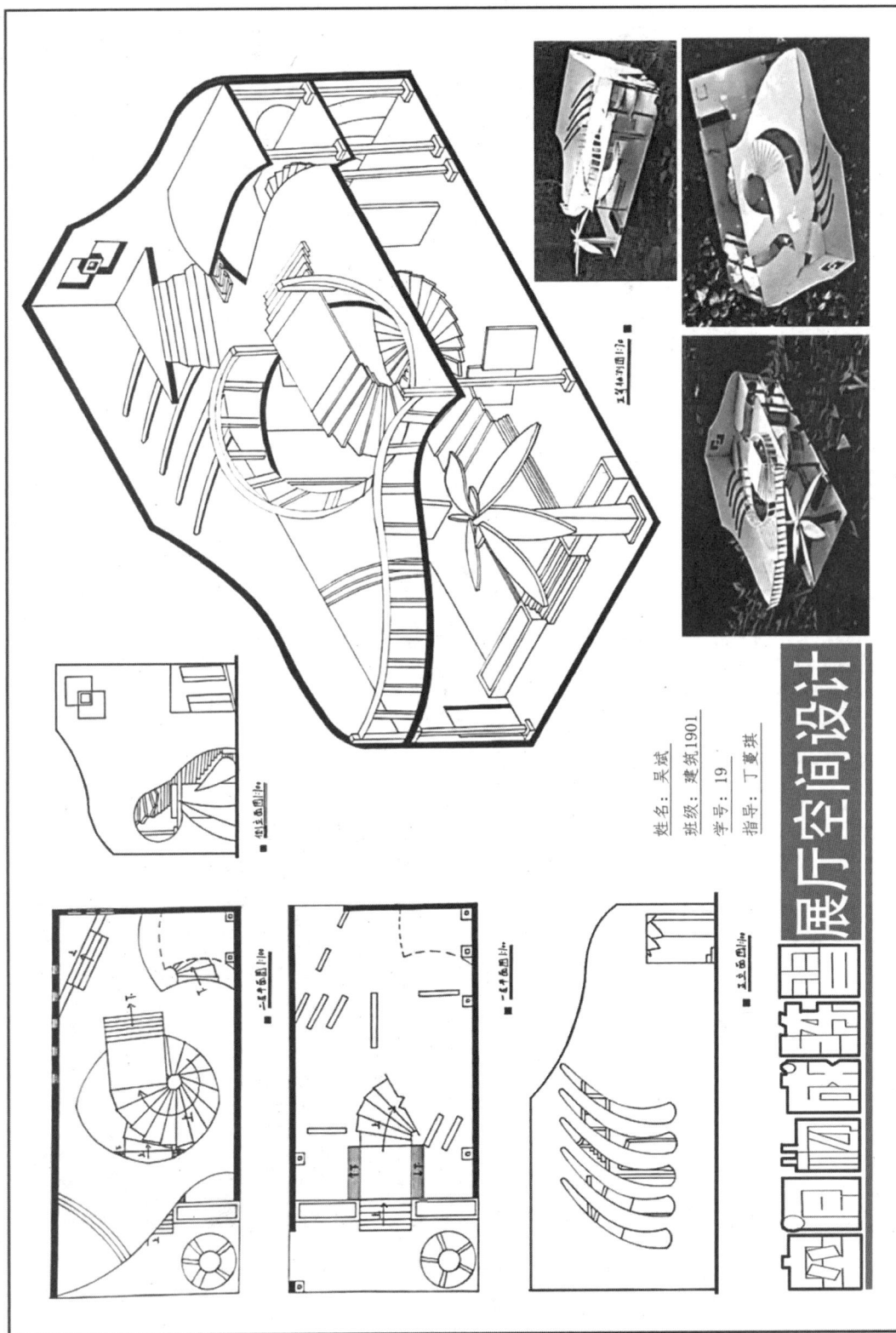

优秀作业13 学习小屋空间设计

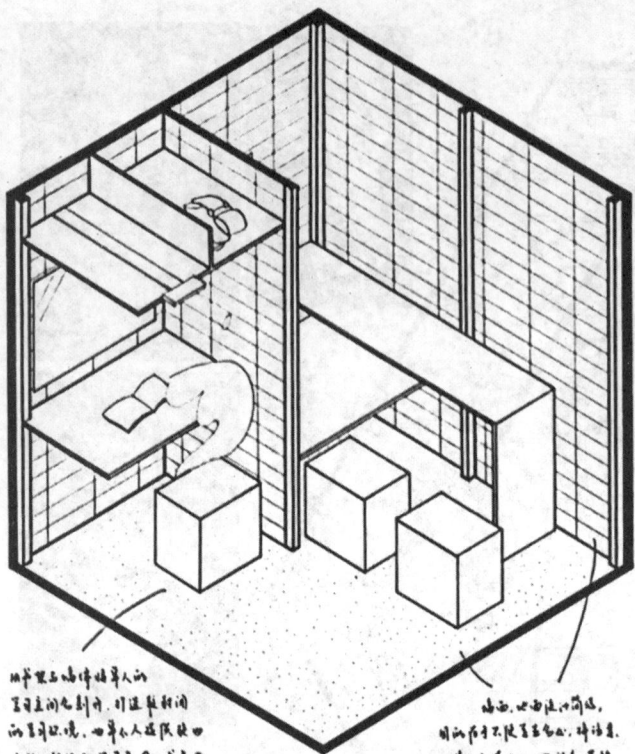

静 学习小屋空间
设计壹

班级： 城规1801
姓名： 黄怡之
　　　黄家博
学号： 11
指导： 朱笔峰

轴测图

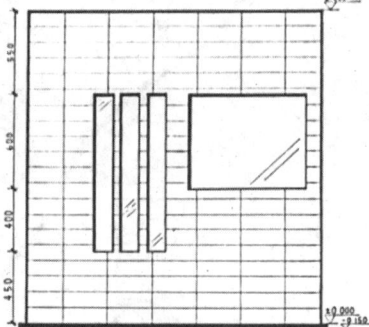

南立面 1:20

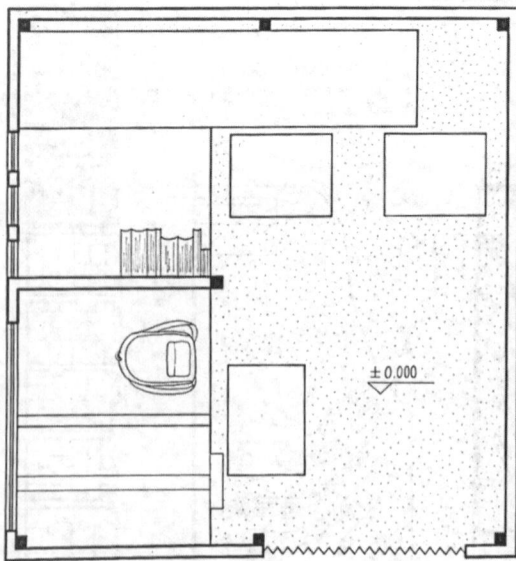

平面图 1:10

±0.000

优秀作业13 学习小屋空间设计

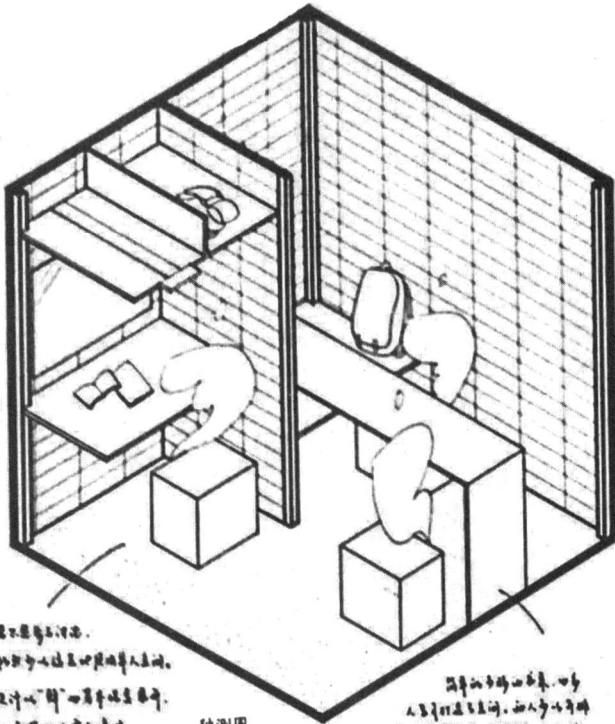

轴测图

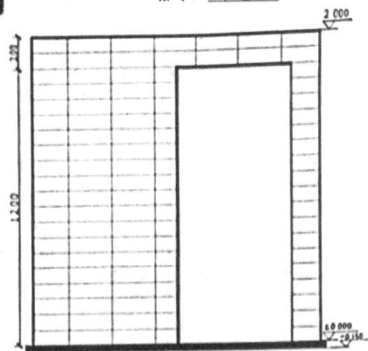

东立面 1:20

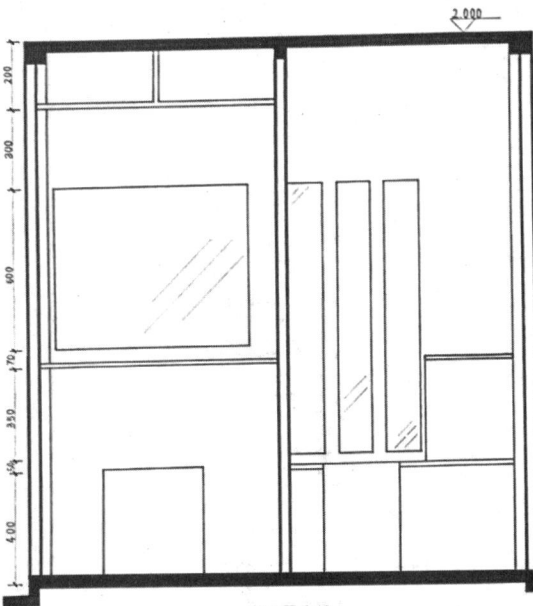

剖面图 1:10

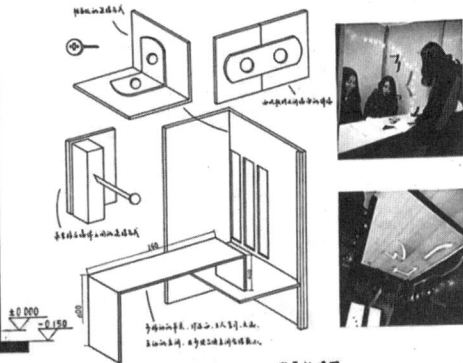

家具放样图

静
设计
学习小屋空间

班级：城规1801
姓名：黄怡之
黄家博
学号：11
指导：朱笔峰

优秀作业14 学习小屋空间设计

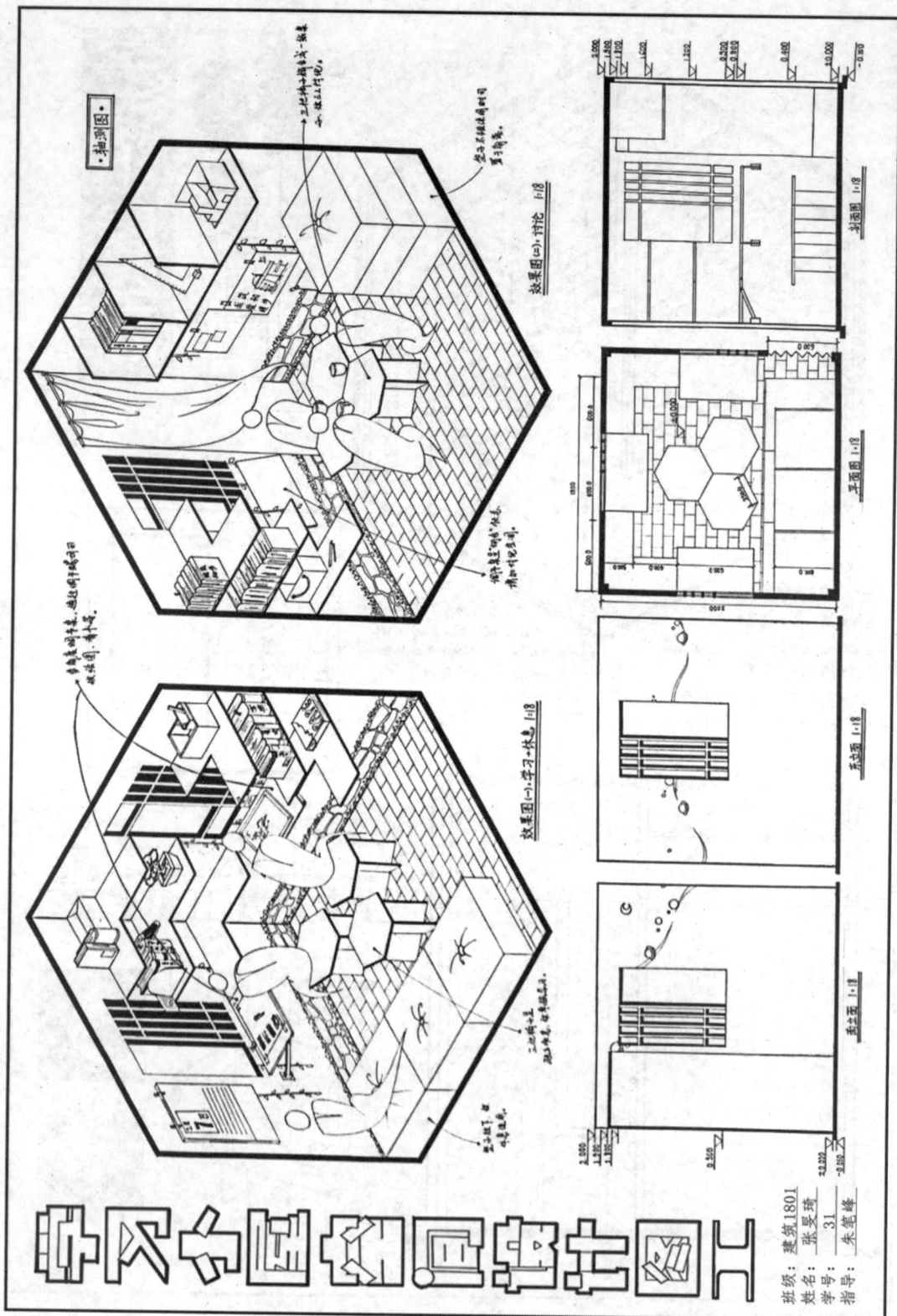

优秀作业14　学习小屋空间设计

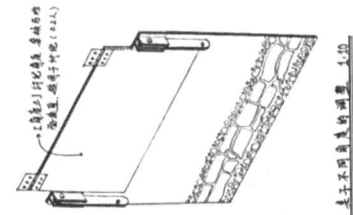

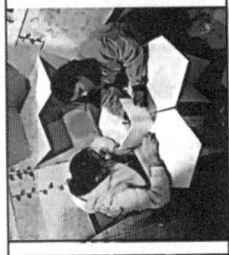

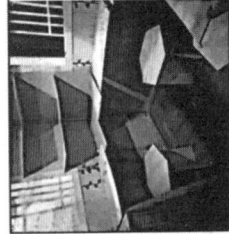

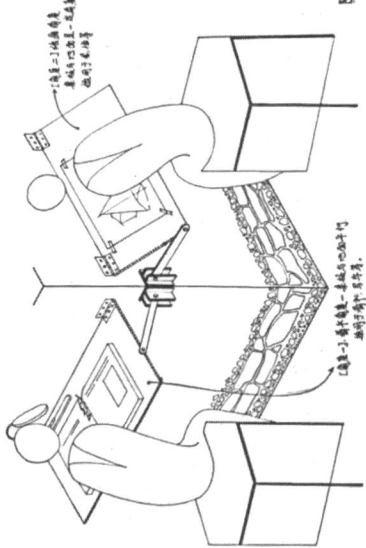

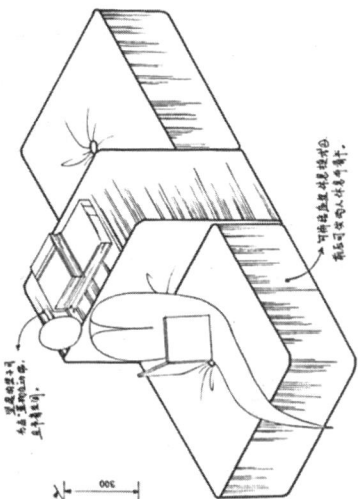

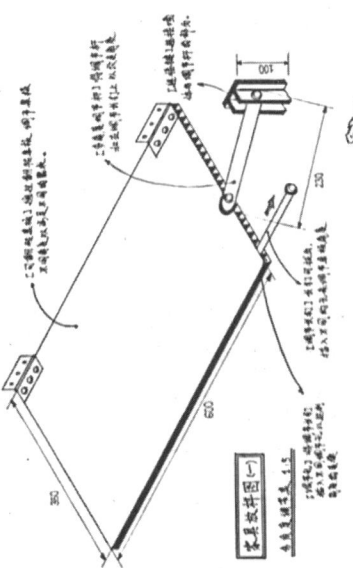

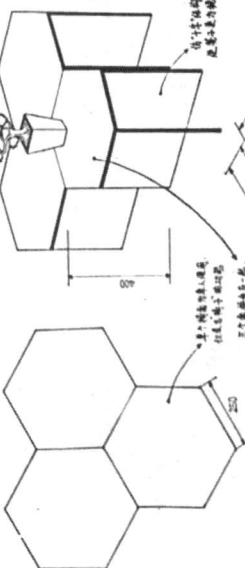

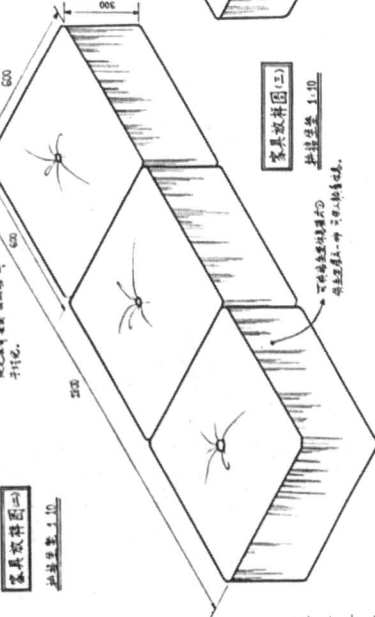

班级：建筑1801
姓名：张晏璇
学号：31
指导：朱革峰

175

优秀作业15　学习小屋空间设计

优秀作业15　学习小屋空间设计

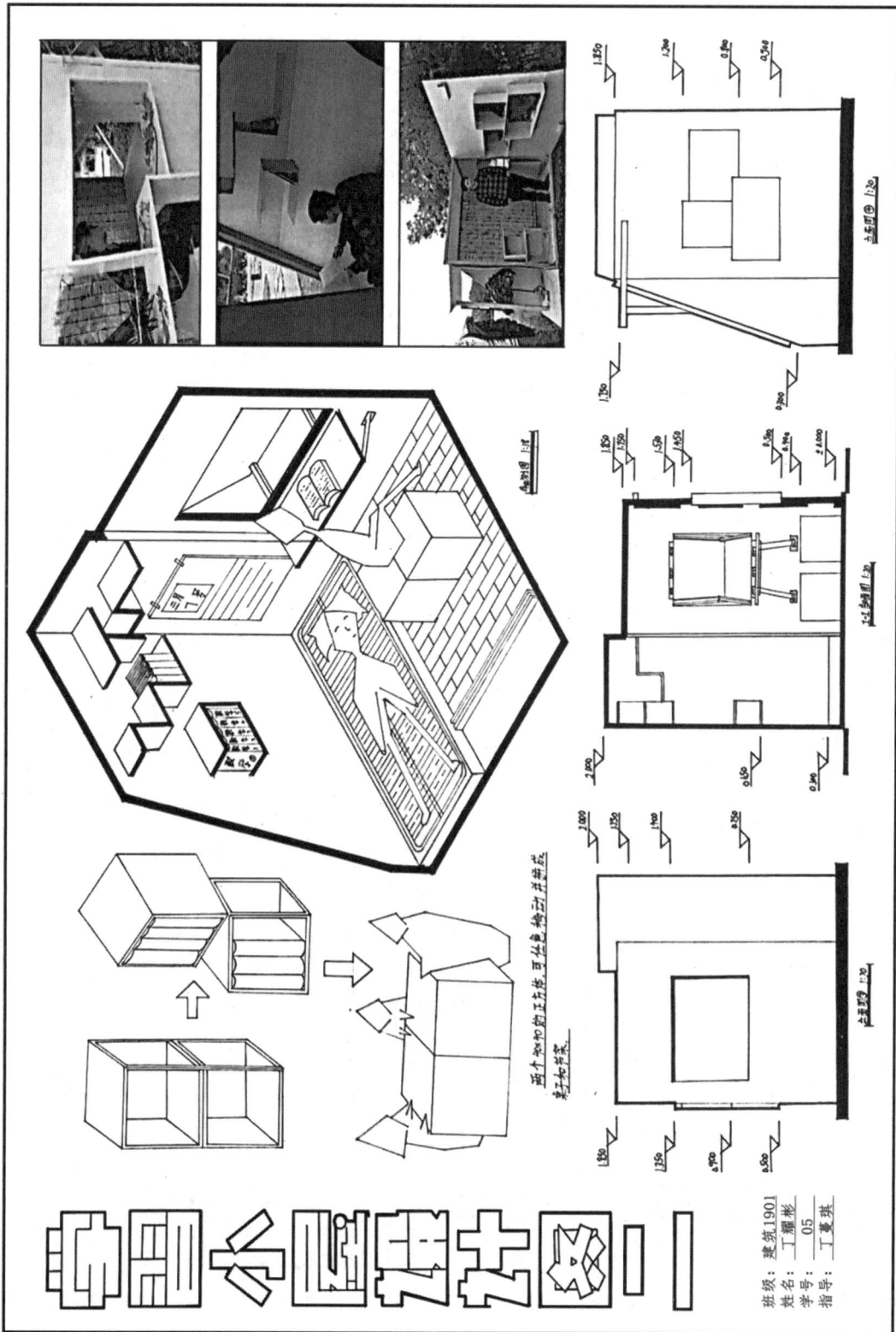

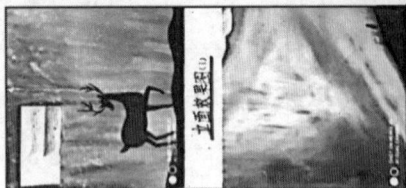

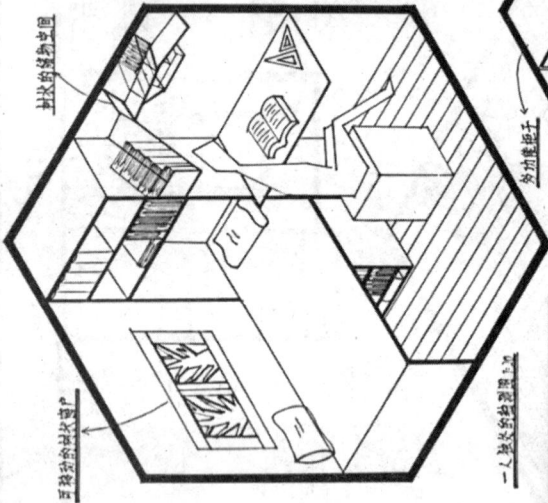

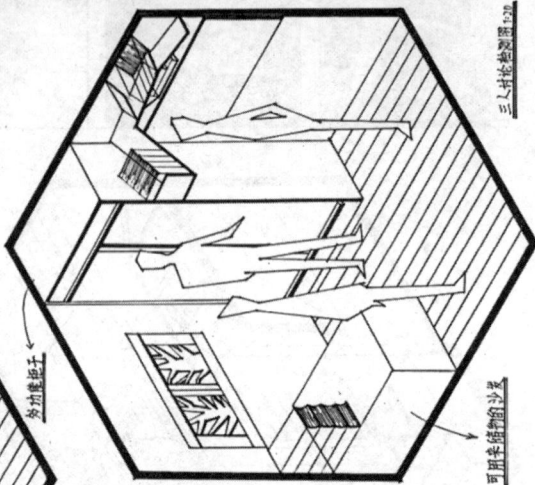

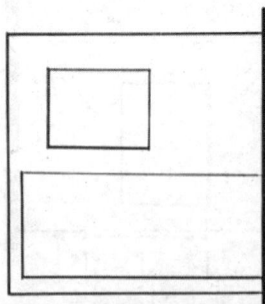

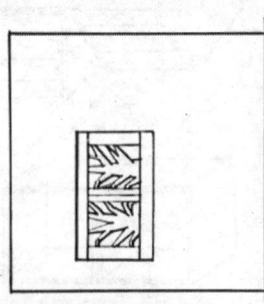

优秀作业16　学习小屋空间设计

优秀作业16　学习小屋空间设计

优秀作业 17 学习小屋空间设计

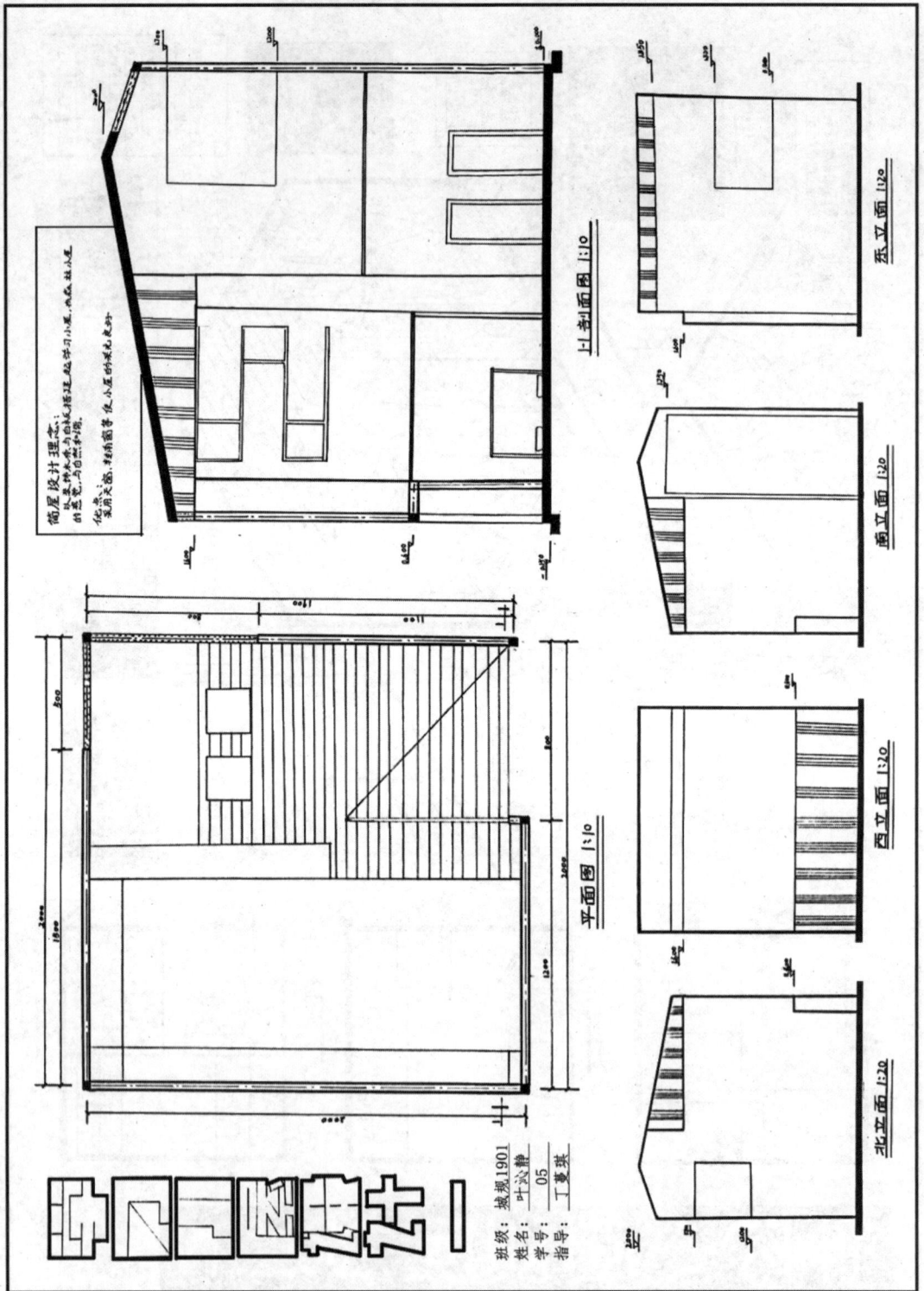

优秀作业17　学习小屋空间设计

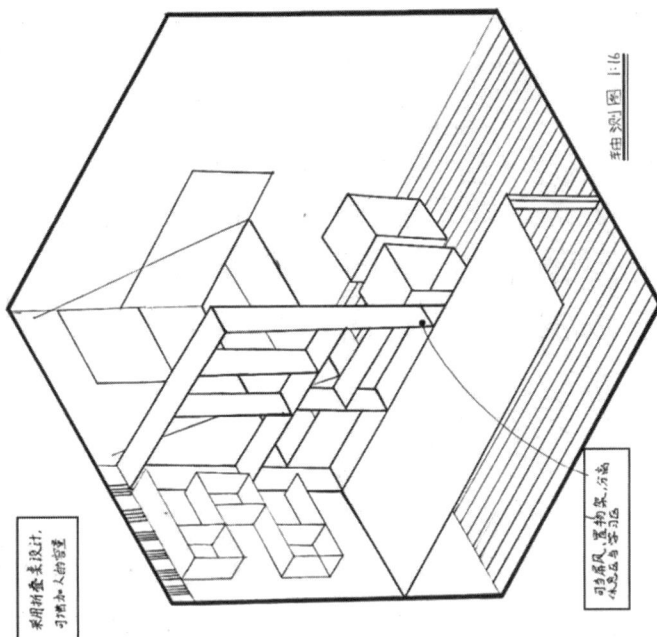

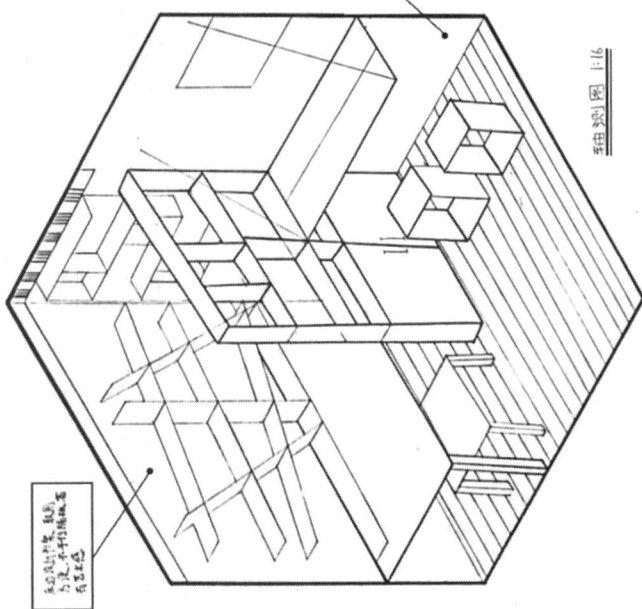

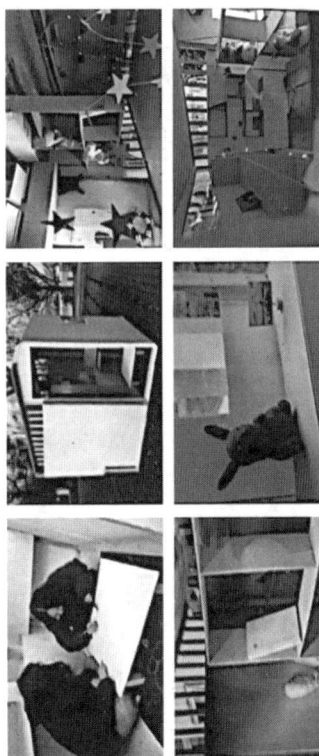

优秀作业18　学习小屋空间设计

优秀作业18　学习小屋空间设计

优秀作业19　休憩空间设计与建构

优秀作业19　休憩空间设计与建构

优秀作业20　休憩空间设计与建构

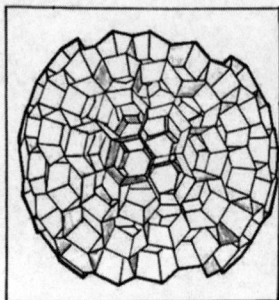

左立面图 1:20

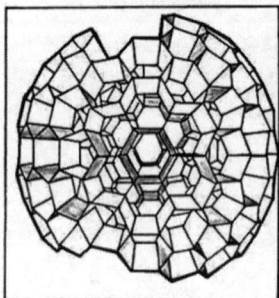

右立面图 1:20

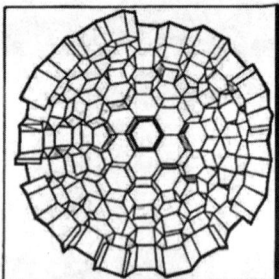

剖面图 1:20

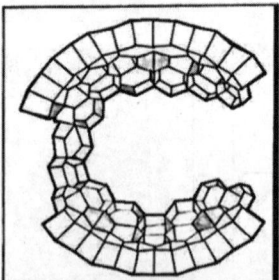

平面图 1:20

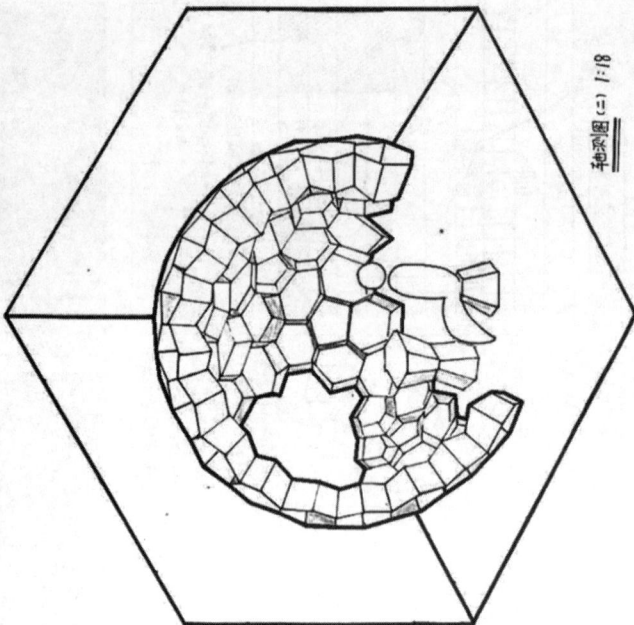

轴测图（二）1:18

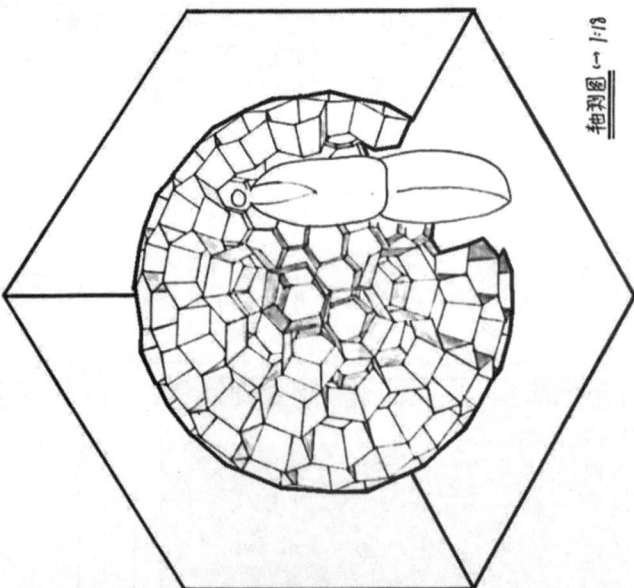

轴测图（一）1:18

休憩空间设计与建构（一）

班级：建筑1904
姓名：沈俊宇
学号：15
指导：孟穗李

优秀作业20　休憩空间设计与建构

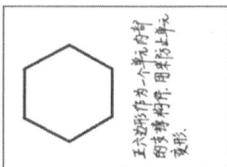

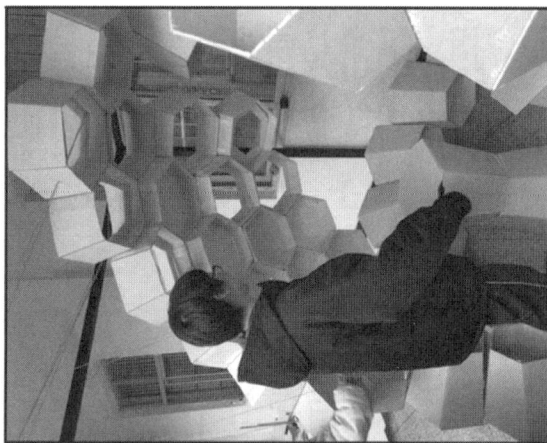

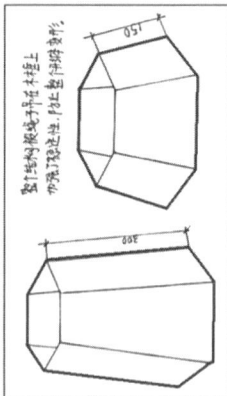

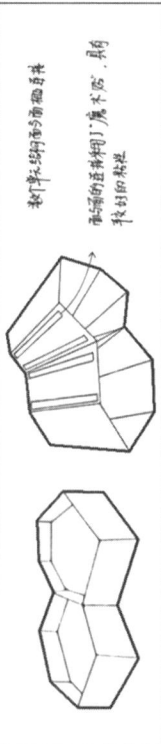

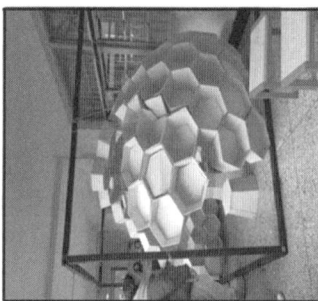

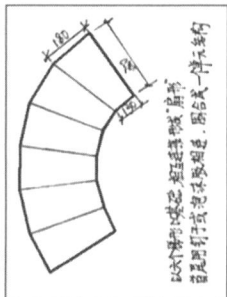

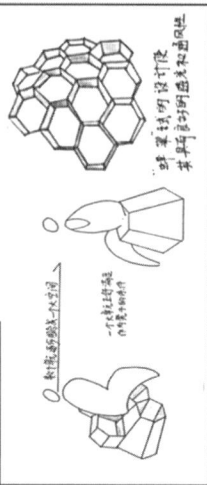

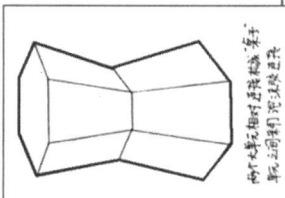

休憩空间设计与建构2

班级：建筑1904
姓名：沈俊宇
学号：15
指导：孟静亭

优秀作业21 传达室平、立、剖面图抄绘

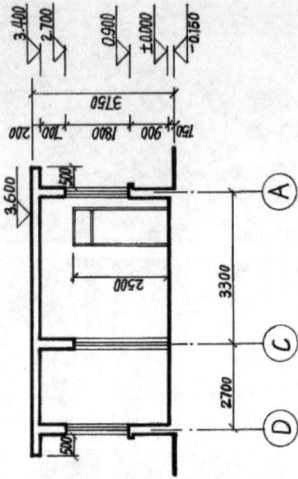

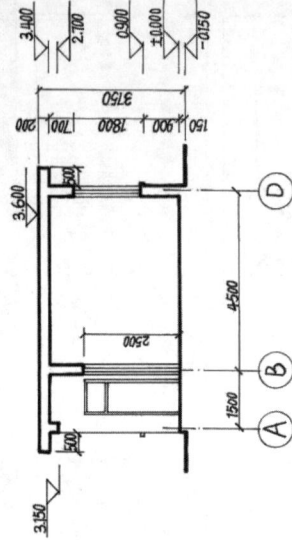

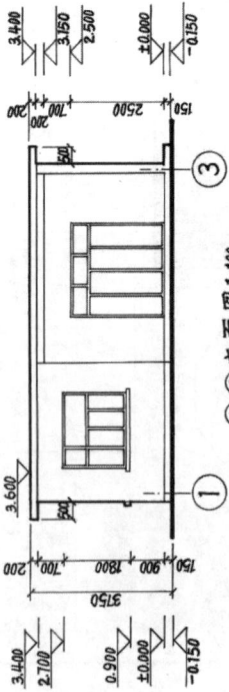

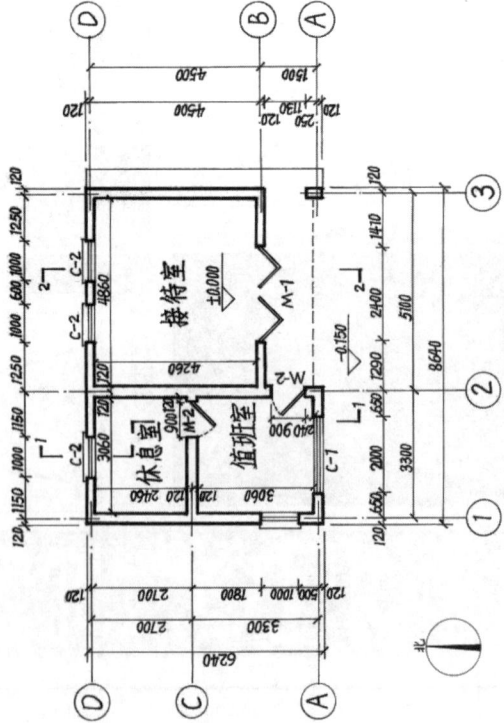

优秀作业22　建筑方案图抄绘

建筑方案图抄绘

姓名：孔晴滴　景观1301
班级：
学号：09
指导：李延龄

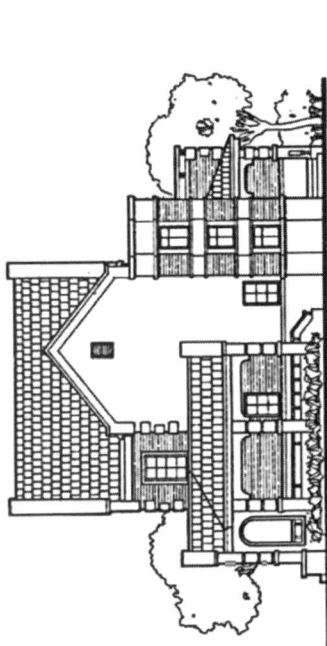

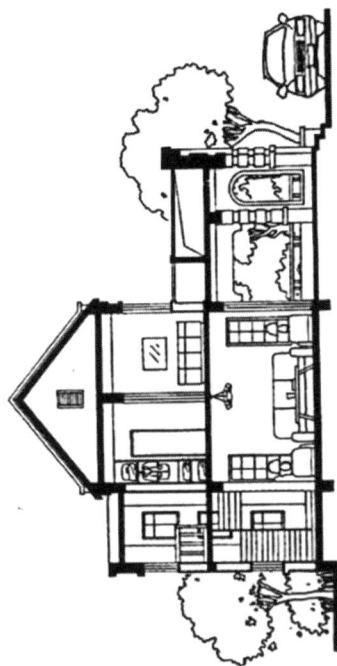

东立面 1:100

1—1剖面图 1:100

南立面 1:100

平面图 1:100

Jianzhufanganluchaohui

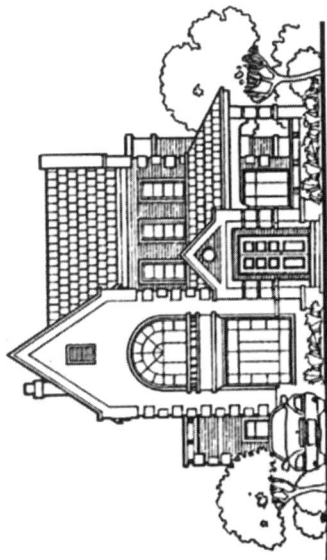

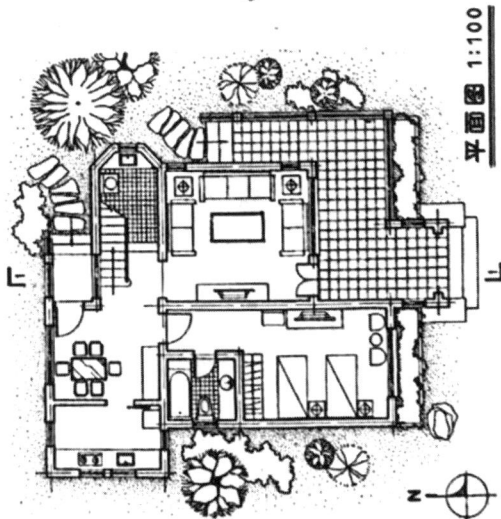

优秀作业23　建筑方案图抄绘

东立面图1：100

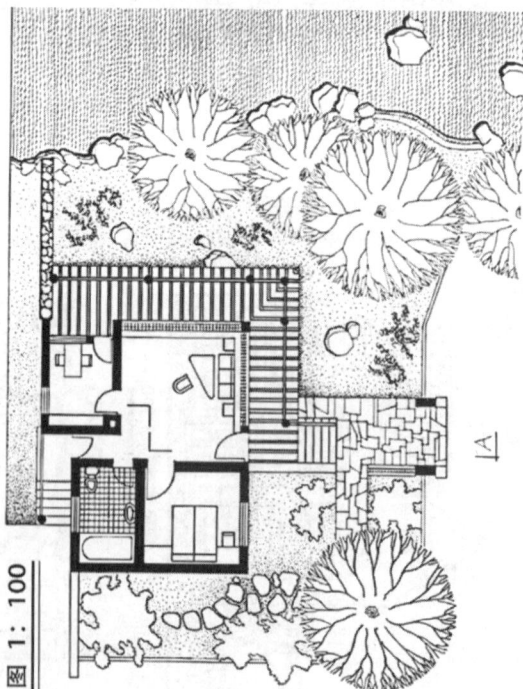

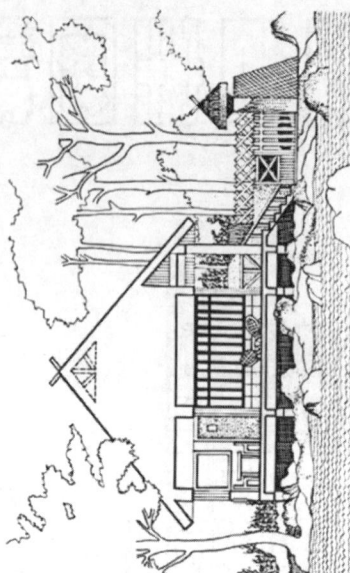

A-A剖面图1：100

姓名：王梦琳
班级：建筑901
指导：李延龄

建筑方案图抄绘

南立面图 1:100

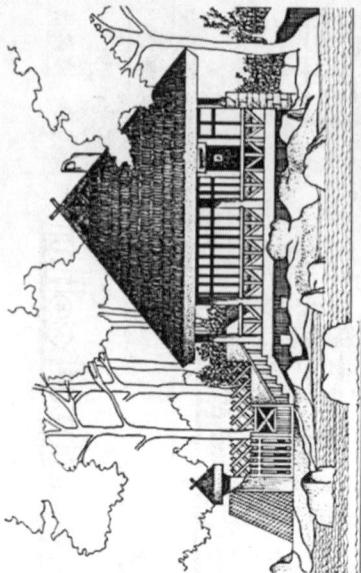

平面图 1：100

优秀作业24　建筑方案图抄绘

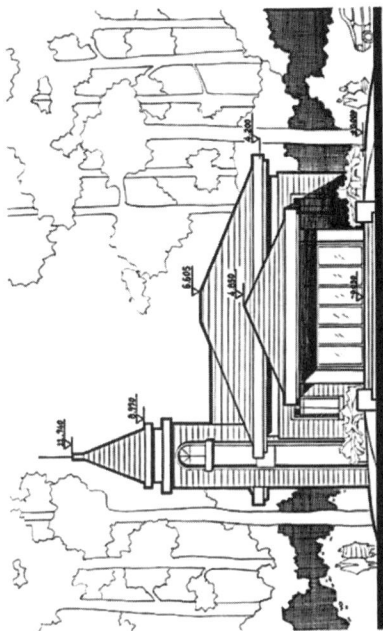

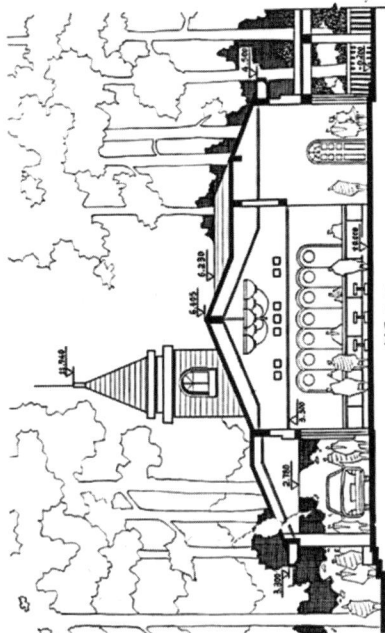

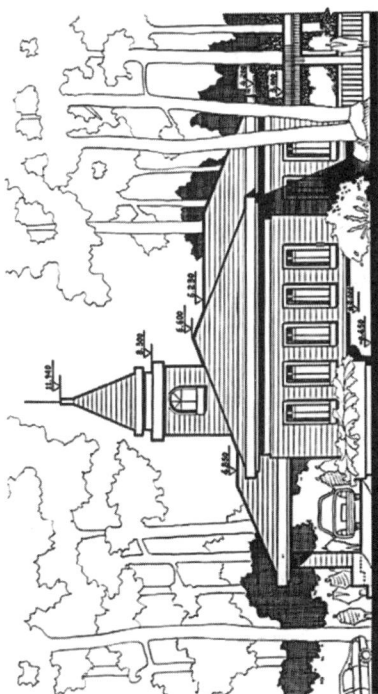

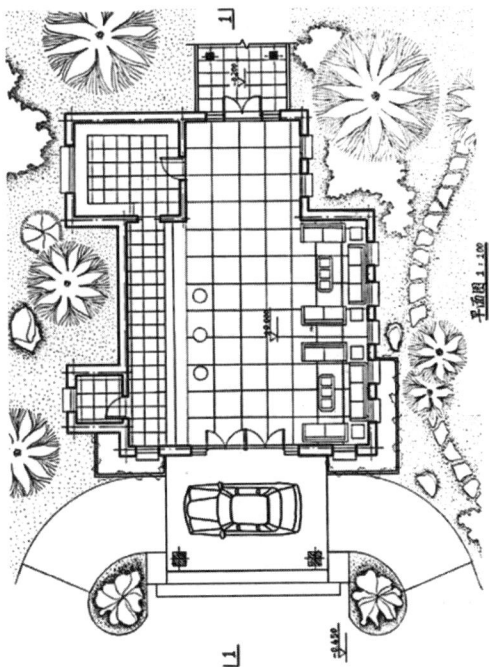

西立面 1:100

1-1剖面 1:100

南立面 1:100

平面图 1:100

姓名：姜悦
班级：建筑1202
指导：张艳

建筑方案图抄绘

优秀作业25　钢笔建筑画表现练习

优秀作业26　字体练习

姓名：金利益

班级：建筑1303

学号：14

指导：丁蔓琪

优秀作业27　字体练习

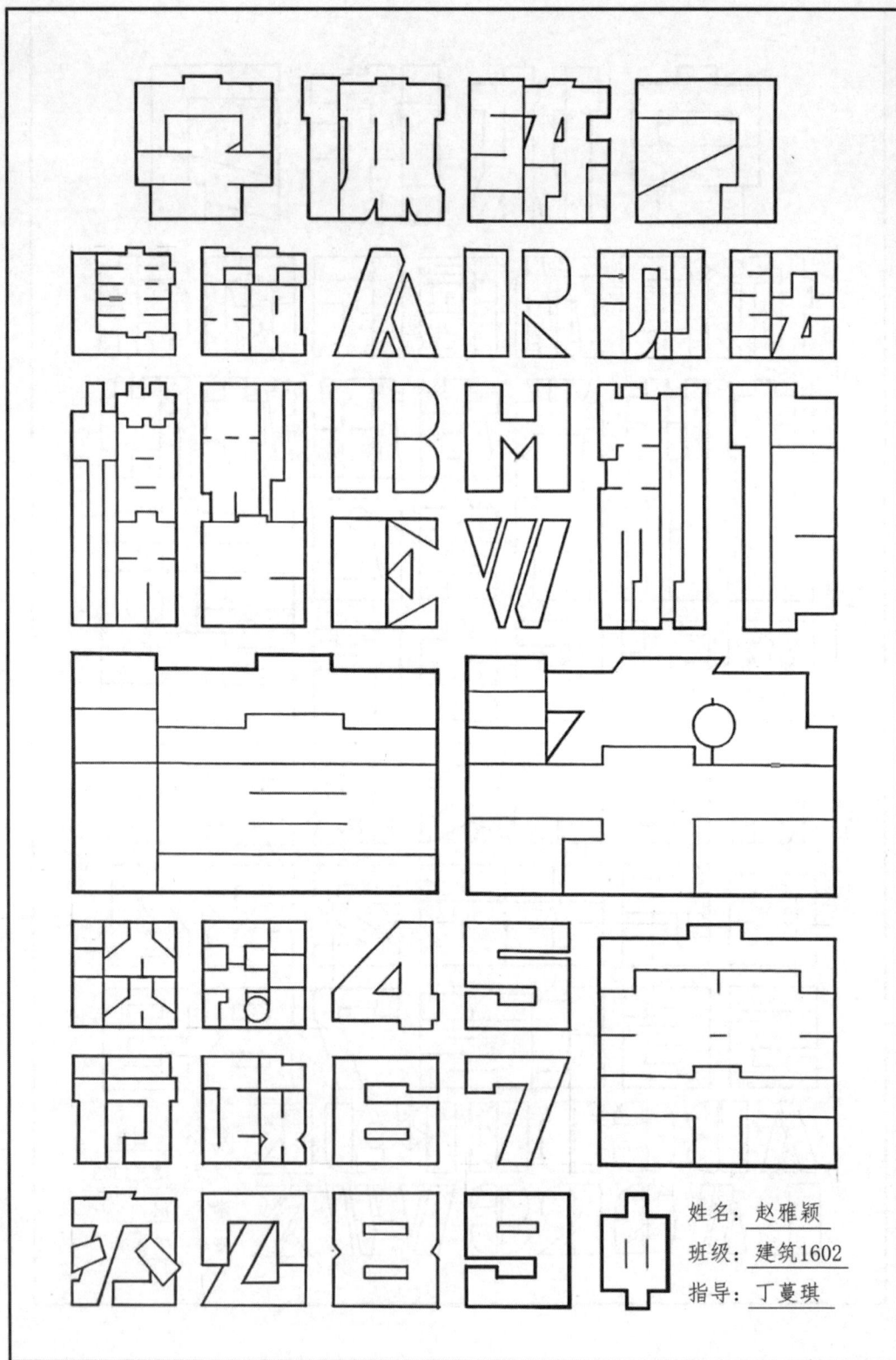

姓名：赵雅颖

班级：建筑1602

指导：丁蔓琪

优秀作业28　字体速写基础练习

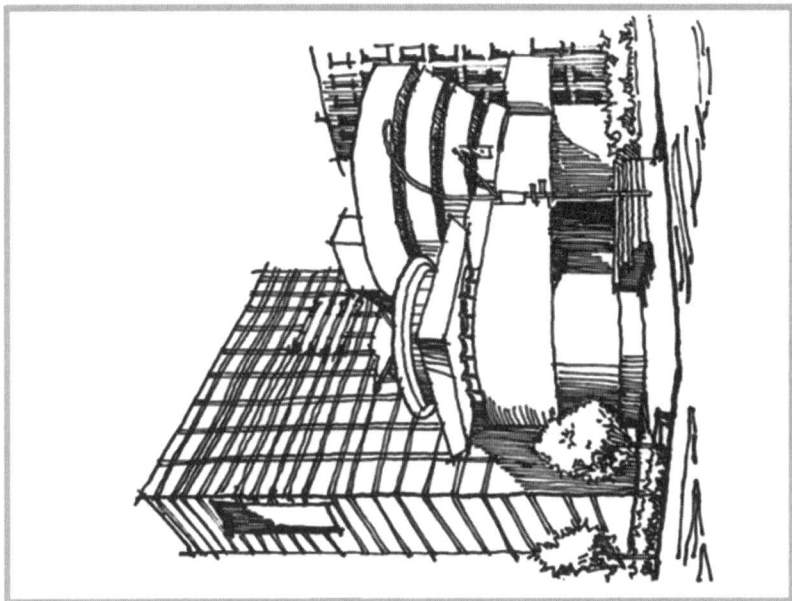

建筑初步基础练习　专业 建筑学　班级 2003　姓名 季博扬 学号 26 成绩

建筑 设 计 平 房
筑 用 图 面 立
公 共 厂 节 幼
点 别墅 旅 馆
图 洋 基础 影 院
结构 校 电 机
学 园 化 中心
超 商场 机
板 柱 楼
梁 墙 体 头
说明 儿 文 场 码头

建筑初步基础练习

优秀作业28　字体速写基础练习

建筑　筑　设　计　构　筑
计　城　市　规　划　水
电　暖　房　长　途　汽
车　站　旅　馆　图　书
景　观　体　别　墅　医
院　航　楼　候　机　两
小　道　东　南　西　北
栏　杆　基　础　透　视
平　立　剖　面　幼　儿

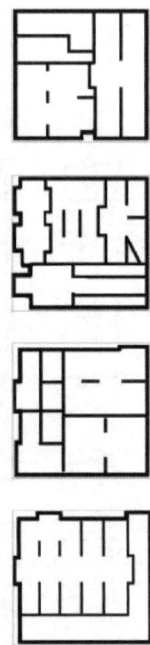

专业　建筑学　班级　1802　姓名　王潇　学号　06　成绩

建筑初步基础练习

参考文献

[1]程大锦.建筑:形式、空间和秩序[M].天津:天津大学出版社,2009.

[2]荆其敏,荆宇辰,张丽安.建筑空间设计[M].南京:东南大学出版社,2016.

[3]潘谷西.中国建筑史[M].北京:中国建筑工业出版社,2009.

[4]陈志华.外国建筑史(19世纪末叶以前)[M].北京:中国建筑工业出版社,2010.

[5]罗小未,蔡婉英.外国建筑历史图说[M].上海:同济大学出版社,1986.

[6]建筑设计资料集编委会.建筑设计资料集1—建筑总论[M].北京:中国建筑工业出版社,
  2017.

[7]鲍家声.建筑设计教程[M].北京:中国建筑工业出版社,2009.

[8]彭一刚.建筑空间组合论[M].北京:中国建筑工业出版社,2010.

[9]丁沃沃,刘铨,冷天.建筑设计基础[M].北京:中国建筑工业出版社,2017.

[10]田学哲,郭逊.建筑初步[M].北京:中国建筑工业出版社,2011.

[11]毛白涛.建筑空间的形式意蕴[M].北京:中国建筑工业出版社,2018.

[12]崔陇鹏.建筑空间设计与建筑模型[M].北京:机械工业出版社,2020.

[13]江滨,高巍,邱景源.三维设计基础立体构成[M].北京:中国建筑工业出版社,2018.

[14]李延龄.建筑初步[M].北京:中国建筑工业出版社,2018.

[15]黄琪,郑孝正,陈蓓.建筑初步(下册)[M].上海:上海交通大学出版社,2014.

[16]施林详.建筑制图[M].杭州:浙江大学出版社,1999.

[17]雷吉·斯坦顿.建筑透视图法[M].庄修田,译.台北:艺术图书公司,1981.

[18]钟训正.建筑画环境表现与技法[M].北京:中国建筑工业出版社,1985.

[19]黄信,喻欣,罗雪.建筑设计初步[M].北京:人民邮电出版社,2015.

[20]吕元,赵睿,等.建筑设计初步[M].北京:机械工业出版社,2015.